普通高等农业院校教材
普通高等农业院校教材指导委员会审定

植物营养学（下册）

（第2版）

胡霭堂　主编　　周立祥　副主编

中国农业大学出版社
·北京·

图书在版编目(CIP)数据

植物营养学(下册)/胡霭堂主编.—2版.—北京:中国农业大学出版社,
2003.2(2024.5重印)

ISBN 978-7-81066-513-1

Ⅰ.①植… Ⅱ.①胡… Ⅲ.①植物营养学-高等学校-教材 Ⅳ.①Q945.1

中国版本图书馆CIP数据核字(2002)第060207号

书　　名 植物营养学(下册)第2版

作　　者 胡霭堂 主编　　周立祥 副主编

责任编辑 郑 丽　　**封面设计** 郑 川 李尘工作室

出版发行 中国农业大学出版社

社　　址 北京市海淀区圆明园西路2号　　**邮政编码** 100193

电　　话 发行部 010-62818525,8625　　读者服务部 010-62732336

编辑部 010-62732617,2618　　出 版 部 010-62733440

网　　址 http://www.caupress.cn　　**E-mail** cbsszs @ cau.edu.cn

经　　销 新华书店

印　　刷 北京鑫丰华彩印有限公司

版　　次 2003年2月第2版　　2024年5月第18次印刷

规　　格 787×980　16开本　17.75印张　320千字

定　　价 37.00元

图书如有质量问题本社发行部负责调换

第 2 版修订者

主　编　胡霭堂(南京农业大学)

副主编　周立祥(南京农业大学)

编　者　(以编写章节先后为序)

胡霭堂(南京农业大学)

周权锁(南京农业大学)

娄运生(南京农业大学)

杨超光(南京农业大学)

徐阳春(南京农业大学)

张春兰(南京农业大学)

周立祥(南京农业大学)

占新华(南京农业大学)

第 1 版编审者

主　编　胡霭堂(南京农业大学)

编　者　(以编写章节先后为序)
胡霭堂(南京农业大学)
曹翠玉(南京农业大学)
徐光壁(南京农业大学)
戈廼玢(南京农业大学)

主审人　毛达如(中国农业大学)

第 2 版前言

《植物营养学》原是农业部教育司下达的编写任务。上、下册分别由中国农业大学与南京农业大学教师负责编写，1995 年出版至今已有 8 年，印刷多次，在使用过程中积累了不少教学经验。随着高等农业教育、科研和生产实践的不断发展，需要进一步完善教材内容，以满足相关专业的研究生、本科生教学急需。南京农业大学应中国农业大学出版社的委托，组织成立了《植物营养学》（下册）第 2 版教材修订小组，负责在原教材的基础上修编第 2 版。修订版基本保持了原教材的结构框架，但根据当前学科的发展水平，更新了不少内容，特别是加强了对有机废弃物农肥资源技术方面的介绍，另外在各章后面还增加了思考题，供读者学习参考。修订后本教材由原有的十一章改为十章，在修订前与第 1 版相关章节的编写者进行讨论和商量后，确定了第 2 版修订组成人员，并对修订的内容进行了多次讨论和分工。其中第一、三、十章（原十一章）由胡霭堂与周权锁修订；第二、七章由娄运生修订；第四、六章由杨超光修订；第五章由徐阳春修订；第八章由张春兰修订；第九章（原九、十章合并）由周立祥与占新华修订。全书最后由周立祥负责统稿。

本教材在修订过程中，得到南京农业大学资源与环境学院领导的大力支持，许多老师和专家提出了宝贵的意见。本教材在修订中还引用了许多文献的研究成果、某些内容和一些图表等，在此，向他们表示衷心的感谢！

在第 17 次重印前，结合教材内容，在第一章和第八章融入党的二十大精神相关内容，便于学生学习和掌握。

由于时间仓促，修订者水平有限，难免有错编和不妥之处，希望广大师生和各方面的读者批评指正。

编　者

2024 年 5 月

第1版前言

《植物营养学》原是农业部教育司下达的编写任务，它分上、下两册。上册由中国农业大学植物营养系负责编写，下册由南京农业大学资环系（原土化系）负责编写。为了协调上、下册衔接和避免不必要的重复，两校参编教师共同制定了编写大纲，且主编之间也多次审阅了大纲和交换了意见。在农业部教育司指导下，于1991年4月在福州会议上审定通过。

《植物营养学》下册于1991年底分工后，开始收集资料。从编写到定稿，参编教师曾多次互阅与讨论，发挥了集体的智慧，体现了良好的合作精神。1994年8月初步定稿后，送中国农业大学毛达如教授主审，再次做补充修改，最后由主编全面统稿、定稿。

《植物营养学》是土壤与植物营养专业或土壤农化专业的农业部指令性教材。同时可作为高等农业院校的种植类与有关类别的各专业，如农学、园艺、植保、植生以及资源与环境等专业的参考教材；对从事土壤肥料、肥料生产、农业环保等有关人员和广大农业科技工作者、业务管理干部以及有关大专院校师生也都有参考价值。下册是在学生掌握了上册植物营养的基本理论和原理的基础上，全面系统地阐述了肥料的种类、品种、性质和特点；肥料在土壤中的形态、转化与生物有效性；肥料对作物生长发育、产品品质以及生态环境的影响；各类肥料的有效施用与科学管理的原则与技术。本教材基本上反映了我国近年来肥料研究与实践工作的成就，并从全面维护农业生态环境质量的高度阐述了要充分利用有机废弃物，广辟有机肥源以及加速物质循环在高产、优质、高效农业持续发展中的必要性与作用。

教材共分十一章，内容是肥料概论、氮肥、磷肥、钾肥、微量元素肥料、钙、镁、硫、硅肥与稀土农用制品、复合肥料、绿肥、有机肥料及农业废弃物利用、城镇废弃物的农业利用和肥料的科学施用与管理。教材编写分工是：第一、五、十一章由胡霭堂教授编写；第二、三章由曹翠玉教授编写；第四、六、九章由徐光壁副教授编写；第七、八、十章由戈乃玢副教授编写。

在编写本教材的过程中，曾得到史瑞和、毛达如、陈伦寿等教授的关心，陆景陵教授对全稿提出了许多宝贵意见。在教材即将出版之际，对关心、帮助和指导过本教材编写的各位老师表示衷心的感谢。教材中的绿肥图幅仍采用农业化学（总论）第2版的原图，微量元素肥料施用的4幅分区图，系采用《微量元素的农业化学》书中的原图，对此亦表示感谢。

限于教材字数，编写时间及编写者水平，书中难免有错漏和不妥之处，热忱盼望阅读本教材的同学、老师以及同行提出宝贵意见。

编　者

1994年10月

目　录

第一章 肥料概论

施肥是增产的重要措施，只有满足作物对营养的需求才能获得作物的优质、丰收。施用肥料不仅是高产量的保证，同时在一定程度上决定着产品品质的优劣及生态环境质量。党的二十大报告指出，加快发展方式绿色转型，深入推进环境污染防治。为此，科学合理地施用肥料仍是当前我国高产、优质、高效、无污染、可持续农业中必不可少的生产措施。

第一节 肥料与人类生活和生态环境的关系

一、肥料

肥料是人们用以调节植物营养与培肥改土的一类物质。有“植物的粮食”之称。自人类定居并从事农业生产以来，人们通过自己的实践，不断地认识到，施用肥料是获得高产、优质作物必不可少的技术措施，对人类的生存有重大的意义。

二、肥料与人类的生态环境

人类栖宿于地球表壳的生物圈——其范畴占据了全部的水圈（深达 12 km），大气圈的下层（高达 15 km），岩石圈部分（深入地层达 5 km），是地球上的巨大生态系统，其中还生存有大量的植物、动物与微生物。这里，地壳最表层——土壤圈，处于上述各圈的交界面，是各圈中物质与能量交换的“中转站”；与土壤上生长的植物共同构成的植物-土壤系统，又和人的生活与生存紧密相关。人们施肥入土以营养植物，与此同时必然会对植物-土壤系统产生影响，甚至会波及到整个生物圈。按化学组分看，肥料是生物界可同化的物质，使用得科学、正确，就能对植物生长发育产生积极作用，造福于人类。但若利用不当，就有可能给人类带来灾难。

根据近代知识的理解，使用肥料的积极作用在于：

(1)能促进和改善土壤-植物-动物系统中营养元素的平衡、交换与循环。

(2)提高土壤肥力，即提高单位面积土地的农、牧产品的数量与质量，使土壤这一非再生资源获得永续使用，以满足世界人口不断增长所需要的各种产品与数量。

从某种含义上来讲,有人认为没有化肥,就不会有任何文明社会的存在。

(3)使作物生长茂盛,提高地面覆盖率,减缓或防止土壤侵蚀,维护了地表水域、水体的洁净不受污染。

(4)改善农副产品的品质,保护人体健康。然而大量研究结果与生产实践却已证实,肥料使用或处置不当,会污染生态环境,导致人体健康受到威胁。通常有下列几种情况。

1.氮素肥料可能引起的环境污染

(1)氨的挥发和反硝化脱氮对大气环境的污染。

(2)氮素的淋失对地表水和地下水环境的污染。

(3)氮素引起农产品,尤其是食品中硝酸盐的富集。

2.磷素肥料可能引起的环境污染

(1)磷素随地表径流造成地表水体的富营养化。

(2)磷素生产过程中引起的大气氟污染,而施用时可能带来重金属镉等的污染及放射性核素的污染。

3.肥料施用不当,致使减产和产品品质恶化　肥料施用不当,降低了农作物的抗逆能力,包括抗病虫、抗倒伏、抗寒、抗旱等,致使减产和产品品质恶化。

4.肥料施用不当,导致肥力下降　肥料施用不当恶化了土壤的物理、化学及生物学性状,破坏了土壤中营养元素的正常比例,导致土壤肥力下降与作物减产。

5.农业、工业废弃物的不合理处置引起环境,尤其是水域的污染　不少的农业、工业废弃物含有植物所需的营养元素,应当合理收集,作为肥料使用。若任意排放扔弃,势必对环境产生压力,如畜、禽粪便引起氮素污染,食品加工业的有机废水,城镇的生活污水、污泥引起的有机成分与氮、磷污染,工矿产生的三废引起的重金属、酸碱盐等污染。

总之,肥料是人类生产实践与科学技术发展的产物,是宝贵的资源,人们应自觉、合理地利用,充分发挥其为人类生存创造最佳生活条件的作用,防止其可能产生的不利影响。

第二节　肥料施用与发展的概况

一、我国古代施用肥料的简史

在我国的历史中,很长时期处于古老农业大国的地位,农业劳动人民用自己的智慧与实践经验获得了用肥养地的知识,逐步形成了用地与养地相结合的耕种传统,使我国几千年的土壤肥力与粮食生产得到相对的稳定。早在二三千年以前的奴隶社会中就有了锄草肥田、茂苗的文字记载。随后在漫长的封建社会时期,编写了不少有关农事的书籍,如战国时期的《礼记》、汉代的《氾胜之书》、晋朝郭义恭的《广志》、唐朝韩鄂拼的《四时纂要》、宋朝陈敷的《农书》、元朝王桢的《农书》、明朝徐光启的《农政全书》以及清朝杨岀的著作等。随着时代的发展和农业实践的深化,书中越来越详尽地论述了肥料的种类、作用、积造与施用的技术等。然而,所提及的主要是有机肥料。用现代科学观点来认识,可以说,在悠久的中国农业生产历史中孕育着如何充分地利用人类生产、生活所产生的废弃物,促其重新回归大自然,加速自然界的物质循环,以达到宏观调控农业生态系统的平衡以及保护人类生态环境质量的先进思想萌芽。这种带有盲目性,但基本上符合客观实际的思想与劳动行为,使我国农业土壤的自然肥力得到了有效的然而是较低水平的调节。上千年来文明古国得以生存下来,这一点在国际上至今还享有很高的声誉。

二、西欧化肥工业的兴建与世界化肥的生产和施用

欧洲的文艺复兴为其科学的发展创造了有利的条件。人们对自然界的现象开始进行科学探索。经过几个世纪数代科学家的努力,植物矿质营养理论得到了公认。以德国化学家李比希为主要代表,在他的矿质营养学说与归还学说等理论的基础上,欧洲逐步建立起巨大的化学工业。在19世纪中、后期,磷肥与钾肥生产先后建立并得到发展,到20世纪初合成氨的生产得到奠定。此后,化肥生产在全世界不论是产量、种类或是品种上都有明显的发展。在近160年过程中,使用化肥对包括欧洲在内的世界粮食等农、副产品的增产,确实起到了极大的推动作用。

据1981年联合国粮农组织(FAO)提供的数字表明,世界化肥的施用量1921—1951年的30年间由3.8增长为14.99(100万t),1981年增长到116.1(100万t)。可见,前30年间增长近3倍,后30年间增长近7倍。综合大量报道材料表明,在农业产量的增加份额中,有40%~60%是靠施用化肥,其余则归功于引进良种、科学的栽培管理等措施。

随着化肥工业的完善与大型化,尤其是萃取磷酸工业的发展和氮、磷生产工艺的相互结合,生产高浓度,多成分的复、配、混肥料具备了条件,并且显然更有利于资源的合理利用,经济效益的提高与产品质量的优化,加之现代农业生产的规模化、机械化、专业化和科学化水平的不断提高,促进了化肥销售必须和农业化学服务(即根据土壤作物营养诊断,推荐如何施肥等科学技术)密切结合。在20世纪80年代初,全世界复混肥消费量已占到化肥总消耗量约50%,发达国家平均在

70%以上，据 1999 年赴美考察报告，在美国肥料的二次加工是以散装掺混肥料为主，掺混的专用肥已占到约 90%，其中 85%～90%为散装，每个农业营销中心服务地区在半径 16～40 km 之间。

为了提高氮肥的肥料利用率，20 世纪 90 年代以后，控释性的氮肥新剂型成了国际上化肥研制开发的热点，以日本的控效肥(controlled availability fertilizers)为例，具有代表性的是 nutricote 包膜复合肥(N-P_2O_5-K_2O 为 13-13-13)，其中氮素可控释放速度在 100～360 d，释放量为 80%，氮素利用率可达 60%～70%。

三、中国近代肥料生产与施用的概况

20 世纪初，在西欧学术思想与现代农业生产技术传播的影响下，中国开始了化肥的生产、试验与施用，尤其是新中国成立以来，化肥工业得到了迅速发展，肥料的增产效果也得到了较充分的发挥。

(一)化肥生产

就化肥工业而言，1905 年中国开始引进化肥，至 1949 年新中国成立前，只有两个小规模的氮肥厂，两个副产硫铵厂，当时化肥产品仅有硫酸铵一种，1949 年年产量约 0.6 万 t。

新中国成立后，化肥工业得到了迅速的发展。1953 年前只生产氮肥，产量约 5 万 t。自 1960 年起，在氮肥生产上采取大、中、小型厂并举的方针，即同时发展以生产碳酸氢铵为主的年产合成氨 0.3 万～0.5 万 t 的小型厂、年产 5 万～7.5 万 t 合成氨的中型厂以及引进并自行设计建立的、生产尿素为主的年产 30 万 t 合成氨的大型厂。到 1983 年，全国氮肥生产量已经达到 1 109.4 万 t，30 年间增长了 220 倍。

磷肥生产是 1953 年开始兴办的，仅是生产普通过磷酸钙的小型厂，至 1956 年产量为 1.4 万 t (P_2O_5)。采用酸法与热法生产并举，1983 年磷肥产量达 266.6 万 t(P_2O_5)。由于资源所限，当时钾肥生产量仅 2.9 万 t。此外，微量元素硼、锌、钼等肥料也有生产。

简言之，1949—1983 年，我国化肥生产取得了很大成绩。生产种类上，氮肥发展快，磷肥较慢，钾肥仅仅开始，三者之比($N : P_2O_5 : K_2O$)约为 1 : 0.24 : 0.002 6，而其中氮肥品种中碳酸氢铵占 50%以上；磷肥品种主要是低浓度的普通过磷酸钙与钙镁磷肥，占磷肥总量的 98%；高浓度的复合肥料不到 1%，同时还进口化肥，占国产加进口总数的 1/5。

按 1999 年我国化肥产量统计：总生产量为 2 938.4 万 t，其中氮肥约占

81.9%,磷肥近17%,钾肥仅1.1%。在品种上的变化:尿素上升到氮肥的46%,普钙与钙、镁、磷肥下降到占磷肥的67%,特别是20世纪80年代后期我国加快发展重钙、磷铵、硝酸磷肥与氮磷钾三元复肥等高浓度磷复肥。到1999年上述复肥产量已占磷肥总产量的30.4%。大力加快发展高浓度磷复肥生产也是为了加入WTO所面临挑战的需要,一方面需要降低农业生产成本,提高产品质量,另一方面也需要提高我国复肥的国际竞争力,散装掺混肥料只在广东、天津和山东等地有少量生产。

(二)肥料的施用

长期以来,我国农民在自给半自给的自然经济条件下从事农业生产。在以自然肥料为物质基础的传统农业中,物质循环的特点是一种低水平的,近乎封闭式的循环。新中国成立以前,国产与进口的少量化肥,仅用于沿海一些省份,施用量很低。1963年前,每公顷耕地平均用量不到7.5 kg,随着先进化工技术的引进与发展,化肥用量才有了明显的提高。

新中国成立以后,我国肥料施用概况,大体上出现了几个既相互交叉,又有联系的阶段。

(1) 20世纪50年代有机肥料与氮肥配合施用阶段。当时土壤肥力并不高,产量也低,化肥工业才开始,故主要肥源仍为有机肥料,配施为数不多的化学氮肥。尽管如此,施用肥料即可获得明显的增产效果。

(2)20世纪60年代为有机肥料与氮、磷肥配合施用阶段。随着施用量的增加,在我国南方一些低产稻田上,只施有机肥与氮肥,仍不能克服禾苗发僵的病症,施磷肥的应用逐步得到公认与推广,当时在北方也相继出现施磷有效的现象。到20世纪60年代中期,南方一些供钾低的土壤出现施用钾肥有效的地块。

(3)20世纪70年代,有机肥料的施用在肥料比例中有下降趋势。在有机肥的基础上,氮、磷、钾、微量元素等肥料配合施用的局面已逐步形成,北方磷肥的施用及长江以南一些省份缺钾土壤上钾肥的施用都不断扩大。20世纪60年代后期至20世纪70年代,微量元素肥料施用也日益受重视。

(4)20世纪80年代我国的化肥工业无论是从产量,还是产品的种类与品种上都有了很大的发展。从此,化学肥料作为当家肥的局面基本形成,然而由于资源的限制,我国农业生产中的钾素供应除进口外,主要仍是依靠施用有机肥料,以加速作物一土壤系统中钾素的循环与归还的形式来解决。相应地,我国农田养分投入中肥料结构也发生了变化(表1-1)。

表 1-1 历年来我国农田养分投入中肥料结构的变化状况

年份	投肥总量		其中有机肥占总投量/%				化肥生产量
	万 t	%	总量	N	P_2O_5	K_2O	万 t
1949	428.5	100	99.9	99.6	100	100	0.6
1957	694.8	162	91.0	88.7	96.0	100	15.1
1965	912.9	213	80.7	70.8	71.5	99.9	172.6
1975	1 603.3	374	66.4	53.0	54.6	97.3	524.7
1980	2 400.3	560	47.1	30.6	41.8	92.8	1 232.1
1990	4 163.6	972	37.4	23.8	31.7	79.3	—

表 1-1 所载，明显反映出我国农业生产中有机肥所占比例日趋减小。据估计，新中国成立以来，有机肥料基本上每过 6～7 年下降约 10%，有不少地区向着“施肥无机化”方向发展。然而近年来，一方面出现了土壤有机质含量下降，土壤结构破坏现象；另一方面畜禽养殖规模化，粪便处理不当，农村大量积累的秸秆就地焚烧，加上城市垃圾与污水处理厂产生的污泥，都导致可用资源浪费与环境污染，有机废弃物的处置和合理利用又成了亟待解决的问题。除了直接施用处理好的有机废弃物外，有机无机复混肥料的开发和施用应运而生。

据报道，历年来我国农田所投入的 N∶P_2O_5∶K_2O 比例的变化，见表 1-2。

表 1-2 历年来我国农田投肥中 N∶P_2O_5∶K_2O 比例的变化概况

年 份	总投入的比例	其中肥料氮、磷、钾比例	
		以化肥形式投入	以有机肥形式投入
1949	1∶0.49∶1.16	—	1∶0.49∶1.16
1957	1∶0.46∶1.03	1∶0.16∶0	1∶0.49∶1.15
1965	1∶0.47∶0.74	1∶0.46∶0.002 5	1∶0.47∶1.05
1975	1∶0.46∶0.61	1∶0.47∶0.038	1∶0.47∶1.13
1980	1∶0.36∶0.40	1∶0.30∶0.042	1∶0.50∶1.22
1983	1∶0.38∶0.39	1∶0.33∶0.061	1∶0.51∶1.33
1990	1∶0.39∶0.38	1∶0.35∶0.1	1∶0.52∶1.25

表 1-2 中的数据，反映了我国肥料投入的特点是偏氮缺钾类型。若与国际施肥状况（表 1-3）比较，低于发展中国家的平均数，钾素明显地供应不足。

表 1-3 各国化肥总消费量及 $N:P_2O_5:K_2O$ 的比例

年份	地区	总消耗量/万 t	$N:P_2O_5:K_2O$
1982—1983	全世界	11 469.8	1∶0.51∶0.37
	发达国家	7 494.0	1∶0.61∶0.56
	发展中国家	3 975.7	1∶0.37∶0.14
1988—1989	美国	2 332.4*	1∶0.75∶0.088
		1 777.2	1∶0.39∶0.45
	苏联	3 605.9*	1∶0.59∶0.72
		2 718.7	1∶0.74∶0.61
	中国	1 777.4*	1∶0.27∶0.003 7
		2 532.2	1∶0.28∶0.089

* 为总生产量。

即使如此，施用化肥对我国农业发展所起的作用是巨大的。据 1986—1990 年统计报道，我国粮食总产量中约 35％是由于施用化肥所获得的。按《中国农业年鉴》统计，我国近年化肥消费量持续增长，养分比例也有一定改善。现选部分数据载于表 1-4。

表 1-4 我国部分年份化肥消费量 万 t

年份	总量	氮(N)	磷(P_2O_5)	钾(K_2O)	复合肥
1980	1 269.4	934.2	273.3	34.6	7.3
1990	2 590.3	1 638.4	462.4	147.9	341.6
1995	3 593.6	2 021.9	632.4	268.5	670.8
1999	4 124.5	2 180.9	697.0	366.3	880.3

第三节 我国肥料试验研究简史

我国肥料试验研究历史悠久，近代研究工作始于 20 世纪 30 年代。新中国成立后，进展迅速且具有结合生产实际的针对性和全国性规模等特点，试验研究工作大致可包括两大内容：即肥料的肥效与有效施用技术等试验研究，以及土壤肥力状况的调查、判定与区划。

一、肥料试验和研究

(一)化学肥料方面

20世纪50年代,我国主要进行化学氮肥肥效研究,明确了当时我国氮肥普遍增产的机理,并重点提出了结合土壤的性质、作物的需求与氮肥品种特点的有效合理施用技术;20世纪60年代试验则是针对发挥磷肥肥效的条件(包括低产田改良和以磷增氮等的应用前景和科学依据)提出了一套合理施用磷肥的技术措施;20世纪70年代前期开始了钾肥肥效试验,包括钾肥有效施用的条件,观察和研究钾肥增产、抗逆等效果和机理;此后,有关微量元素肥料肥效与有效施用条件的确定等试验研究也相继展开。新中国成立以后,曾由中国农业科学院等单位主持过多次有相当规模的试验,如1958—1962年,在25个省(市、自治区)的157个试验点布置了粮、棉、油、烟、果蔬等作物351个田间试验,在广泛的基础上明确了氮、磷、钾的增产幅度与增产地区。1981—1983年在全国的29个省(市、自治区)完成5 086个包括18种作物的田间试验,1985年,汇编整理成《中国化肥区划》一书。在复混肥料方面也相继有多次相当规模的试验研究,如1963—1965年有21个省(市、自治区)的农业部门进行的磷酸铵肥效试验,取得364个试验结果。1976—1980年有15个来自中央、省(市、自治区)的专业所进行的硝酸磷肥农业评价试验,取得近600个试验结果。1980—1983年在全国化肥试验网进一步开展复混肥肥效和施用技术的试验研究,取得近400个试验结果。1983—1986年开展了高浓度复混肥品种、应用技术和加工技术的研究,取得近300个试验结果。1987—1989年又开展了掺合肥料施用技术的研究。与上述试验研究进行的同时,还开展了肥料的长期定位试验。自1980年开始先后在全国的23个省(市、自治区)设置了101个定位试验点,使肥料试验研究得到拓宽与深化。研究有机、无机肥的配合,氮、磷、钾肥的配合种植制度中磷钾肥的分配和后效等,并进一步研究了施肥与土壤肥力、产品品质、不同施肥制度与养分平衡、循环等问题。所有的研究成果为分析我国化肥肥效的演变与发展,制定全国化肥生产与分配布局,都提供了大量宝贵资料和科学依据。

(二)有机肥料方面

在我国,系统地研究有机肥料是从20世纪30年代开始,直到20世纪50年代中、后期,研究的内容主要围绕合理的堆沤积制方法进行的,并研究了积制过程中微生物种群变化及分解条件等。对堆沤肥的保氮技术、无害化处理以及稻草还田、过腹还田都有研究。此后,在有机与无机肥配合施用对培肥地力,提高轮作中氮肥利用率,改善作物品质,提高作物抗逆性等方面进行了较多试验。经过不同地区大量试验结果汇总，认为以氮计算，有机与无机的配比以 1：1 为宜。

（三）绿肥方面

20 世纪 60 年代各级农业机构都相继成立了绿肥研究室，此后又建立了全国绿肥试验网，开展全国性绿肥科研协作，先后在引种、选育、杂交、收集鉴定良种资源，栽培、留种，轮作安排，区划布局，水生绿肥的整套繁、保、用技术，以及绿肥当季与根茬的肥效，培肥改土、腐解供肥特性等都有较系统和全面的研究。

二、土壤肥力状况的调查与测定

因土施肥是合理施用肥料的主要依据之一，新中国成立以后，进行过两次有组织的全国范围内的土壤普查工作，包括土壤肥力的测定与土壤图的绘制，第一次在 1958 年，第二次在 1979 年，1987 年还开始在全国主要土壤类型区建立了土壤肥力和肥料效应监测点，建立了相应的数据库。上述两大方面工作所获得的大量研究结果有相互呼应，彼此补充的作用，为我国合理地施用肥料，创建高产、优质、高效的持续农业提供了强有力的技术支撑。

第四节 肥料的来源、分类及基本特性

一、肥料的来源与分类

（一）肥料的来源

肥料的来源一般可分为两大类。

一类是人们为了满足农作物生长发育所需，专门生产的化学物质。虽然原料来源有不同，制造加工的方法各异，但原料都属于人类生存环境中的资源，例如，人们从大气中取氮气，用高温、高压、催化的化学方法产生合成氨作为氮素肥料。从开采的岩层矿物中，用高温或化学溶解方法生产含磷、钾等元素或微量元素的肥料。一般统称为化学肥料或商品肥料。

另一类是人类生活与生产过程中自然产生的物质，往往被称之为废弃物。按现代科学的观点来认识，这些也是资源，是一种被人类利用，但没有能充分利用的物质资源。这类物质每时每刻都在产生，且随人类社会现代化程度的提高而不断增多。这类物质包含有作物生长发育所需的，能直接被利用或暂不能直接被利用的营养成分，同时也可能含有对生物有害的成分。人们对待这类物质的态度，将关系到保护人类生态环境，子孙后代存亡的大问题。人们应清楚的认识这一点，用积极的态度对待它。一方面应设法选用生产过程中清洁工艺，尽可能减少这类物质

的产生；另一方面应重视它，利用它。既然它含有植物生长发育所需的成分，就应以施肥方式使之回归大自然，纳入良性循环。这是一种极好的办法，但做到这一点必须对其性质、成分做较详细了解，对症下药，采取良策。按这类物质的性质可分为两大类：即生物性废弃物与工业性废弃物，其各自的特点有所不同。

(1)生物性废弃物——主要有粪便、垃圾、秸秆、残茬，甚至包括一部分农副产品加工的下脚料。

(2)工业性废弃物——主要是工矿企业生产过程中产生的三废：即废气、废水和废渣。

生物性废弃物往往只含有少量对生物有害成分，易于利用，一般统称为有机肥料。在农业生产过程中产生的生物性废弃物，常被称为农家肥料。

(二)肥料的分类

肥料的种类繁多，分类的方法也没有严格规范和统一的分类与命名。现将长期习惯的分类方法与命名作简要介绍。

(1)按肥料来源与组分的主要性质可分为：化学肥料、有机肥料、生物肥料和绿肥。

(2)按所含营养元素成分，可分为：氮肥、磷肥、钾肥、镁肥、硼肥、锌肥和钼肥等。有时将这些肥料按植物需要量分为大量营养元素和微量营养元素肥料。

(3)按营养成分种类多少，可分为：单质肥料、复合肥料或复(混)合肥料。

(4)按肥料状态分，则有固体肥料(包括粒状和粉状肥料)与液体肥料。

(5)按肥料中养分的有效性或供应速率，可划分为：速效肥料、缓效肥料、长效肥料和控释肥料。

(6)按肥料中养分的形态或溶解性，可分为氨态氮肥、硝态氮肥、酰胺态氮肥等，或水溶性肥料、弱酸溶性肥料和难溶性肥料。

(7)按积攒方法分，则有堆肥、沤肥和沼气发酵肥等。

二、各类肥料的基本特性

(一)化学肥料的基本特性

化学肥料是一类按照农作物生长发育所必需或有益的元素，经过合成、加工等工艺制造的肥料。它的基本特性有 4 个方面。

(1)化学成分较单纯，其含量相对较高，含有一种或数种作物发育所必需的营养元素。

(2)多数是水溶性或弱酸溶性化合物，对作物来说是属于速效性的营养物质，能直接被根或叶面吸收。

(3)施入土壤后,在一定程度上能按人的要求改变或调控土壤中某种或数种营养元素的浓度,同时也可能影响到土壤的某些理化性质,如 pH 等。化学肥料施入土壤中也会改变其原有养分的形态,从而导致原有养分有效性下降或提高。

(4)化学肥料的贮存、运输、二次加工与施用等各方面都应有一定的科学要求,若处理不当,有可能使肥料本身的理化性状变坏、养分损失或有效性降低,且对农作物造成减产、品质恶化或对生态环境产生不良影响。

(二)有机肥料的基本特征

有机肥料一般是由动物、植物的残体或排泄物组成。它的基本特征有 6 个方面。

(1)含有大量的有机物质,所含的养分成分一般需要经过微生物的分解才能被植物吸收,其肥效迟缓但持久。

(2)含有的营养元素种类相当齐全,但浓度较低,还含有一定数量的有机营养物质以及生物活性物质。

(3)由于含有大量有机质,因此有明显的培肥与改土作用,能改善土壤的物理、化学以及生物学性质。

(4)具有活化或固定土壤养分的作用。

(5)各类有机肥料都有一套科学合理的积制、保肥等技术,直接影响肥料的质量与肥效。

(6)有机肥料体积大,在积制、无害化处理与保肥、运输、施用上都需要大量劳动力,在这方面有必要研究与推广一套既简便省工,又保证质量的技术,包括机械化问题。

(三)生物肥料的基本特性

生物肥是含有益微生物的菌剂,主要作用在于促进所接种的微生物的繁殖,调整作物与微生物相互间的关系,利用后者的活动或代谢产物,改善作物营养状况或抑制病害,从而获得增产,例如,根瘤菌肥料中含有能与豆科作物共生的根瘤菌,接种后能提高豆科植物的固氮能力,增加产量。这类肥料的基本特性有 3 个方面。

(1)肥料所含高效活性菌数是肥料质量的基础。

(2)创造与保证菌株生长繁殖的环境条件是发挥这类肥料施用效果的前提。

(3)施用量少,施用方式与时间都要严格按照所含菌株种类,生活习性的要求进行。

(四)绿肥的基本特性

绿肥是翻埋入土做肥料的栽培或野生植物绿色体,其基本特性有 5 个方面。

(1)绿肥作物一般适应性、抗逆能力强,除田间种植外,还可广泛利用荒山、废地与自然水面，是改良边远低产田，水土保持等的工本低、见效快增肥措施。自开发肥饲兼用的品种以来，绿肥的利用便有了发展前景。

(2)作为人工栽培的肥料，具有以磷换氮，以少量氮换多量氮与有机质的效果。

(3)利用其发达的根系，绿肥具有活化潜在性土壤养分，熟化土壤的作用。

(4)绿肥有一套科学合理的植养、利用等技术。

(5)在合理使用的情况下，绿肥是一种肥效较快、养分较齐全的有机质肥料。

思考题

1. 什么是肥料？肥料与人类生存环境的关系怎样？
2. 简述世界化肥生产和施用概况。
3. 简述新中国成立后，肥料生产、施用和研究工作的发展概貌。
4. 简述肥料的来源，为何称之为可利用资源？

第二章　氮　　肥

氮肥是农业生产中需要量最大的化肥品种，它对提高作物产量，改善农产品的品质有重要作用。了解氮肥的种类、性质及其施入土壤后的变化，从而采用合理的施用技术，对减少氮素损失及减轻氮肥对环境的危害，不断提高氮肥利用率，有着重要的现实意义。

第一节　氮肥的种类、性质和施用

一、概述

现代氮肥工业生产所用的原料主要是合成氨。生产合成氨的哈伯(Haber)法装置于1913年建成，并在德国首先实现工业化，成为氮肥工业的基础。氨合成的原理是将氢和氮按3∶1的比例混合进行反应，其基本反应式如下：

$$N_2+3H_2 \longrightarrow 2NH_3+\text{热}$$

上述反应必须在高温、高压及有催化剂的条件下进行，因为4个分子的原料气体合成2个分子的氨，需要加压；而生产一个分子的氨，同时放出53.2 kJ的热量。低温有利于反应向生成物方向进行，但反应速率慢。为了加速反应，需用加温且有触媒催化，并需将合成的氨从气体混合物中分离，以利于反应继续进行。

合成氨所需的氮气来自空气，氢气来自水或燃料(煤、石油或天然气)。合成氨经氧化即可制取硝酸(HNO_3)，它也是氮肥工业的原料。其反应式为：

$$4NH_3+SO_2 \longrightarrow 4NO+6H_2O$$

$$2NO+O_2 \longrightarrow 2NO_2$$

$$3NO_2+H_2O \longrightarrow 2HNO_3+NO$$

合成的氨可直接做氮肥施用，也是生产其他氮肥的基本原料。迄今为止，除石灰氮外，其他的化学氮肥均由合成氨加工而成，如下图所示。

化学氮肥有多种分类方法：其一是按含氮基团进行分类，将化学氮肥分为铵态

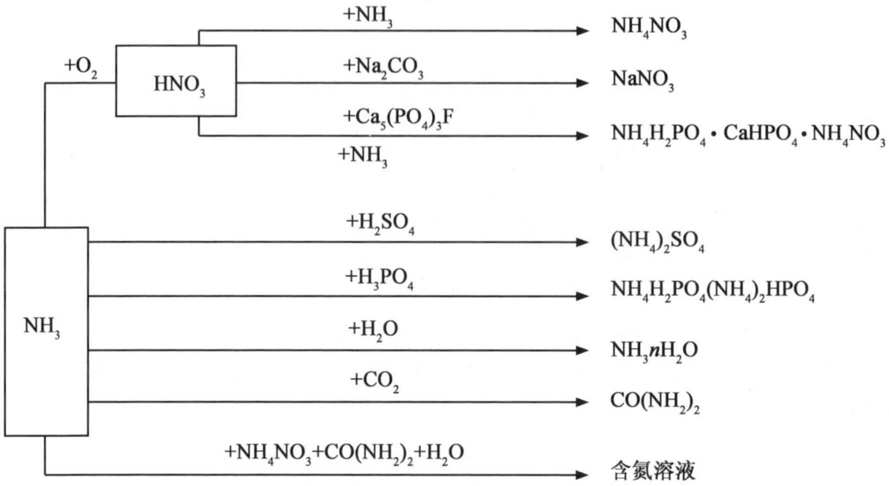

氮肥、硝态氮肥、酰胺态氮肥和氰氨态氮肥4类，这种方法较为常用；其二是根据肥料中氮素的释放速率，可将氮肥分为速效氮肥和缓释/控释氮肥，缓释/控释氮肥的性质不同于一般的化学氮肥，是当今化学氮肥重要的发展方向之一，故在本章作为一类肥料加以介绍。此外，根据化学氮肥施入土壤后残留酸根与否，可将其分为“有酸根氮肥”和“无酸根氮肥”，有酸根氮肥如硫酸铵、氯化铵，这类肥料长期、大量施用会破坏土壤性质；无酸根氮肥主要有尿素、硝酸铵、碳酸氢铵和液体氮肥，这类肥料对土壤性质无不良影响和副作用，可广泛用于多种土壤和作物，因此，目前世界上这类氮肥的产量及销量都较大，其中美国以液氨和由液氨配制的液体复混肥为主，欧洲以硝酸铵较多，日本生产尿素较多，我国最主要的氮肥品种是碳酸氢铵和尿素。现将几类主要氮肥的性质及其合理施用叙述如下。

二、铵态氮肥

凡氮肥中的氮素以 NH_4^+ 或 NH_3 形态存在的均属铵态氮肥。根据肥料中铵（氨）的稳定程度不同，又可分为挥发性氮肥与稳定性氮肥。前者有液氨、氨水和碳酸氢铵，后者有硫酸铵和氯化铵等。一般具有下列共性：①易溶于水，肥效快，作物能直接吸收利用；②肥料中 NH_4^+ 易被土壤胶体吸附，部分进入黏土矿物的晶层被固定，不易造成氮素流失；③在碱性环境中氨易挥发损失，尤其是挥发性氮肥本身就易挥发，若与碱性物质接触会加剧氨的挥发损失；④在通气良好的土壤中，铵（氨）态氮可经硝化作用转化为硝态氮，易造成氮素的淋失和流失。下面分别介绍几种常见铵态氮肥的性质与施用。

(一)碳酸氢铵(NH_4HCO_3)

碳酸氢铵(ammonium bicarbonate)简称碳铵,它是用 CO_2 通入浓氨水,经碳化并离心干燥后的产物。碳铵是我国小型氮肥厂的主要氮肥品种,具有投资少、生产工艺简单、能量消耗低等特点。碳铵生产线的建立,对我国早期氮肥工业的发展起了积极作用,在我国目前的氮肥生产中,仍占有重要地位,产量约占氮肥总产量的 45%以上,居氮肥品种之首。但由于碳铵的化学性质不稳定,氮肥利用率不高,今后必将逐步为含氮量高、稳定性好的氮肥品种所取代。

碳铵纯品含氮 17.7%,因生产过程中含水和某些杂质,实际含氮量为 16.5%～17.5%,农业部颁布的质量标准见表 2-1。

表 2-1　碳酸氢铵的质量标准

指标名称	干碳酸氢铵	湿碳酸氢铵	
		一级品	二级品
含氮以湿重计算/(%,≥)	17.5	16.8	16.5
含水量/(%,≤)	0.5	5.0	8.0

碳铵为无色或白色细粒晶体,易吸湿结块,易挥发,有强烈的氨味,易溶于水,20℃时的溶解度为 21%,40℃时为 35%,水溶液呈碱性(pH 8.2～8.4)。碳铵的化学性质不稳定,即使在常温下(20℃),也易分解为氨、二氧化碳和水,因此造成氮素的挥发损失。其反应式如下:

$$NH_4HCO_3 \longrightarrow NH_3\uparrow + CO_2\uparrow + H_2O$$

影响碳铵分解的主要因素是环境温度和肥料本身的含水量。在常温下,当温度达 70℃时,碳酸氢铵可全部分解。据测定,在气温为 20℃露天存放碳酸氢铵时,1 d、5 d 和 10 d 的损失率分别为 9%、48%和 74%;在气温为 30℃露天存放时的损失率更高,其相应的数值分别为 19%、68%和 94%。一般来说,含水量<0.5%的碳酸氢铵,称为干燥碳酸氢铵,常温下比较稳定;当含水量<2.5%时,分解较慢;当含水量>3.5%时,分解明显加快。由于碳铵生产过程中不能用常法加热干燥,所以农用碳铵一般含水 5.0%左右,这就增加了碳铵的不稳定性。较高的含水量导致碳铵在贮存、运输中易潮解、结块(一种缓慢的分解),原因在于碳铵所含游离水分子使固体表面形成一层饱和溶液层,其中的碳铵先电离为 NH_4^+ 和 HCO_3^-,并产生水解反应,导致分解作用自行加剧。

为了克服碳铵易挥发、结块的缺点,在碳铵生产过程中可通过一定的工艺措施，提高其产品质量，如在碳铵结晶时，添加阴离子表面活性剂（如十五烷基磺酰氯或十烷基苯磺酸铵等）使晶粒增加，表面活性降低，含水量降低，氨的挥发减少。此外，通过机械压粒、化学改性等方法也可提高碳铵产品质量。机械压粒是将粉状碳铵压成重约 1 g 的颗粒状，使产品粒度增大，表面积减少，结块、挥发程度降低。化学改性是指在碳铵中加入一定量的磷酸铵和氧化镁以吸收碳铵中的吸湿水，形成磷酸镁铵，使碳铵的含水量降低，稳定性增加。反应式为：

$$MgO+NH_4H_2PO_4+5H_2O \longrightarrow MgNH_4PO_4 \cdot 6H_2O$$

通过上述方法可明显增加粒度，降低含水量，提高碳铵产品质量，降低氮素挥发损失。此外，在碳铵的贮存、运输中保持低温、干燥，严密包装和有计划的开包等，都有利于防止碳铵潮解、结块，减少氮素损失。

模拟试验的结果表明，在不同类型土壤上（潮土、红壤和水稻土）与其他氮肥品种比较，土壤对碳铵中铵的吸附量最大，以碳铵被吸附的相对值为 100，则硫酸铵为 73～74，氯化铵为 64～87，硝酸铵为 58～79，尿素为 8～11。其原因可能是由于碳铵中 HCO_3^- 的负电性弱，酸根的电离度小，HCO_3^- 分解 CO_2 形式逸散，有利于 NH_4 离子被土壤吸咐。因此，施入土壤后碳铵的模拟淋失量只占施入量的 5%～13%，相当于硫酸铵的 1/3 或尿素的 1/15～1/10。坚持深施覆土，可使碳铵中氨的挥发明显减少，不论在酸性、中性或石灰性土壤上，其肥效都和硫酸铵相近。此外，在土壤溶液中碳铵解离，生成 HCO_3^-，还能以 CO_2 的形式为作物提供碳源，碳酸氢铵由于不残留酸根，长期施用对土壤性质无不良影响。

碳铵可做基肥和追肥，但不能做种肥。坚持深施并立即覆土是碳铵的合理施用原则，施用深度以 6～10 cm 为宜。做基肥时，无论水田或旱地均应施用后立即耕翻。做追肥也应注意深施，以防止氨挥发和熏伤作物；水田追肥，撒施后即耘耥，灌水并保持一定水层。研究表明，施肥结合灌水可减少氨的挥发（表 2-2）。

表 2-2　碳铵施肥结合灌水对氨挥发的影响　　%

施肥后天数	表面撒施		覆土	
	不灌水	灌水	不灌水	灌水
1	17.4	4.6	0.0	0.0
3	20.0	7.0	0.1	0.0
5	22.7	7.8	0.3	0.0
10	25.9	8.4	1.4	0.2

碳铵粒肥作追肥深施应提前施用，一般水稻应提前 4～5 d，旱作提前 6～10 d，

用量比粉状碳铵减少 1/4～1/3。

碳铵应选择在低温季节(低于 20℃)或一天中气温较低的早晚施用,以减少挥发,提高肥效。在安排施肥计划时,可将碳铵与其他氮肥品种配合使用,低温季节如早春、晚秋及冬季用碳铵,而高温季节则选用其他性质较稳定的品种如尿素、硫铵等,这样可降低肥料投资,提高肥效。

(二)硫酸铵[$(NH_4)_2SO_4$]

硫酸铵(ammonium sulfate)简称硫铵,俗称肥田粉,它是我国生产和使用最早的氮肥品种。由于尿素、液氨等氮肥品种的发展,硫铵在世界氮肥总产量中的比例已明显缩小,目前我国硫铵的产量也很少,大多是炼焦等工业的副产品。

硫铵含氮理论值为 21.2%,含硫 24.1%,因含有少量杂质,一般含氮 20%。纯品为白色结晶,含少量杂质时呈微黄色。我国长期将硫铵作为标准氮肥品种,商业上所谓的“标氮”,即以硫铵的含氮量 20%作为统计氮肥商品数量的单位。我国硫铵品质规格,见表 2-3。

表 2-3 硫酸铵的品质规格

指标名称	一级品	二级品	三级品
含氮量以干基计/(%,≤)	21.0	20.8	20.6
水分含量/(%,≤)	0.1	1.0	2.0
游离酸(H_2SO_4)/(%,≤)	0.05	0.2	0.3

硫铵易溶于水,在常温下(20℃)每 100 mL 水可溶解 75 g,水溶液呈酸性反应,吸湿性小,物理性状良好,化学性质稳定,常温下存放无挥发,不分解。

硫铵施入土壤后溶解于水,在土壤溶液中解离为 NH_4^+ 与 SO_4^{2-}。由于作物根系吸收的阴、阳离子不平衡,吸收 NH_4^+ 量大于 SO_4^{2-},在土壤中残留较多的 SO_4^{2-},SO_4^{2-} 与 H^+(来自土壤或根表面铵的交换或吸收)结合,引起土壤酸化。所以,硫铵属于生理酸性肥料,即化学肥料中阴、阳离子经植物吸收利用后,其残留部分导致介质酸度提高的肥料。长期大量施用使土壤酸化的程度,因土壤性质而异。酸性土壤施用硫铵后,一方面 NH_4^+ 可交换土壤胶体吸附的 H^+,另一方面 NH_4^+ 被作物吸收后可使根系分泌出 H^+,这些 H^+ 与 SO_4^{2-} 结合形成 H_2SO_4,使土壤酸性增强,所以应配合施用石灰,以中和土壤酸性,并补充钙的损失,但石灰与硫铵应分开施用。石灰性土壤由于碳酸钙含量较高,呈碱性反应,硫铵在碱性条件下分解产生氨,如表施会引起氮素挥发损失,所以必须深施覆土。硫铵施入水稻田,在淹水条件下,硫酸根中的硫会还原为硫化氢,如浓度过高,易使稻根受害而发黑。发生这种现象后，应及时排水通气。

硫铵可做基肥、追肥和种肥，适用于各种作物。因其物理性状好，特别适于做种肥，但用量不宜过大。一般用作拌种的硫铵用量为 35～75 kg·hm^{-2}，种子与肥料均应是干燥的，并要混合均匀，随拌随用。

（三）氯化铵(NH_4Cl)

氯化铵(ammonium chloride)简称氯铵，其主要来源是联合制碱工业的副产品。联和制碱法是 1942 年我国著名化学家侯德榜发明的，它将合成氨与氨碱法两种工艺联合起来，可同时生产碳酸钠(俗名纯碱、苏打)和氯化铵，随着我国联碱工业的发展，氯铵的产量将会不断增加。其主要反应为：

$$NH_3 + CO_2 + NaCl + H_2O \longrightarrow NaHCO_3 + NH_4Cl$$
$$2NaHCO_3 \longrightarrow Na_2CO_3 + CO_2 + H_2O$$

氯化铵为白色结晶，含杂质时呈黄色，含氮量为 24%～25%。物理性状较好，吸湿性比硫铵稍大，不易结块。易溶于水，但溶解度比硫铵低，20℃时每 100 mL 水中可溶解 37 g，水溶液呈酸性。其临界相对湿度，随大气温度升高而减小，20℃和 40℃的临界湿度分别为 79.7%和 73.7%。常温下不易分解，化学性质较稳定。我国联产氯铵的产品质量标准为：含 NH_4Cl 为 90%～95%，含 N 为 24%～25%，含 NaCl 为 0.6%～1.0%，含水分为 1.5%～3.0%，其他为 3.0%。

氯化铵施入土壤后，在土壤中的转化特点与硫铵基本相似，在土壤溶液中解离为 NH_4^+ 和 Cl^-，作物选择吸收后残留于土壤中的是氯离子，所以也属于生理酸性肥料。在酸性土壤上，施用氯化铵使土壤酸化的程度大于硫酸铵，如连续大量施用氯化铵，必须配合适量石灰或有机肥料施用，以进行调节。在中性或石灰性土壤中，铵离子与土壤胶体上的钙离子进行交换，生成易溶性的氯化钙。在排水良好的土壤中，氯化钙可被雨水或灌溉水淋洗流失，可能造成土壤胶体品质下降。而在干旱或排水不良的盐渍土上，氯化钙在土壤中积累，使土壤溶液盐浓度增大，也不利于作物生长。

在相同时间内不同氮肥品种硝化速率的大小顺序为：尿素＞碳铵＞硫铵＞氯化铵，可见，氯化铵施入土壤后，其硝化速率显著低于其他氮肥。氯铵在土壤中的硝化速率之所以较慢，这是因为氯铵中含有的大量氯根(65%～66% Cl^-)对参与硝化作用的亚硝化毛杆菌有抑制作用，这使得氯铵中的铵态氮可较多地被土壤吸附，从而减少氮素的淋失和流失。此外，氯铵在水田中也不会像硫铵那样还原生成有害物质(H_2S)，抑制水稻根系及地上部生长。因此，水田施用氯铵的效果优于硫铵。

氯化铵对某些“忌氯作物”，如甘薯、马铃薯、甜菜、甘蔗、亚麻、烟草、葡萄、柑橘、茶树等不宜施用，否则对其品质有不良影响。氯化铵施于块根、块茎作物会降低淀粉的含量；施于甜菜、葡萄、柑橘等植物会降低其含糖量；施于烟草则影响其燃烧性与香气。如必须施用时，可在播种前提早施入土壤中，利用雨水或灌溉水，将肥料中过量的氯离子淋洗至土壤深层，以减少对作物的危害。据报道，在正常施用量的条件下，连续施用氯化铵，土壤中残留的氯只占当年施入量的 4%～6%，对土壤和作物不会产生很大影响。

氯化铵可做基肥和追肥，但不能做种肥，以免影响种子发芽及幼苗生长。做基肥时，应于播种（或插秧）前 7～10 d 施用，作追肥应避开幼苗对氯的敏感期。氯化铵应优先施于耐氯作物、水稻土或缺氯土壤（含氯量 $<2\ mg \cdot kg^{-1}$），在盐渍土、干旱或半干旱地区土壤上应避免施用或尽量少用。氯化铵的肥效还与土壤含氯量有关。

（四）液氨（NH_3）

液氨（liquid ammonia）是由合成氨直接加压经冷却、分离而成的一种高浓度液体氮肥。它与等氮量的其他氮肥相比具有成本低、节约能源、便于管道运输等优点。因此，在国外化学氮肥生产中，液氨生产逐渐增加，尤以美国发展最快。我国曾进行过液氨施肥试验，但由于其贮运、施用技术尚未普及，液氨生产和施用受到限制，随着我国农业生产水平的提高，液氨的生产和使用将具有广阔的前景。

液氨含氮 82.3%，是目前含氮最高的氮肥品种，呈碱性反应，比重为 $0.617\ g \cdot cm^{-3}$，临界蒸汽压为 11 298 kPa，沸点为 −33.3℃，冰点为 −77.8℃。液氨在常压下呈气态，加压至 1 723～2 027 kPa 时才呈液态，因此，液氨的贮存和施用均需要耐高压的容器和特制的施肥机具。

液氨在降压时自动气化为氨，施入土壤后穿透力强。根据田间测定，其扩散半径约 25 cm，施肥点附近氨的浓度大，其浓度与扩散半径呈负相关，NH_3 在土壤溶液中经质子化形成 NH_4^+，在施肥点周围土壤形成一个高浓度的铵区，称为铵核（ammonium nucleus）。铵核的大小与土壤质地有关，其分布范围沙土大于壤土，随着硝化作用的进行，铵的浓度逐步降低直至消失。由于液氨施入土壤后，立即气化为 NH_3，当其溶于水时，大部分是以 NH_3 形式溶于水中，只有少部分质子化形成 NH_4^+，因此在质地轻的土壤中易挥发。

液氨宜于秋、冬季做基肥，施用量以 $60 \sim 90\ kg \cdot hm^{-2}$ 为宜，施肥行距约为 15～30 cm，以利于其随土壤水分向行间扩散，提高利用率。采取专用机具深施入土，施用深度根据土壤质地、含水量及其用量而定，施入土层 15 cm 以下，即可明显减少，甚至避免氨的挥发。在土壤含水量低、质地轻或施肥量大时，应适当增加施肥深度。施用液氨要注意安全，防止与皮肤接触，并严禁接近明火。

（五）氨水（$NH_3 \cdot nH_2O$）

氨水（ammonia water）是氨的水溶液，1 L水中能溶解0.515 kg氨气，为无色或微黄色透明液体，比重为0.924～0.942，蒸汽压为101～1 010 kPa。农用氨水一般含氨15%～20%，含氮12.4%～16.5%。由于氨在水中呈不稳定的结合状态，其中主要为氨分子的水合物，少量氨与水化合形成氢氧化铵，因此，氨水的化学性质很不稳定，极易挥发，并有刺鼻的氨味。氨水浓度越大，温度越高，存放时间越长，容器密闭程度越差，挥发量则越大。如果敞开存放，氨挥发损失严重。为了减少氨的挥发损失，在氨水中通入一定量的CO_2，制成碳化氨水，氨水的碳化度越高，氨的挥发损失越少。其反应式如下：

$$4NH_3 \cdot 3H_2O + 2CO_2 \longrightarrow NH_4OH + (NH_4)_2CO_3 + NH_4HCO_3$$

氨水呈碱性反应，pH＞10，有很强的腐蚀性，对铜的腐蚀性最强。其反应式如下：

$$Cu + 4NH_4OH \longrightarrow [Cu(NH_3)_4](OH)_2 + 2H_2O + H_2\uparrow$$

生成的氢氧化氨（配合）铜为可溶性的，使容器损坏，氨水对铝、铁也有腐蚀作用。由于氨水的表面张力较小，渗透性较强，会使腐蚀面不断向深层发展。但对水泥、石器、陶器、松木、橡胶、塑料制品等腐蚀性极小。因此，贮运氨水必须选用适合的容器，避免高温与烈日暴晒，尽量减少挥发，并注意人、畜安全。

氨水只要合理施用，对各种作物都有一定的增产效果，对水稻的肥效与硫铵相近，对小麦、玉米等旱作的肥效略低于硫酸铵。氨水必须深施覆土，施用深度一般应达10 cm，以促进土壤对氨的吸附，减少挥发损失。砂性强的土壤施用氨水更应深施。

氨水可做基肥和追肥，但不能做种肥。旱地和水浇地做基肥可深施后耕翻覆土，水稻田则在插秧前深施结合旋耕入土。作追肥先将氨水加水稀释至50～100倍，在清晨或傍晚气温较低时浇灌，谨防伤苗；也可随灌溉水施入，但必须注意施肥均匀。总之，施用氨水必须掌握"一不离土，二不离水"的原则，才能达到减少氨挥发损失，提高肥效的目的。

三、硝态氮肥

凡肥料中的氮素以硝酸根（NO_3）形态存在的均属于硝态氮肥。包括硝酸铵、硝酸钙和硝酸钠等。其中硝酸铵兼有NH_4^+和NO_3^-，习惯上列于硝态氮肥。这类氮肥一般具有下列共性：①易溶于水、溶解度大，为速效性氮肥；②吸湿性强，易结块，空气相对湿度较大时，吸水后呈液态，造成施用上的困难；③受热易分解，放出氧气，使体积骤增，易燃易爆，贮、运中应注意安全；④NO_3^- 不能被土壤胶体吸附，易随水流失，所以，水田一般不宜施用，多雨地区与雨季也要适当浅施，以利于作物根系吸收；⑤硝酸根可通过反硝化作用还原为多种气体（NO、NO_2 和 N_2 等），引起氮素气态损失。不同的硝态氮肥所含阳离子种类不一，它们在性质上有一定差别。

（一）硝酸铵（NH_4NO_3）

硝酸铵(ammonium nitrate)简称硝铵，由硝酸中和合成氨而成，是当今世界上一个主要的氮肥品种。含氮量 35%，农用硝酸铵中加有少量填料，实际含氮量不足 35%，其中 NH_4^+ 和 NO_3^- 各占 50%。我国硝酸铵品质规格见表 2-4。硝铵为白色结晶，含有杂质时呈淡黄色，比重为 1.73，熔点为 169.6℃。易溶于水，溶解度大，20℃时每 100 mL 水中可溶解 188 g，水溶液呈酸性。

表 2-4　农用硝酸铵的品质规格

项　目	标准	项　目	标准
硝酸铵含量（以干基计）/（%，≥）	98.0	总氮量（以干基计）/（%，≥）	34.4
填料	0.15	水分/（%，≤）	2.5

硝酸铵吸湿性强、易结块。当温度高、湿度大时，存放过久，能吸湿液化，造成施用上的困难。当温度为 10℃、20℃、30℃ 及 40℃ 时，其吸湿临界值分别为 75.3%、66.9%、59.4%及 52.5%。这是由于硝铵中存在多种晶型，每种晶型仅在一定温度范围内稳定，温度变化易引起晶型改变。在晶型转变时，晶体的形态结构、密度和体积也随之变化，尤其在 32.3℃时，由于晶型变化，其体积变化较大，在受压的情况下，易使晶体碎裂成细晶，彼此间接触更紧而聚结成块。为此，国内外曾进行过系统的研究，采用防结块添加剂效果良好。经两个月堆放，产品的松散度仍大于 94%。此外，产品的含水量、贮运温度和堆包高度等对结块也有影响。因此，在生产中力求降低产品含水量、贮运温度和堆包高度，以缓解硝铵结块。

硝酸铵对热的稳定性差，易发生热分解。纯硝酸铵在常温下化学性质稳定，受热则易分解，放出 NH_3 或 O_2，在有限空间内，由于体积骤增，易引起爆炸。在贮、运中切忌与易燃物混存，严防混入铜、镁、铝、锌等金属物质，以免生成亚硝铵爆炸物。

硝酸铵是无副成分的氮肥，在土壤溶液中电离为 NH_4^+ 和 NO_3^-，均能为作物吸收，但必须注意 NO_3^--N 易随水流失，使其在稻田的肥效只相当于硫铵的 50%～70%。又因其含 NH_4^+-N，在石性土壤上不宜表施。

硝铵宜做追肥，一般不做基肥，且不能做种肥。旱地做追肥应分次深施覆土，施用深度为10 cm左右。硝铵一般不宜施于水稻田。

（二）硝酸钠和硝酸钙

硝酸钠有天然矿石和工业制造两种，前者主要产于南美洲智利，故又称智利硝石，硝酸钠含氮15%～16.9%，硝酸钙含氮12.6%～15%，纯品均为无色晶体。水溶液呈碱性，极易吸湿结块。硝酸钙易燃，贮、运时应注意防潮、防火。

硝酸钠和硝酸钙均宜做旱地追肥，但不宜施于水稻、茶树、马铃薯等。由于所含阳离子组分不同，二者在施用上略有差别。硝酸钠不宜施于盐碱土，旱地做基肥应适当深施，对喜钠作物（如糖用甜菜）有显著增产效果。硝酸钙适用于酸性土壤、盐碱土或缺钙的旱地土壤，对甜菜、大麦、燕麦、亚麻有良好肥效。

（三）硫硝酸铵和硝酸铵钙

硫硝酸铵的主要成分为硝酸铵与硫酸铵，含氮25%～27%，其中NH_4^+-N占75%～80%，NO_3^--N占20%～25%，淡黄色颗粒状。硝酸铵钙为灰白或浅褐色颗粒，主要成分为硝酸铵、碳酸铵和碳酸钙，含氮20%～25%，其中NH_4^+-N与NO_3^--N各占50%，含$CaCO_3$为28%，其施用技术可参照硝酸铵的施用方法。

四、酰胺态氮肥——尿素

尿素是一种化学合成的有机态氮肥，其氮素以酰胺（$CO-NH_2$）形态存在，属酰胺态氮肥。尿素因具有含氮量高、物理性状较好和无副成分等优点，是世界上施用量最多的氮肥品种。在我国，尿素的生产和销售量仅次于碳铵，根据化学氮肥的发展趋势，它必将成为我国今后主要的氮肥品种。

尿素含氮量为42%～46%，是固体氮肥中含氮量最高的品种。我国尿素的品质规格列入表2-5。

表2-5 尿素的品质规格 %

指标名称	优等品	一等品	合格品
总氮（干基，≥）	46.3	46.3	46
缩二脲（≤）	0.9	1.0	1.5
水分（≤）	0.5	0.5	1.0
粒度（ϕ0.85～2.80 mm，≥）	90	90	90

尿素为白色晶体或颗粒，晶体呈针状或棱柱状，易溶于水，20℃时每100 mL水中可溶100 g，水溶液呈中性，吸湿性小，20℃时吸湿临界值为80.0%，在干燥条

件下物理性状良好，常温下基本不分解，但遇高温、潮湿气候，也有一定的吸湿性，贮、运时应注意防潮。

在造粒过程中，温度达 50℃时便有缩二脲生成，当温度超过 135℃时，尿素易分解生成缩二脲。其反应式如下：

$$2CO(NH_2)_2 \longrightarrow NH_2CONHCONH_2 + NH_3\uparrow$$

尿素中缩二脲含量超过 2%就会抑制种子发芽，危害作物生长，例如，小麦幼苗受缩二脲毒害，大量出现白苗，分蘖明显减少。国内外公认的标准是，尿素中缩二脲含量一般不应超过 1.5%（农用二级品不应超过 1.8%）；作物根外追肥时，不应超过 0.5%，否则会伤害茎叶。缩二脲在土壤中脲酶的作用下，能逐步分解，一般旱地 20 d 后可分解 60%，在水田中分解则更快。其反应式如下：

$$NH_2CONHCONH_2 + NH_4 \longrightarrow 3NH_3 + 2H_2CO_3$$

施入土壤的尿素，在其未转化前，可以分子态被土壤胶体吸附。其吸附方式是以氢键结合，即尿素分子中 $-NH_2$ 上的氢与腐殖质分子中 $=CO$ 上的氧结合，或尿素分子中 $=CO$ 上的氧与土壤黏土表面的$-OH$、$-SiOH$；腐殖质分子中$-COOH$、$-OH$ 等基团上的氢键联结。

土壤对尿素分子的吸附，在一定程度上有防止尿素在土壤中淋失的作用。

尿素施入土壤后，除少量以分子态被土壤胶体吸附外，大部分在土壤中脲酶的作用下，水解为碳酸铵，并进而释放出氨。其反应式如下：

$$CO(NH_2)_2 + 2H_2O \longrightarrow (NH_4)_2CO_3$$

$$(NH_4)_2CO_3 \longrightarrow 2NH_3\uparrow + CO_2 + H_2O$$

因此，尿素表施也会引起氨的挥发损失。

尿素的转化速率，主要取决于脲酶的活性。一般认为，土壤脲酶（脲酰基水解酶）主要是以酶——有机物或无机胶体复合物的形态存在。但也有报道，土壤中游离脲酶含量虽少，但它在尿素分解中的作用，要比复合体形态存在的脲酶更直接，因为尿素水解是在溶液中进行的。土壤 pH、温度、水分和质地都可影响脲酶的活性，从而影响尿素水解的速率，其中土壤温度的影响更为明显。当土壤温度在10℃时，尿素需 7～10 d 可全部转化；20℃时，需 4～5 d；30℃时，只需 2 d 即可分解完。土壤腐殖质和黏粒含量高时，尿素分解快。

为了延缓尿素水解，国内外对脲酶抑制剂进行了广泛的研究和筛选，它们大多为苯醌类或氢醌类化合物。虽然脲酶抑制剂在缓解尿素水解、减少氨挥发方面的作用是值得肯定的，但由于抑制效果及对减少氮素总损失量的作用，尚未得到广泛的验证，因而目前在生产上推广应用尚少。我国的研究结果表明：氢醌能使脲酶分子中的活性部位巯基（—SH）转变成硫桥（—S—S—），从而降低脲酶活性。脲酶抑制剂的使用，使水稻和小麦比单施尿素分别增产 8.4%（505.5 kg·hm^{-2}）和 11.9%（1 042.5 kg·hm^{-2}）。氢醌用量一般以 3.75 kg·hm^{-2} 为宜。

尿素适宜于各种土壤和作物，可做基肥与追肥。不论在哪种土壤上施用，都应适当深施或施用后立即灌水，通过控制水量使尿素随水渗入土层内，由于深层土壤脲酶的活性较低，从而减缓了尿素的水解。尿素因其含氮量高，并含有少量缩二脲，一般不做种肥，以防烧种。如必须做种肥，则应严格控制用量在 37.5 kg·hm^{-2} 以下，与种子相隔 3 cm，严禁与种子直接接触。尿素做根外追肥最为适宜，因其分子体积小，易透过细胞膜；呈中性、电离度小，不易引起细胞质壁分离；又有一定的吸湿性，能使叶面保持湿润状态，以利于叶片吸收；它进入细胞后很快参与同化作用，肥效快。对大多数作物以 0.5%～1%的浓度喷施为宜，早、晚喷施效果较好。

五、缓释/控释氮肥

缓释氮肥（slow-release nitrogen fertilizer），又称长效氮肥，这类肥料中氮的释放速率延缓，可供植物持续吸收利用。控释氮肥（controlled-release nitrogen fertilizer），这类肥料中氮的释放速率不仅延缓，而且能按植物的需要有控制地释放。

缓释/控释氮肥按性质与作用机理可分为合成有机微溶性氮肥和包膜氮肥，自 1955 年脲醛化合物商品化及 1967 年包膜肥料投入生产，至今缓释/控释氮肥的生产已有 40 多年的历史，1999 年估计世界产量约有 70 万 t(实物)，按 20 世纪 90 年代中期估计其消费量约占世界化肥总消费量的 0.15%，目前在发达国家以商品销售的品种已达数十个。在美国，缓释/控释肥料 92%用于非农业，如高尔夫球场、草坪、苗圃等，8%用于草莓、坚果和柑橘等果蔬作物；西欧与美国相似，日本则主要用于农业，按 1995 年数据，70%包膜肥料用于水稻，20%用于莲藕、胡萝卜等园艺蔬菜作物；我国在 20 世纪 60 年代末，中国科学院南京土壤研究所首先开始长效氮肥的研究工作，研制成功钙镁磷肥包裹的碳铵粒肥等。此后，先后有北京园林科研所等单位于 20 世纪 80 年代中期研制的酚醛树脂包膜复合肥料，20 世纪 90 年代郑州工业大学磷肥与复肥研究所生产销售的“乐喜施”包裹型（肥料包裹肥料）复合肥数种，目前国内已有 10 多个科研院所在开发研究。

在研制生产缓释肥料的同时，人们还致力于控释肥料的研究与开发，即采用各种调控机制使养分释放能按设定的释放模式（释放速率和时间）尽可能与作物需肥规律相一致。

这类肥料的特点是肥料中氮素在水中的溶解度小,释放慢,可以逐步释放出氮素供作物吸收,故肥效稳和肥效长,一次施用能在一定程度上供应作物全生育期对氮的需求,即使一次大量施用也不会对种子、幼苗或根系造成伤害。由于释放慢或有控制释放,能降低土壤中氮素因挥发、淋失或反硝化脱氮而引起的损失,有利于减少氮素的环境污染。这类肥料适用于砂性土壤、多雨地区、多年生林木、果树、草地和花卉等施用。然而,目前由于生产成本较高,价格昂贵,养分释放的速率和时间还较难控制,限制了其在农业上的应用和推广,随着生产工艺和材料的改进,价格的降低,缓释/控释氮肥的发展速度必会大于常规化肥,世界各国都相当重视这类新型氮肥的研制与开发。

除了缓释肥料,目前人们也在致力于控释肥料的研究,即指以各种调控机制使养分释放按照设定的释放模式(释放速率和时间)与作物需肥规律相一致,即根据作物不同生长阶段对养分的需求,人为调控养分的释放速率和时间,在作物需要时释放,不需要时,则保留于土壤中。如果能达到预期目标,则有望生产出更为理想的长效肥料新品种。

(一)合成有机微溶性氮肥

这类肥料是以尿素为主体与适量醛类反应生成的微溶性聚合物。施入土壤后经化学反应或在微生物作用下,逐步水解释放出氮素,供作物吸收。

1.脲甲醛(代号 UF) 脲甲醛是缓释氮肥中开发最早且实际应用较多的品种,其主要成分为直键甲撑脲的聚合物,含脲分子 2～6 个,白色粉状或粒状,其溶解度与直键长度呈反比。因此,控制肥料中长短键聚合物比例,即可控制其溶解度和氮的释放速率。该产品含氮 36%～38%,其中冷水不溶性氮占 28%。脲甲醛的质量可用氮素活度指数(activity index,AI)表示。*AI* 值是衡量脲醛肥料在土壤中有效性的一个指标,其计算方法为:

$$AI=(\mathrm{CWIN}-\mathrm{HWIN})\times 100\%/\mathrm{CWIN}$$

式中:

CWIN 为肥料中冷水(25℃)不溶性氮(%);HWIN 为肥料中热水(98～100℃)不溶性氮(%)。

脲甲醛施入土壤后,主要在微生物作用下水解为甲醛和尿素,后者进一步分解为氨、二氧化碳等供作物吸收利用,而甲醛则留在土壤中,在它未挥发或分解之前,对作物和微生物生长均有副作用。脲甲醛施入土壤后的矿化速率取决于尿素与甲醛的摩尔比(U/F)、氮素活度指数、土壤温度及土壤 pH 等。当U/F 为 1.2～1.5、土壤酸性反应、土温≥15℃时,氮素活度指数增加,则分解加快。

脲甲醛可做基肥一次性施用。以等氮量比较,对棉花、小麦、谷子、玉米等作物，脲甲醛的当季肥效低于尿素、硫铵和硝铵。因此，将脲甲醛直接施于生长期较短的作物时，必须配合速效氮肥施用。

2. 脲乙醛（又名丁烯叉二脲，代号 CDU） 由乙醛缩合为丁烯叉醛，在酸性条件下与尿素缩合而成的异环化合物。该产品为白色粉状，含氮为 28%～32%，熔点为 259～260℃。脲乙醛在土壤中的溶解度与土壤温度和 pH 有关，随着温度升高和酸度的增大，其溶解度增大。因此，适用于酸性土壤。脲乙醛施入土壤后，分解为尿素和 β-羟基丁醛，尿素经水解或直接被植物吸收利用，而 β-羟基是非功过丁醛则分解为二氧化碳和水，无毒素残留。

脲乙醛可做基肥一次大量施用。当土温为 20℃时，脲乙醛施入土壤 70 d 后有比较稳定的有效氮释放率，因此，施于牧草或观赏草坪肥效较好。如用于速生型作物，应配合速效氮肥施用。

3. 脲异丁醛（又名异丁叉二脲，代号 IBDU） 它是尿素与异丁醛反应的缩合物，白色粉状或颗粒状，含 N 为 32%，不吸湿，微溶于水。施入土壤后，在微生物作用下可水解为异丁醛与尿素。脲异丁醛具有生产原料廉价易得、无残毒的特点，是稻田良好的氮源，其肥效相当于等氮量水溶性氮肥的 104%～125%，可与尿素、磷酸氢二铵、氯化钾等化肥混施，因而是一种有发展前途的缓释氮肥。

4. 草酰胺（代号 OA） 含氮 31.8%，白色粉状，微溶于水。施入土壤后可直接水解为草胺酸和草酸，并释放出氢氧化胺。

草酰胺对玉米的肥效与硝酸铵相似，呈粒状时则释放减慢，但优于脲醛肥料。

（二）包膜氮肥

包膜氮肥是指在速效氮肥外表面包裹一层或数层半透性或难溶性的惰性物质，以减缓养分的释放速率而制成的肥料，即通过包膜扩散、包膜逐步分解或水分进入膜内膨胀使包膜破裂而释放氮素。常用的包膜材料有硫磺、树脂、聚乙烯、石蜡、沥青及钙镁磷肥等。

1. 硫包尿素（简称 SCU） 在尿素颗粒表面涂以硫磺，用石蜡做包衣。主要成分为尿素、硫磺、石蜡和杀菌剂等。杀菌剂的作用在于防止包膜物质过快地被微生物分解而降低包膜缓释作用。该肥含氮为 34%，硫磺包膜占 7%～12%，石蜡封面占 2%，煤焦油为 0.25%，硅藻土为 2%。

硫包尿素施入土壤后，在微生物作用下，使包膜中的硫逐步氧化，颗粒分解而释放氮素。硫被氧化后，产生硫酸，从而导致土壤酸化。水稻田不宜大量施用硫包氮肥，适宜在缺硫土壤上施用。

硫包尿素的氮素释放速率与土壤微生物活性密切相关，一般低温、干旱时释放较慢，因此冬前施用应配施速效氮肥。

2. 长效碳酸氢铵(简称长效碳铵)　在碳铵粒肥表面包一层钙镁磷肥。在酸性介质中钙、镁、磷肥和碳铵粒肥表面作用,形成磷酸铵镁包膜,这样既阻止了碳铵的挥发,又控制了氮素的释放,延长肥效。

长效碳铵成品为灰褐色,粒重 1.1～1.2 g,含氮(N)为 11%～12%,磷(P_2O_5)为 3%,以及钙、镁、硅等。膜壳致密、坚硬,不溶于水而溶于弱酸。氮素释放速率取决于膜料用量、温度及土壤水分条件等。膜料用量多、低温、淹水条件下释放慢,肥效可持续 50～60 d,氮素利用率可高达 70%以上。

长效碳铵在水稻、小麦、棉花、甘蔗、茶叶、橡胶和海带等作物上都进行过肥效试验,结果表明,在沙质土壤及生长期较长的作物上,长效碳铵的肥效优于普通碳铵,而且可减少施肥次数,增产效果明显。

3. 高效涂层氮肥　在尿素颗粒表面喷涂含有少量氮、钾、镁及微量元素的天然混合液,使尿素的释放速率减慢。该肥成品呈黄色小圆粒状,与普通尿素相比,具有氮素释放平缓、肥效稳长、氮素利用率高等特点。目前已在广东省推广施用,它对水稻、甘蔗、花生、麻及蔬菜作物均有一定的增产效果。

4. 聚合物包膜控释氮肥　采用聚合物包膜速效氮肥(还包括磷、钾等),以减缓氮素释放速率,并选用特殊工艺使包膜上有一定大小和数量的微孔,土壤水分可以通过微孔自由扩散到,涂层内部,内部溶解的养分通过被扩展的小孔释放出来,养分(主要指氮素)的释放速率随膜的特性可以调控。以下简要介绍一些控释肥料的供应商和产品。

美国 Scotts 公司生产销售多种控释肥料,如由醇酸树脂包膜的 Osmocote、Osmocoteplus、Sierra、Sierrablem、Sierrform 均为世界著名品牌。聚合物包膜肥料还有 Proturf、ProGrow、Scotts。聚合物包硫产品有 Polys。Osmocote 广泛用于温室、园艺等,如 14-14-14、19-6-12 释放期为 3～4 个月,18-6-12 为 8～9 个月,18-5-11 为 12～14 个月,每吨价格均超过千美元。Puresell 工业公司自 1990 年起采用“反应层包膜工艺”生产多种聚合物包膜肥料。商品名 POLYON,有尿素、K_2SO_4、KNO_3、MAP、NPK 复肥,其价格低于 Osmocote;还有商品名 Trirote,为聚合物包硫尿素、包 K_2SO_4、MAP 等。Vigoro 工业/IMC 全球公司最早生产 IBDU(脲异丁醛)基的缓释肥料,1996 年开始生产聚氯乙二烯包膜肥料,商品名 V-COTE、Woodace 等。LESCO 公司生产的商品名 Polyplus,为聚合物包硫尿素。

法国:AgrEvo 公司生产的商品名 PLANTACOTE,为聚丙烯包膜肥料,释放期为 4、6、8、12 个月不等。

德国:BASF 公司主要生产各种 IBDU 基的控释肥料,也有商品名 Basacote 包膜肥料。

加拿大：Agrium 公司生产的 Duratlon、ESN 的聚合物包膜肥料。Nu-Gro 公司生产包硫尿素、包硫钾肥。

日本：Chisso-Asahi 肥料公司生产的商品名 MEISTER 的包膜尿素、KCl 或 K_2SO_4，商品名 Nutricote 的包膜 NP、NK 及 NPK。该公司采用以热塑性聚烯烃树脂、聚乙烯(PE)和醋酸乙酰乙烯(EVA)共聚作为包膜剂，并调节 PE 与 EVA 比例，以滑石粉为开孔剂，可制得从 40～360 d 释放期的包膜肥料，是亚洲园艺市场的知名品牌。

以色列：Haifa 化学品公司生产的商品名 Multicote 为用脂肪酸和金属氢氧化物多层包裹尿素、KNO_3 和 NPK。

中国：郑州乐喜施肥料公司生产的商品名 Luxuriance 以钙镁磷肥包裹尿素的复肥。商品名 Lurecote 以二价金属磷酸铵钾盐包裹尿素的复肥。

第二节　氮肥在土壤中的转化

不同的化学氮肥施入土壤后溶解于水，其氮素分别以 NH_4^+、NO_3^- 或尿素分子存在于土壤溶液中，并直接参与土壤—植物体系中的循环，即一部分直接被植物和微生物吸收；一部分(NH_4^+ 或尿素)被土壤吸附而保存；还有一部分则经过一系列变化，以气态(NH_3、N_2O、N_2 等)方式回到大气中或以 NO_3^- 形态随水淋失、流失，后者在更大范围内参与氮素循环。从农业生产的角度看，属氮素损失大。三者之间是相互联系、相互制约的。因此，采用合理的施肥技术与耕作措施促进作物对氮的吸收，提高肥料中氮素利用率，尽可能减少氮的损失是本节重点内容。

一、化肥氮的生物学固定

化学氮肥中氮素主要是无机态，施入土壤后可直接被植物根系吸收利用；也能被土壤微生物吸收同化，其实质就是肥料中无机态氮的有机化或称为生物学固定。

(一)作物对化肥氮的吸收

化学氮肥施入土壤后，植物对氮的吸收率一般仅为 30%～50%，最多也只有 60%～70%(表 2-6)，而且不同作物及同一作物不同品种之间，都有明显的差异。

由表 2-6 可见，化肥氮的吸收率因氮肥品种和土壤类型而异，其顺序是硫铵>尿素>碳铵>硝酸钾；而且石灰性土壤(两合土)远低于非石灰性土壤(大泥土)。有报道表明，作物对化肥氮的吸收率还与施肥时期和方法有关。以尿素为例，在两合土上，水稻对化肥氮的吸收由栽秧时期的 22.3%提高到旺长时期的 61.8%，亏损率由 47.3%降到 25.8%。氮肥造粒深施比粉状肥料表施或混施的氮素利用率要高，且随作物的生长进程，根系的伸展越趋明显(图 2-1)。

表 2-6　水稻对不同氮肥中氮(^{15}N)的吸收率　　%

土壤	氮肥品种	吸收率	土壤残留率	亏损率
两合土	碳铵	17.1	12.7	70.2
(淮安)	硫铵	22.5	26.3	51.2
	尿素	22.3	30.4	47.3
大泥土	碳铵	33.5	15.0	51.5
(金华)	硫铵	58.7	28.6	12.7
	尿素	39.8	16.4	43.8
	硝酸钾	24.5	3.8	71.7

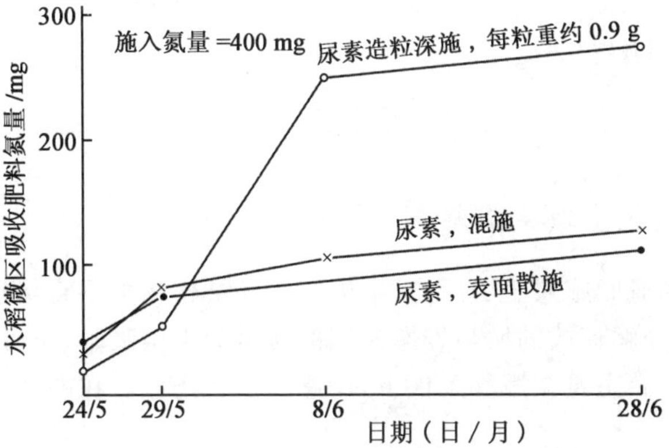

图 2-1　水稻对肥料氮的吸收过程与施用方法的关系

(双季早稻田间微区试验)

根系吸收的无机氮，在体内转化为有机态氮，一部分以种子等收获物的方式带走，而其余则以根茬或秸秆残留于土壤中，经土壤微生物分解、矿化，再参与植物-土壤体系的氮素循环。

(二)微生物对化肥氮的吸收和同化

通过微生物的吸收同化，使土壤中的化肥氮有机化，成为土壤氮素，在适合宜条件下又被矿化(表 2-7)。

由于施入土壤中的化肥氮迅速被有机化，促进了土壤原有有机质的分解，这一现象称为激发效应。土壤中化学氮肥的有机化和土壤有机态氮矿质化的消长量，因土壤条件而异(表 2-8)。

表 2-7 施加硫铵(^{15}N)后氮的收支平衡* %

年份	1956	1957	1958	1959	1960	1961
作物吸收	41.4	43.0	43.9	45.0	46.1	47.2
土壤固定	47.6	47.4	45.2	45.2	45.2	41.8
脱氮	11.0	9.6	10.9	9.8	8.7	11.0

* 将 1956 年施入的^{15}N,用%来表示每年的分配关系。

表 2-8 水田和旱地氮素有机化和矿质化的数量(培养 6 周)

		土壤氮的矿质化	添加氮的有机化/($mg \cdot kg^{-1}$)	矿质化/有机化
水田	无葡萄糖	190	32	5.9
	加葡萄糖	184	44	4.2
旱地	无葡萄糖	106	39	2.7
	加葡萄糖	80	82	0.97

二、化肥氮在土壤中的转化

不同形态的氮肥施入土壤后,其中的氮素除被作物根系直接吸收外,酰胺态氮在脲酶作用下,分解释放的铵与铵态氮肥的铵可为土壤吸附,也可在微生物作用下氧化为硝态氮。硝态氮在嫌气条件下,又进一步被还原。在碱性条件下,铵转化为气态氨分子。

(一)土壤对铵的吸附与固定

自 Thompson 发现硫铵中的 NH_4^+ 可为土壤胶粒吸附以来,土壤对 NH_4^+ 的吸附受到广泛关注。尤其是近数十年来,大量化学氮肥的施用,使土壤对 NH_4^+ 的吸附显得更为重要。因为土壤对铵的吸附在一定程度上,可防止 NH_4^+ 的淋溶损失,并能在作物生长季节中不断提供氮素。

土壤对 NH_4^+ 的吸附与固定途径有阳离子交换吸附反应、黏土矿物固定和有机成分吸附等。

铵态氮肥或尿素施入土壤后,通过不同途径产生 NH_4^+,由于大部分土壤带负电荷为主,因此 NH_4^+ 以静电引力(库伦力)被土壤胶体吸附,并发生阳离子交换吸附反应。当土壤溶液中的 NH_4^+ 浓度降低时,交换性 NH_4^+ 又被解吸进入溶液中,以维持土壤溶液中 NH_4^+ 的浓度。可见,交换态 NH_4^+ 是作物的重要氮源。

NH_4^+ 在土壤中还可以非交换方式，进入 2∶1 型黏土矿物晶层间晶穴内而被固定，通常称为铵的晶格固定。据报道，我国土壤中黏土矿物所固定的铵态氮可占全氮的 1%～40%，而大部分在 10%以上。不同土壤固定态铵的含量相差很大，我国一些主要土壤表层固定态 NH_4^+ 的含量变幅为 12～404 $mg \cdot kg^{-1}$。随着土层的加深，固定态 NH_4^+ 的含量增大，下层土壤可达 1 000 $mg \cdot kg^{-1}$。

土壤对 NH_4^+ 晶格固定的机理与钾相似，主要发生在含 2∶1 型黏土矿物的土壤中。因为在 2∶1 型黏土矿物晶层内，由同晶置换作用所产生的负电荷对 NH_4^+ 有吸附作用，当晶层收缩时，NH_4^+ 就被挤进 6 个氧组成的晶穴中，由于 NH_4^+ 和 K^+ 的离子半径，与黏土矿物晶层结构内 6 角形空穴的半径相近，所以，对这两种离子的固定作用明显。由于黏土矿物晶层内同晶置换的位置不同，所产生的引力也不同。如果同晶置换发生在四面体中，则层间电荷与离子间的引力较强，使晶层距缩小，土壤对 NH_4^+ 的吸附力就强。

土壤对 NH_4^+ 的固定能力主要取决于土壤黏土矿物的类型。不同土壤中黏土矿物的组成不同，其固定铵的能力也有较大差异。其中蛭石固铵能力最强，伊利石和蒙脱石次之，贝得石和云母也有一定的固铵作用。此外，土壤水分、土壤含钾量及有机质含量对 NH_4^+ 的固定也有一定的影响。土壤由湿变干时，NH_4^+ 的固定增强；交换性钾含量高时，专性吸附位被钾饱和，NH_4^+ 的固定减少；土壤含有机质多时，由于有机物在黏粒表面的吸附，阻塞了离子通道，铵的吸附量也会减少。

土壤对 NH_4^+ 的晶格固定可减少土壤中铵态氮肥的损失，改善土壤的氮素状况。因为固定态铵，尤其是铵态氮肥施入土壤后，被黏土矿物新近固定的铵，对植物的有效性比原有固定态铵高，因为前者大多处于晶层边缘，向外扩散的距离短，易为作物吸收。Keerthisinghe 等认为，新固定的铵在作物生长期间可重新释放出来被作物利用，尤其在种水稻时，这部分 NH_4^+ 是不可忽视的。

铵态氮肥施入土壤后，除被土壤中黏土矿物晶格固定外，土壤中的有机成分也具有吸附 NH_4^+ 的能力。目前，对 NH_4^+ 有机质复合体形成的反应机制还不是很清楚。据推测，能与 NH_4^+ 反应的基团主要存在于酚和醌中，它们可由木质素、香精油类、单宁、蛋白质的酶促分解及肌醇和还原糖的非酶促转化所产生。土壤中有机成分对 NH_4^+ 的固定能力受 pH、通气状况、温度等条件的影响，当 pH＜7 时，固定作用缓慢；pH＞7 时，固定作用明显加快。所以，液氨、氨水及尿素施入土壤后，都有可能引起有机成分对 NH_4^+ 的固定。土壤有机成分固定的 NH_4^+ 大多不能为酸或碱液所提取，也不易为微生物分解。由于它们的化学抗性较强，对作物和微生物的有效性很低。

(二)铵的硝化作用

土壤中铵态氮肥或尿素转化形成的铵,在硝化细菌的作用下氧化为硝酸。氧化过程分两步进行:首先是铵在亚硝化细菌的作用上,氧化为亚硝酸;随后亚硝酸再被硝酸细菌氧化为硝酸。反应式如下:

$$2NH_4^+ + 3O_2 \longrightarrow 2NO_2^- + 2H_2O + 4H^+$$

$$2NO_2^- + O_2 —— 2NO_3^-$$

生物氧化过程的强弱与土壤中硝化细菌的数量和活性有关。而这又受到土壤通气条件、pH、质地、温度、水分含量及施肥等因素的影响。硝化作用是在好气条件下进行的,pH>8 或 pH<4.5,硝化作用不能进行。据研究,在 pH 5.6~8.0 范围内,硝化率与土壤 pH 呈极显著的正相关($r=0.941^{**}$),pH 升高,土壤硝化率增强;土壤质地黏重,通气性差,不利于硝化作用进行,硝化率与土壤黏粒(<0.001 mm)含量呈显著的负相关($r=0.639^{*}$,$n=13$);硝化作用的最适温度为 30~35℃,旱地中耕除草、稻田烤田均能促进硝化作用。另据 Flowers 报道(1983),当土壤水势在-15 000~1 kPa 之间时,硝化率随土壤水势下降而增加。据测定,我国太湖地区施用硫酸铵 2 周后,不同土壤的硝化率分别为:青紫泥 15.5%、板浆白土 23.6%、小粉白土 61.7%、黄泥土 81.9%。可见,当土壤通气状况良好时,硝化速率是很快的。硝化作用所产生的 NO_3^- 是作物的主要氮源之一,但它不能为土壤胶体吸附,过多的硝态氮易随降水或灌溉水流失。在南方多雨地区或多雨季节,硝酸盐的淋失是旱作土壤氮素损失的重要途径。为了保蓄氮素,在灌溉条件下也应避免土壤中硝化速率过强,以免引起氮素损失。

(三)硝态氮的还原作用

反硝化作用是硝态氮还原的一种途径,即 NO_3^- 在嫌气条件下,经反硝化细菌的作用,还原为气态氮(N_2 或 N_2O)的过程,也称为脱氮作用。当土壤中的氧气不足时,反硝化细菌就利用硝酸盐中的氧进行呼吸,使硝态氮还原。在还原过程中,每一步所释放的氧都能为微生物所利用。其生化过程如下:

$$2NO_3^- \longrightarrow 2NO_2^- \longrightarrow N_2O \longrightarrow N_2$$

土壤中反硝化作用的强弱,主要取决于土壤通气状况、pH、温度和有机质含量,其中尤以通气性的影响最为明显。

当土壤水分含量大于田间持水量的 60%时,就可能发生反硝化作用,土壤含水量增加,反硝化作用增强。因此,淹水土壤、通透性差或排水不畅的土壤,易发生反硝化作用。由于土壤的不均一性,在排水良好的旱地土壤中,也可能局部发生反硝化作用。

土壤 pH 也影响到反硝化速率。反硝化作用的适宜 pH 一般为 5～8，而 pH 7.5～8.2 时作用最快，pH＜5 的酸性土壤，反硝化作用明显减弱。但由于施用石灰等原因，在酸性土壤上也可能局部发生反硝化作用，其分解产物以 N_2O 为主。

反硝化作用的适宜温度为 30～35℃，温度低于 2～9℃反硝化作用弱，当温度为 60～65℃时也有反硝化作用产生，因为土壤中有嗜热硝化细菌存在。

反硝化作用所需的能量与电子均由土壤中有机物质提供，大量有机碳的分解可迅速耗氧而形成嫌气环境。当土壤中有机质含量较低时（＜1％），由于能源缺乏，反硝化作用受到抑制。但也有报道指出，根际土壤由于植物根系能提供耗氧碳源，在玉米和小麦的近根区土壤中反硝化作用高于远离根际的土壤；而在有机质含量高的土壤中，这种现象就不明显。

用淹水培养法对我国苏南地区水稻田的研究表明，当土壤有机质含量为 1％～2.5％时，氮素损失量与有机质含量呈正相关；^{15}N 标记尿素的试验中，氮的损失量与土壤有机质含量也呈显著正相关（$r=0.898^{**}$）。稻田导致铵态氮肥硝化与反硝化损失的主要原因是土壤中氧化层与还原层的电位不同（图 2-2）。当然稻田还原层的亚硝化作用也可导致氮素的反硝化。

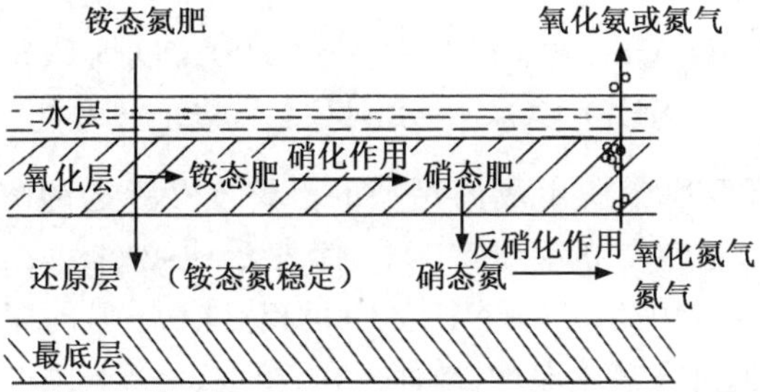

图 2-2　稻田土壤中化肥氮硝化-反硝化损失示意图

此外，在纯化学作用下，也可能发生亚硝酸盐的气态化。因为在土壤中，尤其是酸性土壤，当施入铵态氮肥或尿素后，会引起施肥点周围高 pH 和高氨浓度的联合效应，抑制了硝化过程中硝化细菌的活性，从而导致亚硝态氮（NO_2^-）的积累，并通过自行分解，与有机成分、NH_3 或尿素反应，产生 N_2 或 NO，N_2O 以气态形式向大气逸散。

（四）土壤中铵态氮的分子态化

随化肥氮施入的 NH_4^+ 在土壤中可形成分子态氨（NH_3）。在石灰性土壤中氨的挥发比非石灰性土壤更为严重。

在非石灰性土壤上，各种铵态氮肥与尿素施入湿润土壤后，在土壤溶液中形成的 NH_4^+ 和 NH_3 之间的平衡为：

$$NH_4^+ \longrightarrow NH_3(\text{水}) + H^+$$

随土壤溶液 pH 的升高及 NH_3 浓度的增加，NH_3 的分压也加大，而溶液中 NH_3 分子的挥发又取决于溶液中 NH_3 分压和大气中 NH_3 分压之差，通常大气中 NH_3 的浓度很低，当溶液中 NH_3 的浓度加大时，就导致 NH_3 分子向大气逸散。

$$NH_3(\text{水}) \longrightarrow NH_3(\text{气})\uparrow$$

在淹水稻田中 NH_3 的挥发是由溶解于其中的 CO_2—H_2CO_3—CO_3^{2-} 平衡体系所决定。因为水田中藻类的活动会引起该水-土体系中 pH 的昼夜变化，导致 NH_3 挥发量的波动，白天，藻类同化碳酸，使 pH 升高，氨的挥发增强；夜间藻类呼出 CO_2 使 pH 降低，氨的挥发减弱。其反应式如下：

$$CO_2 + H_2O \longrightarrow H^+ + HCO_3^-$$

在石灰性土壤中，大量的 $CaCO_3$ 与表施的铵态氮肥起反应，形成碳酸铵与相应的钙盐，其反应式举例如下：

$$(NH_4)_2SO_4 + CaCO_3 \longrightarrow (NH_4)_2CO_3 + CaSO_4$$
$$(NH_4)_2CO_3 \longrightarrow 2NH_3\uparrow + CO_2 + H_2O$$

碳酸铵生成量取决于所生成的钙盐的溶解度。钙盐的溶解度低（如 $CaSO_4$ 等），有利于 $(NH_4)_2CO_3$ 的生成，NH_3 挥发量也必然大；钙盐溶解度高［如 $Ca(NO_3)_2$，$CaCl_2$］等，则生成的 $(NH_4)_2CO_3$ 相对较少，氨的挥发量就低。

表施氮肥，氨的挥发还受温度、地面风速、植被、土壤性质与氮肥品种等因子的影响。据潮土田间观察表明，氨的挥发在高温、多风季节大于秋、冬季节；裸地大于有植被的地块；质地轻、阳离子交换量小的土壤大于质地重的；施用碳铵的大于施用硫铵的，施用尿素初期低于施用硫铵，但经 1 周左右的分解，氨的挥发则迅速增加。

第三节　氮肥对作物的影响

在作物生产中，氮素直接影响其产量和品质。氮素营养充足，各种养分比例协调才能经济产量高、品质纯正、经济效益大，构成“高产、优质、高效”型农业；如果氮素供应不足，则作物生长发育受到明显抑制，尤其是对水稻、玉米、棉花等生长期长、产量高、需氮多的作物、叶菜类和果树影响更大。但是,氮素过多,养分比例失调,往往会引起作物中、后期徒长,抗逆能力减弱,使产量下降、品质降低。

一、氮肥对作物生长发育及产量的影响

(一)氮与根系生长

水稻秧苗发根明显受氮素水平的影响,因为秧苗发根主要取决于秧苗茎上根原基的数量,而根原基的分化与根细胞的增长,都需要蛋白质、核酸等含氮化合物的供应。研究结果表明,茎秆基部含氮量大于1%时,不断长出新根;小于1%时,则新根停止萌发;如果含氮量在0.75%以下,老根也停止生长。因此,在缺氮的土壤上施用氮肥,对促进根的发育和伸长是必要的。

小麦苗期需要充足的营养元素。施足基肥对培育壮根非常重要,基肥中氮肥用量应占总施氮量的60%,以促进次生根的发育,增强根系吸收能力,从而提高叶片与叶鞘中可溶性糖的含量,增强麦苗在越冬期的抗寒防冻能力。研究结果表明,小麦适量追施氮肥可促进根的生长,增加次生根条数、根的干重和根系的活力。

根用作物产量的形成不同于禾谷类作物。块根、块茎的生长,主要取决于碳水化合物的供应,但是氮素供应对二氧化碳的同化速率和碳水化合物的运输仍然是重要的。据研究,马铃薯块茎的生长速率与硝酸盐的供应有关。当培养液中硝酸盐的浓度由 1.5 $mol \cdot L^{-1}$ 提高到 3.5 $mol \cdot L^{-1}$ 时,块茎每天的生长量可由 3.24 cm^2 提高到 4.06 cm^2。

(二)氮与营养生长

氮素营养直接影响到禾谷类作物营养体的生长与发育。氮素营养充足,群体结构合理,可保证有较大的叶面积进行光合作用,从而提高光合效率,增加干物质积累。据测定,小麦缺氮时,光合作用强度(每小时 CO_2 为 0.63 $g \cdot m^{-2}$)仅为正常供氮时的50%(每小时 CO_2 为 1.24 $g \cdot m^{-2}$)。研究表明:不同施氮量对夏高粱地上部生长有明显的影响。

在适量范围内($<300\ kg \cdot hm^{-2}$),随着施氮量的增加,夏高粱各生育期叶面积指数、中后期叶片中叶绿素含量和含氮量都相应提高;据齐穗期的测定,倒3叶叶片中叶绿素含量与含氮量之间呈极显著正相关($r=0.954\,4^{**}$)。这必然延长叶片功能期,促进体内光合产物的积累,使干物质积累也随之增多。

(三)氮与激素平衡

植物激素的合成与氮的供应有密切关系,例如,细胞分裂素是一种含氮的杂环化合物。当氮素供应充足时,能促进根部细胞分裂素的合成,保持根的生理活性,增强细胞分裂素向地上部的供应,防止早衰,并有利于延长籽粒灌浆期。玉米素是

水稻体内的主要细胞分裂素。在水稻一生中，叶片内玉米素含量以分蘖期为最高，以后逐渐降低。如果在抽穗前 15 d 增施氮肥，就可使水稻叶片内玉米素含量迅速回升，从而延缓叶绿体中蛋白质的降解速率，提高光合强度。如氮素供应不足，则地上部细胞分裂素含量和活性下降，导致早衰。氮肥形态对玉米素的合成也有一定影响。在水稻穗分化的减数分裂期前，追施不同形态的氮肥，稻叶中玉米素的含量有明显的差别；不施肥的对照为 165.2 mg·(100 g)$^{-1}$ 鲜重，施用 NH_4^+-N 的处理为 272.0 mg·(100 g)$^{-1}$ 鲜重。而施用 NO_3^--N 的为 310.0 mg·(100 g)$^{-1}$ 鲜重，稻叶内玉米素含量高时，叶绿体蛋白降解慢。因此，水稻虽是典型的喜铵作物，但在生殖生长期间，适量供应硝态氮，有利于延缓稻叶早衰，使基部叶片保持绿色。

(四)氮与产量形成

禾谷类作物的产量形成主要取决于每公顷穗数、每穗粒数和千粒重。单位面积的穗数决定于种植密度和氮肥用量，在作物生长前期，充足的氮素营养对保穗数有重要影响。研究结果表明，小麦生长前期施用氮肥，可提早小穗分化期，并能提高分化强度，从而每穗小穗数增多，穗长、穗粒数均比不施氮肥时高。抽穗后，如叶片中能保持一定的氮素水平，即可延长光合作用的时间，有利于后期光合产物向籽粒中运转与积累，使粒重增加。

棉花进入现蕾期，标志着生殖生长阶段的开始。这一时期要求营养器官有适度发展，又有较多的光合产物积累，以利于现蕾、开花、结铃。棉株若缺氮，则果枝少、蕾少且易脱落。据试验，每公顷施硝酸铵 150 kg，果枝数与单株棉铃数比不施氮分别增加到 6.5 个(对照为 6.1 个)和 4.5 个(对照为 4.5 个)，从而使皮棉每公顷增产 18.7%。

二、氮肥对作物品质的影响

农产品品质主要取决于作物的品种特性，但氮肥施用量与施用方法等到对作物体内代谢、合成也有较大影响，从而在一定程度上影响产品品质，其影响程度因作物与品种而异。

(一)禾谷类作物

小麦适量施用氮肥不但能增产，而且籽粒中蛋白质、面筋的含量和沉淀均有明显提高(表 2-9)，从而改善了面包的烘烤品质。据报道，如果氮肥用量过多，硫供应不足，也影响面包的松软和膨胀度。因此，小麦施肥，尤其在生长中、后期追肥，必须注意氮、硫平衡供应，选用硫酸铵或氮肥与含硫化肥配合施用，有利于提高面粉的烘烤品质。

表 2-9　氮肥对小麦籽粒品质的影响

施氮量/(kg·hm^{-2})	蛋白质/%	干面筋/%	沉淀值	产量/(kg·hm^{-2})
0	10.9	8.78	34.7	2 505
240	14.0	13.5	55.7	5 085

适量施用氮肥能不同程度地提高高粱籽粒中各种氨基酸的含量，其中 9 种必需氨基酸的含量平均提高 34.03%±30.5%，幅度为 5.36%～106.5%，从而提高了籽粒营养价值。然而，也有报道表明，作物生长后期，过量施用氮肥，反而降低籽粒的营养价值。因为氮肥施用不当，致使籽粒中醇溶谷蛋白含量提高，而人和牲畜必需的赖氨酸含量降低，而前者的合成又主要在籽粒形成后期。

(二)油料作物

施肥对植物油脂的合成具有重要影响。研究表明，在低氮水平下，种子产量和油脂含量均不高；而在高氮水平下，由于粒重增加，种子与油脂的产量均增加。大豆既是油料作物，又是重要食物和饲料。为了提高籽粒中蛋白质含量，在增施磷、钾肥的基础上，开花前施用少量氮肥，促进植株营养体生长，这不但可以提高产量，也有利于改善品质。

(三)纤维作物

适量施用氮肥能改善纤维的长度和细度，但过量施氮反而导致纤维细度，尤其是衣分率下降。过量氮肥供应有可能促进棉株中碳水化合物向营养器官运转，影响了早期棉铃的发育，从而降低纤维品质(表 2-10)。

表 2-10　氮对棉花品质的影响

施氮量/(kg·hm^{-2})	纤维长度/mm	纤维细度(麦克隆读数)	衣分率/%
0	29.4	4.26	40.2
67	29.9	4.28	38.6
134	29.9	4.18	38.0
268	29.8	4.10	37.9

(四)蔬菜作物和果树

氮素供应不足时，大白菜的叶球小而不紧实；莴苣的内质茎细长；黄瓜的瓜条弯曲，体形瘦小，商品品质低劣。适量施用氮肥，在不同程度上会改善上述品质。但是，过量施用氮肥，由于提高了叶菜类作物非蛋白质氮的含量，会导致硝酸盐的积累，危害人体健康。过量施用氮肥明显减少了块根和块茎类作物中淀粉的积累，使产量与品质均下降。

氮肥供应过多,氮、磷、钾比例失调,往往降低果实品质,尤其是耐贮性差。研究结果表明,适量施用氮肥(200~300 kg·hm^{-2}),可提高柑橘产量,而且提高果实中果汁(+15.7%)、维生素C(+7.1%)、全糖量(+22%)及糖/酸(+7.2%)。但过量施用氮肥(400 kg·hm^{-2}),不但产量明显降低,单株鲜果下降54.4%,而且果实品质也有不同程度的降低,柠檬酸含量却明显提高(+25%),使果实的适口性变差。

第四节　氮肥的有效施用

化学氮肥的利用率不高是国内外普遍存在而又难以解决的实际问题。氮肥利用率是指当季作物从所施氮肥中吸收氮素占施氮量的百分数,其实质是当季作物对所施氮量的表观回收率。实践表明,它受多方面因素的制约,如土壤性质、气候条件、作物种类和品种、栽培措施、氮肥品种、施肥量、施肥时间与方法等。因此,它与作物产量并无直接关系,但在应用养分平衡法计算推荐施肥量时,可作为估算氮肥需要量的参数。计算氮肥利用率的常用方法为差值法,即按田间生物试验施氮区与不施氮区的结果加以计算求得。公式如下:

$$氮肥利用率=\frac{施氮区收获物中总氮量-不施氮区收获物中总氮量}{所施氮肥中氮素的总量}\times 100\%$$

若采用^{15}N标记肥料的生物试验,可以得出更为确切的氮肥利用率的数值。

据报道,氮肥利用率在美国为30%~50%之间,在日本为50%左右,在苏联为24%~61%,在我国一般在40%左右。氮肥利用率不高,不仅降低了经济效益,更重要的是化肥氮离开了植物-土壤体系,造成生态环境的污染,危及到人体健康。同时也表明农业生产中,提高氮肥利用率的潜力还很大,因而有必要研究氮肥的有效施用问题。

我国在氮肥有效施用和提高氮肥利用率方面进行了大量的研究,其中不少已在生产上推广应用并取得成效。现归纳分述如下:

一、测定土壤的供氮能力

作物生长发育所需的氮素中,大部分来自土壤氮素(表2-11)。一般来说,土壤供氮能力与作物产量呈正相关。判断与评价土壤供氮能力,可以作为估算氮肥用量的参考依据。其测定方法有多种,仅举常用者为例。

表 2-11　土壤对一季作物的供氮量占作物高产需氮总量的百分率　　%

地点	作物	土壤供氮量/作物需氮量	n
苏、沪	双季早稻	51.9～69.8	38
苏	双季晚稻	53.7～62.9	5
苏、滇	中稻、晚稻	64.2～82.9	24
苏、沪	大麦	45.2～48.3	24

方法一　以田间试验无氮区一季作物收获时地上部分累积的氮量，作为土壤供氮量，表示其供氮能力。据朱兆良（1986）提供的数据，土壤供氮量为 34.5～108.0 $kg \cdot hm^{-2}$，占耕层土壤（0～20 cm）全氮的 1.4%～3.3%（表 2-12）。

表 2-12　土壤供氮量的一般范围

试验地点	作物	平均供氮量/($kg \cdot hm^{-1}$)	土壤供氮量占耕层土壤全氮/%	点数/n
江苏	单季晚稻	107.3	3.3	3
苏北、川、滇	中稻	62.3～125.3	2.5～3.1	81
苏、沪、浙、湘、闽	双季早稻	52.5～68.3	1.8～1.9	102
浙、粤	双季晚稻	62.3～77.3	2.0	10
苏北、川	小麦	33.8～73.5	2.0	87
苏州	大麦	36.8	1.4	5

如表 2-12 所示，水稻高于小麦或大麦。单季晚稻高于双季早稻。这可能受土壤条件、生长季节、前茬作物种类、耕作管理措施等的影响。

方法二　以土壤有机氮的矿化量作为土壤供氮能力的度量。在旱作土壤中，常以土壤的硝态氮量为矿化氮量；水田则以土壤铵态氮量为主。

20 世纪 70 年代初 Stanford 等应用一级反应动力学原理，研究土壤有机氮的矿化，提出了土壤氮矿化势的概念，并建立了相应的数学式：

$$\ln(N_0 - N_t) = \ln N_0 - k_t$$

式中：N_0 为矿化势；k 为矿化速率常数；N_t 为 t 时间内的矿化量。

土壤矿化势是指土壤氮素在无限长时间内的矿化量，即最大矿化量，它反映了土壤氮素的潜在供应能力，它与土壤全氮量、土壤理化特性及自然环境因素有密切关系。Wring 等曾指出，淹水培养下矿化的 NH_4^+-N 量与好气培养时矿化氮量之间呈极显著相关。用风干、土淹及水密闭培养法，研究我国南方部分水稻土耕层土壤氮素的矿化量与矿化势，所获结果汇总于表 2-13 中。

表 2-13 南方水稻土耕土壤的氮素矿化(30℃密闭培养 2 周)

采样地点	样品数	氮素矿化量 /(mg·kg^{-1})	矿化率 /%	矿化量与全氮的相关系数(r)
太湖	68	78～163	0.82～7.60	0.689**
华中、华南、西南	67	7～162	0.08～7.75	0.693**

据报道，培养后的矿化氮量与国内常用的碱解氮之间大多具有较高的相关性。但仍是田间土壤有效氮供应量的相对值。如要作为预测指标，还应针对某地区的土壤类型与耕作施肥制度，通过多点的田间试验，确定出某一方法(碱解法或培养法)的测定值，换算成土壤对某一作物供氮量的经验系数，以求得田间条件下土壤供氮量，作为估算施氮量的参考。

二、开展推荐施氮量

20 世纪 80 年代以来，由于推荐(配方)施肥在农业生产上的推广应用，我国各地对推荐氮肥施用量的方法进行了广泛的研究。目前用以估算施氮量的方法很多，如养分平衡法，即根据作物计划产量所需用氮量与土壤可供有效氮之差，估算适宜施氮量，故又称目标产量法；肥料效应函数法，即应用二次方程来反应产量与施氮量的关系，借以进行宏观控制；以无氮肥区作物的产量直接估算施氮量。养分平衡法是目前国内外最常用的方法，其施氮量的基本公式为：

施氮量=(作物需氮量－土壤供氮量)/肥料中氮素的利用率，其中：

作物需氮量=目标产量(kg·hm^{-2})×单位产量的氮吸收量(kg)

土壤供氮量=土壤有效氮值(mg·kg^{-1})×2.25×土壤氮素利用系数

肥料中氮素利用率=肥料中氮素含量×当季氮素利用率×100%

由于这种计算方法是以作物需氮量与土壤供氮量为依据，而肥料施入土壤后的变化以及作物根系对氮素的吸收是一个复杂的生物化学过程，并且受到气候等因素的影响。因此，其可靠性及实用程度就取决于各项估算参数的确定。

朱兆良等提出以“平均适宜施氮量”作为推荐施氮量，是指某一地区一种作物能获得最大经济收入的氮肥施用量的平均值。即在确定各个田块的作物适宜施氮量的基础上求其平均值，作为在一定区域范围内对该作物推荐的化学氮肥用量。这一方法的主要依据是作物产量反应曲线，在适宜施氮量附近的斜率基本平缓，在此用量附近，少量氮肥的增减不会引起大的产量波动。据试验，在太湖地区进行的

62个试验结果，全部田块均按平均适宜施氮量施用，其总产量比每块田按各自适宜施氮量施用的总量只低1%左右。其他地区试验也得到类似的结果。

对某一作物来说，平均适宜施氮量受土壤、气候、耕作、轮作等条件的影响，因而在划片确定该作物的平均适宜施氮量时，应随生产条件的改变而重新加以调整。

总之，上述推荐氮肥施用量的一些方法都有一定的局限性，在具体应用推广时，仍需要进行大田验证。

中国科学院生态环境研究中心学者们（侯彦林等，2000）针对养分平衡法的计算公式中肥料氮素利用率、土壤养分利用系数两个易变参数等可能造成偏高的结果，提出了“生态平衡施肥模型”，其中的推荐施氮量计算公式推导为：

$$W = P + \mathrm{Lis}p + (T_{n+1} - T_n) \times 2.25$$

$$W_{\mathrm{N}} = \text{施氮量}(\mathrm{kg} \cdot \mathrm{hm}^{-2})$$

P 为作物从肥料中吸收的氮量（kg·hm^{-2}），计算方法为：

P＝目标产量×单位产量吸氮量×肥料氮比率×100%

肥料氮比率＝（全肥区吸氮量－缺素区吸氮量）×100/全肥区吸氮量

Lis$p$ 为肥料和土壤氮损失量加上作物从耕层土壤有效氮中吸收的氮量。

按作者实例，Lis$p$ 为最佳施氮量$-p-(T_{n+1}-T_n)\times 2.25$

T_{n+1} 为最佳施氮量时作物收后耕层土壤有效氮量；

T_n 为计划施肥区（或下季作物播前）土壤有效氮量。

可见，该计算公式中回避了上述两个易变参数，取而代之的为肥料养分（氮）比率以及测定季后和播前土壤有效养分的差值（$T_{n+1}-T_n$）。据文章介绍，所计算求得的推荐施肥量能下降20%左右，有利于减少氮素的面源污染，作者建议本计算公式可以在试验确定最佳施肥量后，对同一土层的农田大面积使用，此时计算公式中只要按新的目标产量求 P 值以及观测得的 T_n 即可计算。除氮外，也可用于磷、钾用量的计算。

三、重视平衡施肥

作物对各种养分的需求有一定的比例。因此，化学氮肥必须配合磷、钾肥等施用，有机肥料与化学氮肥配合施用。有研究结果表明，硫铵与柽麻配合施用时，土壤中氮素供应过程平缓而持久。水稻生长中、后期对氮的吸收分别超过两种肥料单独施用的吸收量。当季作物收获后，残留在土壤中的有机肥料氮量较多，该残留氮的有效性高于土壤氮。故配用有机肥料对保持和提高土壤的氮素供应能力具有积极意义。不同有机肥料对化肥氮供应过程有不同的影响，这与有机肥料的含氮量及C/N有关。

四、坚持合理的施氮技术

农田土壤中氮肥的损失途径主要有氨挥发、硝化-反硝化、淋洗和径流。针对土壤中化肥氮的损失途径，采取合理的氮肥施用技术是十分必要的。

（一）坚持“深施覆土”的原则

铵态氮肥和尿素做基肥时，坚持深施并结合耕翻覆土，利用土壤的吸附能力减少氨的挥发量，施用深度一般应大于6 cm。做追肥时，应采用穴施、沟施覆土或结合灌溉深施。为了克服氮肥深施可能出现的肥效迟缓现象，施用时间应适当提前几天，中、后期追肥时则应酌情减少用量。

（二）避免硝态氮的淋失与反硝化作用

硝态氮肥施于水田，一般不做基肥，追肥后应避免大水浇灌，雨季尽量少施或不施。避免与大量未腐熟的有机肥同时施用。这样可避免硝态氮的淋失和反硝化脱氮损失。

据报道，采用硝化抑制剂抑制或延缓土壤中铵的硝化作用，有可能减少氮的淋洗和反硝化损失。然而，硝化抑制剂价格昂贵，其残留又可能引起生态环境与食物链的污染等。因此，对硝化抑制剂的研究和应用工作有待深入进行。

（三）采用合理的水、肥综合管理

我国是水稻生产大国。在推行粒肥深施的基础上，提出了稻田水肥综合管理新技术，如在有排灌条件的稻田推广“以水带氮”的氮肥深施技术，对水稻节肥增产效果显著。

“以水带氮”深施技术，即在施肥前，稻田停止灌水，晾田数日，尽可能控制土壤处于水不饱和状态，氮肥表施后立即复浅水，使肥随水下渗，深施入土，60％的表施化肥氮被带入土层，使肥效具有缓、稳、长的特点。由于深施前的控水搁田促进了水稻根系发育，有利于对氮素的吸收，施肥量比习惯施肥法减少约1/3。为了避免稻株后期贪青晚熟，追肥应在栽插后10～15 d进行为宜。

朱兆良等根据稻田氨的挥发，在很大程度上取决于稻田水层表面氨的分压与水中氨的浓度，提出稻田合理施用氮肥的原则是，力求减少施肥后田面水中存留的氨量与降低氨的分压。并建议采用无水层混施与犁沟条施的基肥施用方法。经全国多点试验表明，确有显著减少氮素损失的效果。无水层混施做基肥的氮肥利用率为32.4％～52.5％，平均为42.5％，而有水层混施的为17.1％～43.5％，平均为28.9％，前者平均提高13.6个百分点；犁沟条施的又比有水层混施的平均提高

24.6个百分点。

如将上述两种施肥技术相结合，即采用无水层混施和犁沟条施基施碳铵，及“以水带氮”追施尿素相结合(简称改进法)，与基、追肥都采用有水层混施(简称习惯法)相比较，则改进法提高氮肥利用率22～30个百分点，减少氮素损失29.35个百分点。

此外，以“水带氮深施”技术，由于提早轻搁田或减少复灌水量，还可节省水资源。据浙江省衢州市农业科学研究所试验，采用这项技术，田间耗水量可比常规施肥每季度减少750～1 200 $m^3 \cdot hm^{-2}$，这对缺水地区尤为重要。应用这项技术的稻株生长健壮，病虫指数下降，减少农药用量，有利于环境保护和农田生态平衡。

思　考　题

1. 按照氮素的形态，可将化学氮肥分为哪几类？各类分别有哪些特点？
2. 试述提高氮肥利用率的意义和措施。
3. 何为缓释/控释肥料？有哪些特点？
4. 缩二脲是怎样形成的？为何缩二脲是影响尿素品质的重要指标之一？

第三章　磷　　肥

磷对人、动物、植物都是必需营养元素，它在农业上的重要性并不亚于氮，在缺磷的土壤上，磷素常常成为作物生长的限制因子，必须施用磷肥进行调节。

第一节　磷肥的种类、特性和施用

一、概述

我国的磷肥工业起步较晚。20 世纪 50 年代在南京和太原兴建了两个大型磷肥厂，主要生产过磷酸钙；20 世纪 60 年代初，开始发展钙、镁、磷肥；20 世纪 80 年代以来，磷酸铵和硝酸磷肥相继投产，使磷肥工业开始向高浓度、复合化方向发展。但由于我国磷矿资源多为中、低品位，生产高浓度磷肥有一定难度。从我国实际情况出发，磷肥工业的发展必然是多层次、多规格、多品种。

磷酸是现代磷肥工业的基础，主要用作高浓度磷肥与复合磷肥的原料。作为磷肥工业的原料是指正磷酸或聚磷酸-水体系。

生产正磷酸有热法和湿法两种。热法生产磷酸是利用元素磷在空气中氧化成磷酐，经吸水后获得。湿法生产磷酸，先用酸分解磷矿粉，再将生成的磷酸与相应生成的钙盐分开。

生产磷肥主要有热法与酸法两种工艺流程。热法生产是利用高温分解磷灰石的结构，并加入配料，使磷生成为可被植物吸收的磷酸盐。酸法生产是用硫酸、硝酸或盐酸分解磷矿粉中磷灰石结构，并把其中的钙盐分离出来，使磷转化为可溶性磷酸盐。

此外，将磷矿石经机械粉碎所生产的磷矿粉，也可直接用作磷肥。

用热法与酸法或机械粉碎所产生的磷肥，按其溶解度可分为水溶性磷肥、弱酸溶性磷肥和难溶性磷肥。

二、水溶性磷肥

水溶性磷肥中有普通过磷酸钙与重过磷酸钙等。它们共同的特点是肥料中所含磷酸盐均以一水磷酸一钙[$Ca(H_2PO_4)_2 \cdot H_2O$]形态存在，易溶于水，可被植物直接吸收，为速效性磷肥，但在一定条件下，也易被土壤固定。

(一)过磷酸钙

过磷酸钙简称普钙，作为磷肥工业发展初期的主要品种，已有100多年的历史。我国的磷矿资源多为中、低品位，因此，多年来以过磷酸钙为主，估计今后过磷酸钙的生产仍会占有一定比例。

过磷酸钙是由硫酸分解磷矿粉，使难溶性的磷酸钙转化为水溶性的磷酸一钙。其主要反应如下：

$$Ca_{10}(PO_4)_6F_2 + 7H_2SO_4 + 3H_2O \longrightarrow 3Ca(H_2PO_4)_2 \cdot 3H_2O + 7CaSO_4 + 2HF\uparrow$$

由反应可见，过磷酸钙的主要成分为一水磷酸一钙[$Ca(H_2PO_4)_2 \cdot H_2O$]，其中有效磷含量取决于原料磷矿石的品位，磷矿石品位越高，磷肥中有效磷含量也越高。

过磷酸钙为灰白色粉末或颗粒，含有效磷(P_2O_5)14%～20%，硫酸钙40%～50%。此外，还有3.5%～5%的游离硫酸和磷酸。农业部颁布的磷酸钙质量标准，见表3-1。

表3-1　过磷酸钙的质量标准　%

成分	特级	一级	二级	三级	四级
有效 P_2O_5	>20	18	16	14	12
游离酸	<3.5	4	4.5	5	5
水分	<3.0	10	12	14	14

由于含有游离酸使肥料呈酸性，并具有腐蚀性，易吸湿结块，散落性差。吸湿后，其中的磷酸一钙易转化成难溶性的磷酸铁、磷酸铝，导致磷的有效性降低，称为过磷酸钙的退化作用。以形成磷酸铁为例，反应式如下：

$$Ca(H_2PO_4)_2 \cdot H_2O + Fe_2(SO_4)_3 + 5H_2O \longrightarrow 2FePO_4 \cdot 4H_2O + CaSO_4 \cdot 2H_2O + 2H_2SO_4$$

因此，过磷酸钙在贮、运过程中应防潮，贮存时间不宜过长。

过磷酸钙施入土壤后，肥料中磷酸一钙在土壤中进行异成分溶解，即土壤水分从四周向施肥点汇集，使肥料中的水溶性磷酸一钙溶解并进而水解，形成由磷酸一钙、磷酸和磷酸二钙组成的饱和溶液，其反应式为：

$$Ca(H_2PO_4)_2 \cdot H_2O + H_2O \longrightarrow CaHPO_4 \cdot 2H_2O + H_3PO_4$$

饱和溶液中磷酸离子的浓度可高达 10～20 mg・kg^{-1}，比土壤溶液中磷酸离子高数百倍，出现局部土壤溶液中磷的浓度梯度，形成以施肥点为中心，磷酸离子向周围扩展的扩散区，使溶液 pH 急剧下降为 1.5 左右，从而使土壤中铁、铝或钙、镁等固相迅速溶解，并与磷酸起化学反应，发生磷的固定作用。其转化过程，见图 3-1。

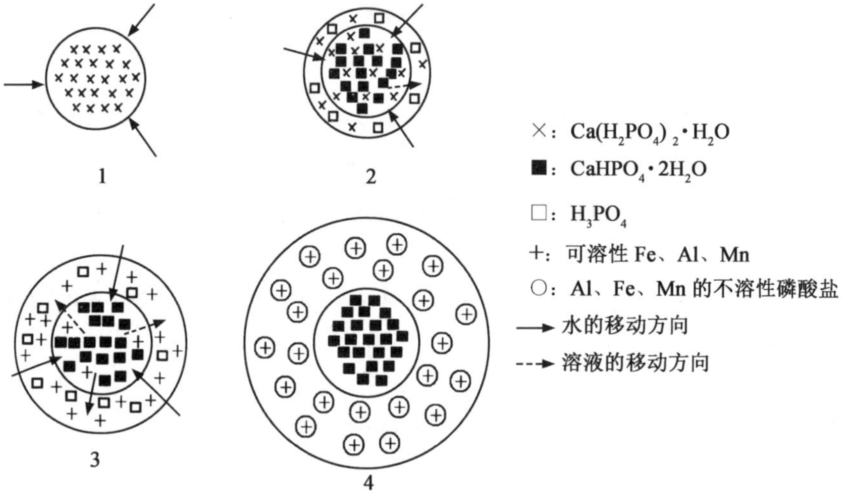

图 3-1 过磷酸钙在土壤中的转化

各种水溶性磷肥饱和溶液的化学性质不同，其中，过磷酸钙饱和溶液的 pH 最低（表 3-2）。因此，它的化学固定作用也比其他水溶性磷肥强，这是过磷酸钙当季利用率低的主要原因。

表 3-2 水溶性磷肥饱和溶液的化学性质（25℃）

磷肥品种	pH	磷/(mol・L^{-1})	伴随离子	浓度/(mol・L^{-1})
$Ca(H_2PO_4)_2 \cdot H_2O$	1.48	3.98	Ca^{2+}	1.44
$NH_4H_2PO_4$	3.47	2.87	NH_4^+	2.87
$(NH_4)_2HPO_4$	7.98	3.82	NH_4^+	7.64
KH_2PO_4	3.99	1.69	K^+	1.69
K_2HPO_4	10.1	6.10	K^+	12.2

无论施在酸性土壤或石灰性土壤上，过磷酸钙中的水溶性磷均易被固定，在土

壤中移动性小。据报道，石灰性土壤中，磷的移动一般不超过 1～3 cm，绝大部分集中在 0.5 cm 范围内；中性和红壤性水稻土中，磷的扩散系数更小。因此，合理施用过磷酸钙的原则是：尽量减少它与土壤接触的面积，降低土壤固定；尽量施于根系附近，增加与根系接触的机会，促进根系对磷的吸收。

过磷酸钙可做基肥、种肥和追肥，均应适当集中施用和深施。追肥时，旱作可采用穴施和条施，水稻可采用塞秧根或沾秧根的方法，即每公顷用过磷酸钙 45～75 kg 与 2～3 倍的腐熟有机肥混合，用泥浆拌成糊状，栽时蘸根，随蘸随栽。做种肥时，可将磷肥集中施于播种沟或穴内，覆一层薄土，再播种覆土，一般用量 75～150 $kg \cdot hm^{-2}$。

过磷酸钙与有机肥料混合施用是提高肥效的重要措施，因为可借助有机组分对土壤中氧化物的包被，减少对水溶性磷的化学固定；同时有机肥料在分解过程中产生的有机酸（如草酸、柠檬酸等）能与土壤中的钙、铁、铝等形成稳定的配合物，减少这些离子对磷的化学沉淀，提高磷的有效性。

在强酸性土壤中，配合施用石灰也可提高过磷酸钙的有效性，但必须严禁石灰与过磷酸钙混合，施石灰数天后，再施过磷酸钙。

过磷酸钙做根外追肥，喷施前，先将其浸泡于 10 倍水中，充分搅拌，澄清后取其清液，经适当稀释后喷施。喷施浓度一般为 1%～3%的浸出液，喷施量为 750～1 500 $kg \cdot hm^{-2}$。

（二）重过磷酸钙

重过磷酸钙简称重钙，是一种高浓度磷肥。含有效磷（P_2O_5）为 36%～54%，呈深灰色，颗粒或粉末状，主要成分为水溶性磷酸一钙[$Ca(H_2PO_4)_2 \cdot H_2O$]，不含硫酸钙，含 4%～8%的游离磷酸，呈酸性，腐蚀性与吸湿性强，易结块，多制成颗粒状。由于不含铁、铝、锰等杂质，存放过程中不致发生磷酸盐的退化。不宜与碱性物混合，否则会降低磷的有效性。

重钙施入土壤后的转化过程和施用方法，与普钙基本相似。由于肥料中有效成分含量高，其施用量应相应减少。据全国 14 个省、市（区）对 15 种作物的试验结果统计，按等磷量计，其肥效与普钙相近。由于它不含硫酸钙，对喜硫作物，其肥效不如等磷量的过磷酸钙。

（三）氨化过磷酸钙

氨化过磷酸钙含氮（N）为 2%～3%，磷（P_2O_5）为 13%～15%。主要成分为磷酸一钙和硫酸钙，次要成分为磷酸一铵和硫酸铵。吸湿性、结块性和腐蚀性均大大低于普通过磷酸钙，属于一种氮磷复合肥料。

三、弱酸溶性磷肥

凡所含磷成分溶于弱酸(2%柠檬酸,中性柠檬酸铵或微碱性柠檬酸铵)的磷肥,统称弱酸溶性磷肥,又称枸溶性磷肥。属这类磷肥的有钙镁磷肥、钢渣磷肥、沉淀磷肥和脱氟磷肥等。

(一)钙镁磷肥

我国高炉生产钙镁磷肥始于20世纪60年代,它具有不消耗硫酸,可利用中、低品位磷矿资源,适于中、小型厂生产及贮运方便等优点。

钙镁磷肥是由磷矿石与适量蛇纹石或橄榄石在高温下共熔,经骤冷而成的玻璃状物质,其组成相当于 $CaO\text{-}MgO\text{-}P_2O_5\text{-}SiO_2\text{-}F$ 的玻璃体。反应式如下:

$$2Ca_{10}(PO_4)_6F_2+2SiO_2+2H_2O \longrightarrow 6Ca_3(PO_4)_2+2CaSiO_3+4HF\uparrow$$

含磷成分主要为α-磷酸三钙,含磷(P_2O_5)量14%~18%,不溶于水,而能溶于2%柠檬酸溶液,粉碎后的钙镁磷肥大多呈灰绿色或棕褐色,成品中还含有氧化钙25%~30%、氧化镁10%~25%、二氧化硅40%,是一种以磷为主的多种营养成分肥料,水溶液呈碱性,pH为8.2~8.5,不吸湿、不结块、无腐蚀性。其质量标准见表3-3。

表3-3 钙镁磷肥的质量标准 %

成分	特级	一级	二级	三级	四级
有效 P_2O_5	20	18	16	14	12
水分	0.5	0.5	0.5	0.5	0.5
细度(过80目筛)	80	80	80	80	80

钙镁磷肥的溶解度随pH下降而明显增加。施入酸性土壤后,在酸的作用下,钙镁磷肥逐步溶解,释放出磷。其转化过程如下:

$$Ca_3(PO_4)_2 \xrightarrow{H^+} CaHPO_4 \xrightarrow{H^+} Ca(H_2PO_4)_2$$

钙镁磷肥施入石灰性土壤中,在根系分泌的碳酸等作用下,也逐步溶解,缓慢地释放出磷。其反应式如下:

$$Ca_3(PO_4)_2+2CO_2+2H_2O \longrightarrow 2CaHPO_4+Ca(HPO_4)_2$$
$$CaHPO_4+2CO_2+2H_2O \longrightarrow Ca(H_2PO_4)_2+Ca(HCO_3)_2$$

因此,在石灰性土壤中,钙镁磷肥的肥效低于酸性土壤,肥效慢,有一定后效。

总之，钙镁磷肥在酸性土壤上的肥效相当或超过过磷酸钙，而在石灰性土壤上的肥效低于过磷酸钙。近年来，由于我国北方地区石灰性土壤速效磷含量普遍较低，因此，在严重缺磷的石灰性土壤上，对吸收磷能力强的作物，适当施用钙镁磷肥，仍可以获得一定的增产效果，并有利于土壤中有效磷的积累。尤其近年的调查研究结果表明，华北地区的土壤有效硅含量较低，推广钙镁磷肥以及开发生产钙镁磷肥系列粉状复混肥料获得较高的销售量，特别在烟草生产地。

钙镁磷肥的枸溶性磷量与粒径有关。一般认为，粒径在40～100目之间，其枸溶性磷的含量和对水稻的增产效果随粒径变小而增高。在酸性土壤中，粒径大小对肥料中磷酸盐的溶解没有明显影响，而在石灰性土壤中，细度对肥料中磷的溶解有重要作用。不论是枸溶性磷或水溶性磷，其溶解度均随粒径变小而明显增加，粒径小于100目筛孔，柠檬酸溶性磷溶解也趋于平缓。因此，在不同类型的土壤上，应采用不同粒径的肥料：对缺磷的酸性土壤，肥料粒径小于40目；缺磷中性土壤60目；石灰性土壤，肥料的细度要求80%能通过80目筛孔。

钙镁磷肥宜撒施做基肥，酸性土壤也做种肥或沾秧根。做基肥，用量为450～600 $kg \cdot hm^{-2}$，提前施用，让其在土壤中尽量溶解，也可先与新鲜有机堆肥、沤肥或与生理酸性肥料配合施用，以促进肥料中磷的溶解，但不宜与铵态氮肥或腐熟的有机肥料混合，以免引起氨的挥发损失。做种肥或沾秧根用量为120～150 $kg \cdot hm^{-2}$；做水稻秧苗肥，施量为450～750 $kg \cdot hm^{-2}$。

（二）钢渣磷肥

钢渣磷肥是炼钢工业的副产品，又称汤马斯磷肥或碱性炉渣。一般为黑色或棕色粉末，颗粒细度要求80%通过100目筛孔。一般含磷（P_2O_5）8%～14%，高的可达17%，也有低于8%的。主要成分为磷酸四钙、磷酸钙与硅酸钙的复盐，不溶于水而溶于弱酸。因含石灰，呈强碱性。成品中还含有铁、硅、镁、锰、锌、铜等营养元素，是一种多成分的弱酸性磷肥。

钢渣磷肥在土壤中酸及根分泌的碳酸等作用下，逐步溶解释放出磷，供作物吸收利用。其反应式如下：

$$Ca_4P_2O_9 \cdot CaSiO_3 + 6CO_2 + 4H_2O \longrightarrow 2CaHPO_4 + Ca(HCO_3)_2 + SiO_2$$

钢渣磷肥宜在酸性土壤上做基肥，每公顷用量450～600 kg，施用方法与钙镁磷肥相似，但不宜做种肥。

（三）沉淀磷酸钙

肥料主要成分为磷酸二钙，含磷（P_2O_5）为30%～40%，呈灰白色粉末，不吸湿，不结块，贮运方便，含氟量低，也可做饲料。

沉淀磷肥适用做基肥和种肥，对各种作物均有增产效果，施于缺磷的酸性土壤，其肥效优于过磷酸钙，与钙镁磷肥相当；在石灰性土壤上的肥效略低于过磷酸钙，其施用方法与钙镁磷肥相似。

（四）脱氟磷肥

脱氟磷肥是磷灰石在高温条件下，通过水蒸气脱氟而成。一般含磷(P_2O_5)为14%～18%，高的可达30%，主要成分为α-$Ca_3(PO_4)_2$，其中大部分磷能溶于2%柠檬酸，属弱酸溶性磷肥。物理性状良好，不吸湿，不结块，不含游离酸，贮运方便。适于酸性土壤做基肥，对各种作物均有增产效果，施用方法与钙镁磷肥相似。因不含砷，含氟量低，可作饲料添加剂。

四、难溶性磷肥

凡所含磷成分只能溶于强酸的磷肥均称为难溶性磷肥。属这类磷肥的有磷矿粉、鸟类磷矿粉和骨粉等。

（一）磷矿粉

天然磷矿石磨成粉直接做磷肥施用的称为磷矿粉。它具有加工简单，可直接利用中、低品位磷矿石等特点。最早将磷矿粉直接用于农业的是法国，至今已有百余年历史。我国从20世纪50年代起推广磷矿粉的施用，已在生产上取得了明显的经济效益。由于我国大部分磷矿属中、低品位，其中60%以上属硅钙质；同时，我国南方有大面积缺磷的酸性土壤。因此，在我国推广磷矿粉的使用有广阔的前景。

磷矿粉呈灰白粉状，主要成分为磷灰石，全磷(P_2O_5)含量一般为10%～25%，枸溶性磷1%～5%，其供磷特点是容量大、强度小，后效长，磷矿石中枸溶性磷占全磷量15%以上，可做磷矿粉直接施用。我国磷矿石在主要成分含量，见表3-4。

表3-4 我国磷矿石的主要成分含量 %

磷矿产地	全磷(P_2O_5)	2%柠檬酸溶性磷		CO_2	F	CaO
		含量	占全磷			
江苏锦屏	25.78	1.21	3.40	6.70	2.94	49.52
湖南石门	32.48	1.68	5.17	6.51	3.00	59.94
内蒙古车资	39.65	2.97	7.50	6.05	3.63	45.03
贵州遵义	38.66	4.68	12.10	0.24	3.16	50.88
湖北荆襄	39.94	4.88	12.21	0.97	3.41	55.86
四川什邡	36.51	5.40	14.80	0.26	1.45	—

续表 3-4

磷矿产地	全磷 (P_2O_5)	2%柠檬酸溶性磷		CO_2	F	CaO
		含量	占全磷			
河南信阳	25.52	4.41	17.30	0.26	1.85	34.34
广西玉林	20.09	5.61	19.30	0.57	2.55	—
云南昆阳	38.10	7.96	20.90	1.20	3.85	53.77
湖南沅陵	19.98	4.43	22.80	0.62	1.84	32.79
贵州开阳	35.98	8.41	23.40	1.72	4.00	50.67
四川峨嵋	29.10	7.12	24.50	6.62	2.90	47.16
安徽风台	22.40	5.62	25.10	2.34	1.29	31.72

磷矿粉直接施用的肥效受矿石的结晶状况、土壤类型、作物种类及使用技术等条件的制约。

1. 磷矿石的结晶状况　磷灰石系六角柱状晶体矿石的单晶构造，其通式为 $Ca_{10-a}Na_aMg_b(PO_4)_{b-x}(CO_3)_xF_2+0.4_x$，由于同晶置换作用，在沉积岩中，磷灰石晶格中的 Ca^{2+}、PO_4^{3-}、F^- 可以和半径相近的多种离子，如 Na^+、Mg^{2+}、CO_3^{2-}、Cl^-、OH^- 等进行同晶置换。因此，磷矿石可分为氟磷灰石[$Ca_{10}(PO_4)_6F_2$]为原生矿物，如江苏锦屏磷矿石；羟基磷灰石[$Ca_{10}(PO_4)_6(OH)_2$]为次生矿物，如昆阳磷矿石；高碳磷灰石[$Ca_{10}(PO_4)_6(CO_3)_2$]为磷灰石的同晶置换物，矿石中的 PO_4^{3-} 被 CO_3^{2-} 置换得越多，磷的有效性越高，如广西溶洞型磷矿石。

磷矿石的成矿原因及结晶状况关系到其枸溶性磷含量，因此，明显影响磷矿粉直接施用的肥效(表 3-5)。

表 3-5　不同类型磷矿石结晶状况与肥效的关系

矿石类型	X-衍射线主峰(宽/高)	晶型	有效磷与全磷比/%	相对肥效/%
锦屏磷矿石	0.061	晶质	3.4	<10
昆阳磷矿石	0.28	隐晶质	20.9	40～60
溶洞型磷矿石	1.03	胶状	>50	70～100

氟磷灰石结晶明显，晶粒大，结构致密，X-衍射线主峰高而细，有效磷低，占全磷量一般不足 5%，生物试验的相对肥效低于 10%，属“低效”磷矿粉，如锦屏磷矿粉。这种磷矿石一般不宜制成磷矿粉直接施于农作物，但在多年经济林木上施用，仍有一定效果。

高碳磷矿石(或溶洞型磷矿石)结晶不明显,呈胶状,结构疏松,X-衍射峰宽而矮,矿石中有效磷占全磷量高(>50%),生物试验的相对肥效为70%~100%,属高效磷矿粉,如广西玉林、贵州开阳磷矿粉,昆阳磷矿粉则介于二者之间。

据蒋柏藩等的研究,在磷矿石结晶性质的各参数中,对磷矿粉肥效起主导作用的是磷灰石晶粒的比表面积的大小。晶粒大,比表面积小,矿石中有效磷低,直接施用的肥效差。

2. 土壤类型　在不同土壤上,同一类型磷矿粉的肥效相差很大,主要受土壤性质,尤其是酸度的影响,因为磷矿粉的肥效与其在土壤中的溶解度有关,用人工制备的放射性磷矿粉进行的生物试验表明:在 pH 5.3 的酸性土壤上,磷矿粉的增产效果极显著;作物吸收的磷量来自磷矿粉(昆阳)的占86%,来自土壤的仅为14%;在 pH 5.8 的微酸性土壤上增产也显著,作物吸收的磷量几乎各占50%,分别为52%和48%;而在 pH 8.6 的石灰性土壤上增产不明显,作物吸收的磷量只有35%来自肥料,其余来自土壤的为65%。在土壤溶液中磷矿粉的磷酸离子活度,与土壤酸度的关系,可用以下方程式从理论上加以推算:

$$2pHPO_4^- = 2pH - 5.18$$

另有试验表明,在 pH 5.0 的酸性土壤中,开阳磷矿粉施入6个月后,就有50%的磷被溶解释放;而在 pH 6.0 的土壤中,施入2年后,溶解量不足10%。大部分国产磷矿粉的溶解度,均随浸提液(不同 pH 缓冲液)的 pH 降低而提高。因此,在缺磷的酸性土壤上(pH 5.5 以下),施用磷矿粉都有明显的增产效果。但在强酸性土壤上,必须注意适量施用石灰,以中和土壤酸性,才能获得高产。我国长江以南地区,有大面积的红壤、砖红壤及沿海咸酸田等酸性土壤,这对就地开采,直接施用低品位磷矿粉是十分有利的。

此外,土壤盐基交换量、黏土矿物类型、土壤速效磷含量及土壤熟化程度,也不同程度地影响磷矿粉的肥效。凡盐基交换量大,钙饱和度高,以2∶1型黏土矿物为主,速效磷含量与熟化程度高的土壤,施磷矿粉的肥效差。

3. 作物种类　不同作物对磷矿粉中磷的吸收能力相差很大。大量试验结果表明:在同一土壤上,用同一种磷矿粉(昆阳)为基准,磷矿粉对各种作物的肥效相差很大,以作物相对增产百分数表示,见表3-6。

磷矿粉应首先用于吸磷能力强的作物,如油菜、萝卜、荞麦及豆科作物(包括豆科绿肥作物)。此外,根据磷矿粉供磷强度小、容量大特点,在热带经济林木、果树上施用较为适宜。

表 3-6 各种作物对磷矿粉的相对肥效 %

肥效极显著		肥效显著				肥效中等		肥效不显著	
油菜	80	苕子	70～80	花生	60～70	玉米	50～60	谷子	20～30
萝卜	80	豌豆	70～80	猪屎豆	60～70	马铃薯	50	小麦	15～30
荞麦	80	大豆	70	田菁	60～70	甘薯	50	黑麦	15～30
		饭豆	70	胡枝子	50～70	芝麻	40	燕麦	15～30
		紫云英	70					水稻	20～25

磷矿粉是一种迟效性磷肥，宜做基肥，均匀撒施后耕翻入土，尽量使肥料与土壤混匀，利用土壤酸度，促进磷矿粉的溶解。颗粒细，比表面积大，与土壤或根系接触的机会多，有利于肥料的溶解，但从经济效益考虑，磷矿粉的细度以 90%通过 100 目筛孔为宜。

施于果树或橡胶树，先按树冠大小，开环形沟，沟深 15～25 cm，施后覆土。由于磷矿粉的后效长，连施几季后，可停施几年。

（二）部分酸化磷矿粉

依理论用酸量的 20%～60%的酸分解磷矿粉，使其中部分难溶性磷转化为水溶性成品，称为部分酸化磷矿粉(PAPR)，又称节酸磷肥，是在 20 世纪 30 年代由芬兰最早研制生产。同时，标明酸化的程度，便于用户使用，例如，40%的酸化磷矿粉，即表示制造过程中，加酸量相当于生产重过磷酸钙用酸量的 40%。其反应式为：

$$Ca_{10}(PO_4)F_2+7yH_2SO_4+3yH_2O \longrightarrow$$
$$3yCa(H_2PO_4)_2\cdot H_2O+7yCaSO_4+2yHF+(1-y)Ca_{10}(PO_4)_6F_2$$

可见，它是水溶性和酸溶性磷酸盐与硫酸钙的混合物。式中，y 表示酸化度，$y<1$。

酸化度的选择是按研制成的 PAPR 中磷的释放与植物生长所需相匹配，PAPR 有以下优点：①耗酸量少，节约硫酸；②建厂投资与生产成本、运输、施用费用都较低；③与普钙相比，总含磷量高，含有多种溶解性磷成分，相当于控释磷肥。在酸性土壤上肥效可与普钙相当，尤其对缓冲性差的土壤有改良效果，即使在石灰性土壤上肥效也很好，因此越来越受到国内外肥料界重视。

（三）鸟粪磷矿粉

我国南海诸岛屿上贮有丰富的鸟粪磷矿(胶磷矿)。它是岛上大量的海鸟粪，在高温、多雨条件下，分解释放的磷酸盐淋溶至土壤中，与钙作用形成矿石。全磷含量(西沙群岛产)为 15%～19%，其中，柠檬酸铵提取的磷占 50%以上，有效性高，直接施用的肥效接近钙镁磷肥。此外，肥料中还含有一定量的有机质、氮

0.33%～1.0%、氧化钾 0.1%～0.18%、氧化钙约 40%、氟 0.2%、氯 0.5%，是一种高效、优质磷肥，施用方法与磷矿粉相似。

(四)骨粉

骨粉的主要含磷成分为磷酸三钙，占骨粉的 58%～62%。此外，还含有磷酸三镁 1%～2%，碳酸钙 6%～7%，氟化钙 2%，骨素中含氮 4%～5%，有机物(脂肪与骨胶)26%～30%，所以它也是一种多成分肥料。由于骨骼中含有较多脂肪，需采用脱脂处理，各种骨粉的成分列于表 3-7。

表 3-7 各种骨粉的养分含量

名称	氮/%	磷(P_2O_5)/%	脱脂程度
生骨粉	3.7	22	未脱脂
蒸制骨粉	1.8	29	大部分脱脂
脱胶骨粉	0.8	33	不含脱脂

骨粉宜做基肥。先与有机肥料堆沤以促进磷酸盐的溶解，施于酸性土壤，当年肥效相当于过磷酸钙的 60%～70%，并有一定的后效。

五、新型磷肥

聚磷酸和聚磷酸铵是一类新型磷肥。聚磷酸是一种脱水程度不同的磷酸聚合物，由两个以上正磷酸分子，在一定条件下脱水聚合而成，长链聚磷酸的通式为 $H_{n+2}PNO_{3n+1}$，$n \geqslant 2$。有 3 种基本形式，即焦磷酸、三聚磷酸和偏磷酸。聚磷酸含磷(P_2O_5)为 76%～85%，是一种制备高浓度磷肥的原料。将聚磷酸氨化，或与钾、钙、镁等金属离子反应，即可制取相应的聚磷酸盐，其中最重要的是聚磷酸铵。这类磷肥的特点是高效、缓溶，施入土壤后可逐步水解成正磷酸盐，为作物吸收，并减少土壤对磷的固定。焦磷酸铵与聚磷酸铵的组分见表 3-8。

表 3-8 焦磷酸铵与聚磷酸铵的组分 %

肥料名称	分子式	N	P_2O_5	$N+P_2O_5$	N/P_2O_5
焦磷酸二铵	$(NH_4)_2P_2O_7$	13.2	66.7	79.9	0.20
焦磷酸三铵	$(NH_4)_3HP_2O_7$	18.3	62.0	80.3	0.20
焦磷酸四铵	$(NH_4)_4P_2O_7$	22.7	57.7	80.4	0.39
二水合三聚磷酸五铵	$(NH_4)_5P_3O_{10}\cdot 2H_2O$	18.4	56.2	74.6	0.23
六水合四聚磷酸六铵	$(NH_4)_6P_4O_{12}\cdot 6H_2O$	15.4	26.1	41.5	0.59

第二节　磷肥在土壤中的转化

磷肥施入土壤后的转化，包括磷的固定和释放两个相反的过程，前者是指水溶性磷在化学、物理化学和生物化学作用下被固定，即磷的有效性降低；后者是指土壤中难溶性磷的释放，即磷的有效性提高。在这两个转化过程中，包括无机磷和有机磷的形态转化。

一、肥料磷在土壤中的固定与释放

磷酸盐肥料施入土壤后的化学行为是一个复杂的问题。其中一部分磷，除通过生物作用转化成有机态外，大部分以无机磷的形态，通过吸附-解吸、沉淀-溶解过程进行转化。它不但影响磷肥的生物有效性，而且和生态环境质量密切相关。

(一)磷的吸持作用

磷肥施入土壤后，经溶解和水解作用，以不同形式的磷酸离子进入土壤溶液，并可能被土壤吸持，即包括吸附和吸收。吸附是指土壤固相上磷酸离子的浓度高于溶液中磷酸离子的浓度。吸附不是完全可逆的，其中只有部分磷可以重新被解吸而进入溶液中，通常称为交换态磷，所以吸附态磷包括交换态磷。吸收是指磷酸离子与土壤固相成分(铁、铝、钙等)相结合，形成难溶性磷酸盐，基本上为不可逆反应。由于吸附和吸收作用难以截然区分，一般统称为吸持。

土壤对磷的吸附，以专性吸附为主。专性吸附为配位基团的吸附。其吸附过程缓慢，但作用力较强，随着时间的推移磷酸盐逐步“老化”，使磷的有效性降低。

专性吸附多发生在铁、铝含量高的酸性土壤中，酸性土壤由于溶液中 H^+ 的离子浓度高，黏粒矿物表面的 OH^- 被质子化，形成 OH_2^+，吸附活性强。黏粒矿物表面的 Fe-OH 与 $H_2PO_4^-$ 发生反应，一个 Fe-OH 与 $H_2PO_4^-$ 反应，称为单齿配位。

$$\left\langle \begin{matrix} \text{Fe—OH}_2 \\ \\ \text{Fe—OH} \end{matrix} \right|^{+} + H_2PO_4^- \longrightarrow \left\langle \begin{matrix} \text{Fe—H}_2\text{PO}_4 \\ \\ \text{Fe—OH} \end{matrix} \right|^{0} + H_2O$$

两个 Fe—OH 均与 $H_2PO_4^-$ 发生反应，称为双核配位。

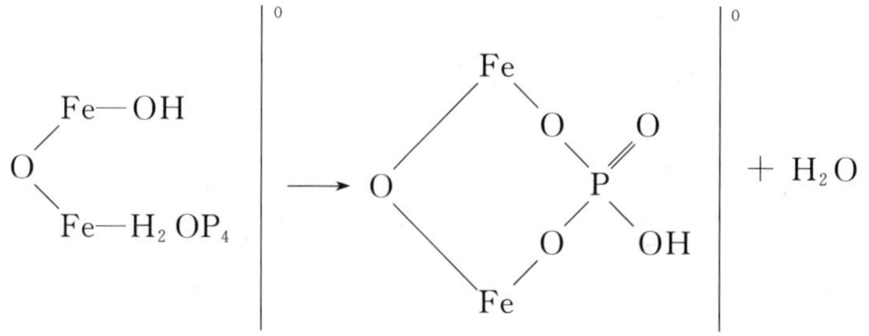

在石灰性土壤中，磷酸钙的表面也可吸附磷酸离子，磷酸钙的颗粒越细，表面积越大，则吸附量也多，这种吸附也是一种配位基团的交换。

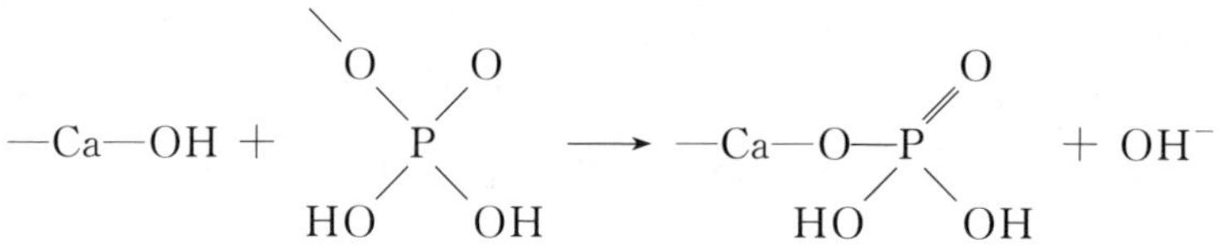

土壤中有很多物质可以吸附磷(表 3-9)。

表 3-9 几种土壤组分在所示条件下吸附的磷量

组分	吸附磷/($\mu g \cdot g^{-1}$)	溶液中磷/($\mu g \cdot g^{-1}$)	溶液 pH	组分	吸附磷/($\mu g \cdot g^{-1}$)	溶液中磷/($\mu g \cdot g^{-1}$)	溶液 pH
水化氧化铁凝胶(1)	14 290	5.0	5.5	针铁矿	5 800	2.7	4.2
水化氧化铁凝胶(2)	29 700	3.3	7.7	赤铁矿	1 150	3.1	4.0
水化氧化铁凝胶(3)	50 000	3.0	5.5	高岭石	465	3.0	5.0
水铝英石	27 500	3.0	6.0	蒙脱石	110	3.0	6.5
无定形氢氧化铝	3 900	3.8	5.0	方解石	60	2.8	9.2
三水铝石	7 130	3.1	5.0				

吸附和解吸过程是动力学过程，吸附主要取决于土壤溶液中磷的浓度，土壤 pH、有机质含量和反应时间也影响这一过程。

(二)磷的沉淀作用

磷肥施入土壤后所形成的磷酸离子，也可与土壤中的铁、铝或钙、镁离子反应，生成单独固相的磷酸铁、磷酸铝或磷酸钙盐。在其转化过程中，生成物的浓度积常数(pK 值)相继增大，溶解度变小，使其在土壤中趋于稳定，磷肥的有效性降低。

土壤中磷的沉淀与吸附往往同时发生，又相互交错进行。一般认为：当介质的 $pH<7$ 时，以磷的吸附为主；当 $pH>7$ 时，主要是磷酸钙盐的沉淀。

近年的研究表明，磷肥施入石灰性土壤后磷的吸附或沉淀反应与磷的浓度有关，浓度低时以吸附为主，可用 laugmulr 吸附方程拟合；浓度高时，则产生沉淀作用。

磷肥施入土壤后的沉淀反应，因土壤性质不同，大致可分为两类：酸性土壤中，铁、铝含量较高，磷与铁、铝作用形成磷酸铁（Fe-P）和磷酸铝（Al-P）的转化体系；在石灰性土壤中，碳酸钙含量较高，主要形成磷酸钙（Ca-P）的转化体系。

（三）磷肥施入土壤后磷的无机形态及其转化

肥料磷在土壤中无机磷的形态转化，随着土壤无机磷体系的研究进展而逐步深入。张守敬和 Jackson 的分级体系已广泛用于酸性土壤，但它不适用于石灰性土壤。蒋柏藩提出的石灰性土壤无机磷的分级体系，明确将磷酸钙盐分成 Ca_2-P、Ca_8-P 和 Ca_{10}-P 型，并改进了 Fe-P 的提取剂，为深入研究石灰性土壤中无机磷的形态提供了手段和理论依据。

磷肥在不同的土壤中，其形态转化及相对含量不同，对作物的效果也不一样。

1. 磷肥在石灰性土壤中的转化　水溶性磷肥施入石灰性土壤后，磷酸离子在扩散过程中，与土壤胶体上交换性钙或溶液中钙离子起反应，逐步形成不同溶解度的亚稳态磷酸钙盐，最后转化成较稳定的羟基磷灰石，其可能的转化过程及反应式如下：

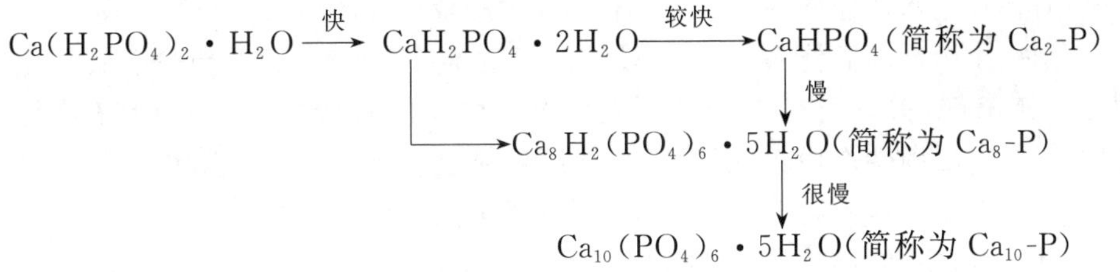

$$Ca(H_2PO_4)_2 \cdot H_2O + H_2O \longrightarrow CaHPO_4 \cdot 2H_2O + H_3PO_4$$

$$CaHPO_4 \cdot 2H_2O \longrightarrow CaHPO_4 + 2H_2O$$

$$8CaHPO_4 \cdot 2H_2O \longrightarrow Ca_8H_2(PO_4)_6 \cdot 5H_2O + 2H_3PO_4 + 11H_2O$$

$$10CaHPO_4 \cdot 2H_2O \longrightarrow Ca_{10}(PO_4)_6(OH)_2 + 4H_3PO_4 + 13H_2O$$

在不同形态无机磷的含量中，各组 Ca-P 的总和约占无机磷总量的 80%，而 Ca_2-P、Ca_8-P 和 Ca_{10}-P 三者之比，大致为 1～(2：10：70)。生物试验结果表明，石灰性土壤中的 Ca_2-P、Ca_3-P、Al-P 和 Fe-P 都是作物的磷素给源，它们与作物吸磷量的相关系数(r)均到达极显著水准。其中 Ca_2-P 型对作物的有效性最高，是作物最主要的有效磷源，Ca_3-P 型对作物也有较高的有效性，是土壤有效磷贮库的主体，对土壤的磷素平衡起重要作用。石灰性土壤中 Al-P 和 Fe-P 虽然含量较少，它

们和 Ca_3-P 一样，也是作物的有效磷源；Ca_{10}-P 只能作为潜在磷源，它对作物的有效性很低，O-P(闭蓄态磷)虽与作物吸磷量有一定相关性，但它也不是作物的有效磷源。

2.磷肥在酸性土壤中的转化　水溶性磷肥施入酸性土壤后，磷酸离子在扩散中，与土壤中铁、铝反应，生成磷酸铁、磷酸铝的沉淀，使磷的有效性降低。其主要反应式如下：

$$Ca(H_2PO_4)_2 \cdot H_2O + 2Fe(OH)_3 \longrightarrow 2FePO_4 \downarrow + Ca(OH)_2 + 5H_2O$$

$$Ca(H_2PO_4)_2 \cdot H_2O + 2Al(OH)_3 \longrightarrow 2AlPO_4 \downarrow + Ca(OH)_2 + 5H_2O$$

新形成的胶状无定形磷酸铁、铝，对作物仍有一定的有效性，但随着时间的推移，不断老化，以水解进一步转化为晶形磷酸铁、铝，则其有效性明显降低。反应式如下：

$$FePO_4 + 2H_2O \longrightarrow Fe(OH)_2 \cdot H_2PO_4 \text{(粉红磷铁矿)}$$

$$AlPO_4 + 2H_2O \longrightarrow Al(OH)_2 \cdot H_2PO_4 \text{(磷铝石)}$$

酸性土壤中由于铁、铝含量较高，磷酸盐易被溶解度很小的无定形铁、铝等胶膜所包蔽，形成更难溶解的含磷化合物，称闭蓄态磷(O-P)。在我国南方水稻土中，闭蓄态磷占土壤中无机磷总量的 40%～70%，在旱作条件下，这种磷难以被作物利用，但在淹水还原条件下，胶膜消失，其中的磷可释放出来供作物吸收。

总之，水溶性磷肥施入土壤后，随着时间的推移，有效性逐步降低。其转化过程与土壤 pH 有关，在 pH 6.0～7.0 范围内，磷的有效性较高。在酸性和石灰性土壤中，虽然土壤固磷作用较强，但施用磷肥对耕层土壤有效磷的富集仍起重要作用，这一点对土壤速效磷含量低的石灰性土壤尤其重要。

(四)土壤中肥料残留磷的释放

磷的吸附和沉淀作用的逆过程是解吸和溶解过程。解吸是保持土壤溶液中磷浓度(强度因素)能力的可靠量度，它比吸附过程更引人重视，因为解吸过程是土壤中肥料残留磷释放的重要途径之一，它不仅涉及被吸附磷的再利用，也影响到生态环境质量。

水溶性磷肥施入土壤后，转化成溶解度越来越小的磷酸盐。然而也可通过解吸、溶解和水解等方式，又释放为有效态磷，为作物吸收利用。磷的释放与土壤条件有密切关系，即土壤中根系活动，微生物活性，土壤水、热状况及有机肥料的分解等，都将影响磷释放的过程。

在石灰性土壤中，新形成的亚稳态磷酸钙盐，可借助作物根系和土壤微生物呼吸作用所产生的碳酸、有机肥料分解时产生的有机酸及生理酸性肥料所产生的酸，使其转化而释放出可为作物利用的磷。

淹水后，由于土壤环境的化学变化，土壤 pH 向中性发展，Eh 降低，还原条件增强，使闭蓄态磷外层氧化铁胶膜消失，磷的有效性提高，有利于作物的吸收利用，这对酸性土壤中肥料残留磷的利用尤为重要。

二、肥料磷在土壤中的生物学转化

水溶性磷肥施入土壤后的生物学转化，实际上是一个生物学与生物化学过程。它是在土壤中微生物与酶的参与下进行的，包括肥料磷的生物固定和新形成含磷有机化合物的分解。近年来，土壤中有机态磷化学行为的研究日益受到重视。

(一)肥料磷的生物固定

当土壤中有机态磷不足，或 C/P 值大时，磷肥施入土壤后，发生肥料磷的生物固定，合成有机态磷，使磷肥的有效性降低，导致土壤微生物与作物竞争磷素。

土壤中有机磷的形态至今不是十分清楚。据现有资料，已鉴定的土壤中有机态磷包括磷脂、核酸、肌醇磷酸盐、多聚有机磷酸盐、磷酸糖等，其相对含量为：肌醇磷酸盐＞多聚有机磷酸盐＞核酸态磷＞磷脂态磷＞磷酸糖。采用不同提取剂可将土壤中有机磷按活性大小分成 4 组：①活性有机磷指溶于 0.5 $mol \cdot L^{-1}$ $NaHCO_3$，易矿化为作物吸收的磷；②中度活性有机磷，指能溶于 1 $mol \cdot L^{-1}$ H_2SO_4、较易矿化并为作物吸收的磷；③中稳性有机磷，指能溶于 0.5 $mol \cdot L^{-1}$ NaOH，较难矿化，不易为作物吸收的磷(在 pH 1～1.5 条件下不产生沉淀)；④高稳性有机磷，是指能溶于 0.5 $mol \cdot L^{-1}$ NaOH，不易矿化，难为作物吸收的磷(在 pH 1～1.5 条件下产生沉淀)。这一分组方法不足之处是后三个磷组分的分组依据尚不十分明确。

各组有机态磷对作物的有效性不同，它决定于有机磷的矿化量与矿化速率。在有机磷的转化过程中，微生物和磷酸酶起了重要作用。

(二)生物量磷(biomass-P)

在土壤磷素转化中，微生物一方面吸收土壤无机磷并同化为有机磷，进行磷的生物固定，另一方面也进行着有机磷化合物的生物分解。前一过程相当快，有时磷可高达每周 6 $mg \cdot kg^{-1}$，因为在某些土壤中，微生物对磷的需要量相当或大于高等植物。土壤中细菌、放线菌、真菌及原生动物都能水解有机磷化合物。生物量磷对作物的有效性较高，它可用微生物的生物量乘以含磷量求得；也可通过测定土壤中 ATP 求得微生物的生物量，再乘以含磷量；或将土壤用三氯甲烷熏蒸前后，分别用 pH 8.5 的 $NaHCO_3$ 提取之差求得。不同土壤中，生物量磷的变幅磷为 5.3～72.2 $mg \cdot kg^{-1}$。在农业土壤中，它约占有机磷的 3%；草地土壤为 55%～

24%;林地土壤为19.2%,我国苏北地区磷为3.08～6.30 mg·kg^{-1}。

(三)磷酸酶在有机磷转化中的作用

土壤中肥料磷的生物化学转化是在磷酸酶作用下进行的,因为磷酸酶能促进有机化合物的水解。土壤中磷酸酶是植物根系与土壤微生物的分泌物,它包括核酸酶类、甘油磷酸酶类和植素磷酸酶类,其活性强弱与土壤pH有密切关系。根据对pH的适应性不同,磷酸酶可分为酸性磷酸酶、中性磷酸酶和碱性磷酸酶。不同土壤中有不同的磷酸酶,酸性土壤中以酸性磷酸酶为主;石灰性土壤因含有大量碳酸钙,土壤呈碱性反应,土壤中以碱性和中性磷酸酶为主。

土壤中磷酸酶的活性受土壤条件的影响。土壤中黏土矿物类型与含量、温度、水分和通气状况等均影响到磷酸酶的活性,由于黏粒对酶有吸附作用,因而黏粒含量与磷酸酶活性呈负相关;土壤风干后,磷酸酶活性减弱;磷酸酶的最适温度为45～60℃。一般来说,土壤中有机磷量与磷酸酶活性呈正相关,因为磷酸酶能靠酶促反应使脂一磷酸键裂解。土壤中无机磷含量高,不但抑制磷酸酶活性,同时,也影响根系合成磷酸酶。

第三节 磷肥对作物的影响

磷素营养的丰缺,对作物的生长发育有重要影响。在缺磷的土壤上增施磷肥,不但可提高作物产量,而且可改善农产品品质,获得良好的经济效益。

一、磷肥对作物生长发育的影响

(一)磷与根系生长

磷能促进根生长点细胞的分裂和增殖,苗期磷素营养充足,次生根条数增加,小麦在越冬前施磷肥,越冬后,次生根条数比不施磷可增加1倍,随着生育期的推进,次生根对水分和养分的吸收起重要作用。可见,在小麦生长期间供给充足的磷素营养,以促进根系发育是夺取高产的重要手段。

磷对根生长的影响,主要不是表现在根重的变化上,而是表现在单位根重有效面积的差异。在低磷条件下,根的半径减小,单位重的比表面积增加,从而提高根系对磷的吸收。但不同作物增加幅度不同,苕子和油菜增加幅度较小,而麻菜、小麦、黑麦草增加幅度较大。这是作物对磷的一种适应性调节,它可通过根的形态变化,增加根的表面积,调节根对磷的吸收,以增强对低磷环境的适应能力。有盆栽试验结果表明:分别供应高磷与低磷的作物根长(m/盆)与根表面积/根重(dm^2·g^{-1})是不一样的,且不同作物的变化也不同。如油菜根分别为

38.8 和 35.1 m/盆与 4.65 和 4.93 $dm^2 \cdot g^{-1}$；小麦根则分别为 59.2 和 58.3 m/盆与 8.34 和 11.7 $dm^2 \cdot g^{-1}$。另有试验结果表明磷对作物非贮藏根的影响远小于贮藏根，磷对贮藏根作物块根的生长有明显的促进作用。施磷肥对饲用甜菜叶片产量影响不大，但块根产量(20.4 $t \cdot hm^{-2}$)明显高于对照(16.3 $t \cdot hm^{-2}$)；而磷肥对大麦则相反，施磷处理对根系干物重影响较小，地上部干物重则随磷肥用量增加而增多。

(二)磷与营养生长

磷是作物体内核酸、磷脂、植素和磷酸腺苷的组成元素。这些有机磷化合物对作物的生长与代谢起重要作用。正常的磷素营养有利于核酸与核蛋白的形成，加速细胞的分裂与增殖。促进营养体的生长，尤其在作物生长早期，充足的磷素营养尤为重要，生长前期作物吸收的磷，可以再利用，参与新生组织的形成与代谢。小麦是对磷反应敏感的作物，小麦生长前期吸收磷的强度和数量比较大，小麦籽粒中的磷主要来自抽穗前积累在茎叶中的磷，抽穗后所吸收的磷主要积累在根部。生长前期磷素营养不足，导致干物质积累少，株型瘦弱，叶片小，叶数少，必然影响最后的产量。

磷与水稻植株体内糖、氮和脂肪代谢有密切关系。土壤供磷不足，影响稻株与体内代谢过程，尤其影响光合作用的正常进行。有试验表明，施磷肥能促进水稻作物的 CO_2 同化和蛋白质合成，稻株的生长正常籽粒重量增加，从而提高产量。

(三)磷与植物激素

磷素营养水平将影响植物体内激素的含量，且缺磷影响根中植物激素向地上部输送，从而抑制了花芽的形成。据研究，番茄细胞分裂素的产生与磷的供应有关，缺磷使番茄茎基部伤流液中的分裂素比对照降低了 30%，从而使第一花序中的花数显著减少。不施的第一花序数仅有 3 个，施磷的增至 7 个。另有研究表明，苹果树叶片磷的浓度与翌年开花数呈正相关，叶片中磷浓度高的，激素活性也高，花芽发育好，花也多。

(四)磷与产量形成

由于磷是植物体内代谢的调节者，参与作物体内碳水化合物、蛋白质和脂肪的代谢。因此，磷素营养的丰缺对各种作物产量的形成起重要作用。小麦的产量是由有效穗数、穗粒数和粒重构成。小麦生长前期磷素供应不足，增施磷肥能促进有效分蘖，施磷与不施比较，通常可提高有效穗数目 30%～50%，小麦生长前期磷素营养充足，不但促蘖增穗，而且对穗数和粒数的增加也有促进作用(表 3-10)。由于干物质积累多，总干物重增加，有利于碳水化合物向穗部输送，以促进籽粒饱满，增加穗粒重。

表 3-10 磷对小麦产量构成的影响

处理	穗数/(万・hm^{-2})	每穗粒数	穗粒重/g	千粒重/g	产量/(kg・hm^{-2})
N	496.5	28.9	0.89	32.4	4 545
NP	607.5	30.9	0.95	31.4	5 730

二、磷肥对作物品质的影响

在作物高产、优质、高效栽培中，磷对养分协调供应，有不可取代的作用，氮磷配施比单施氮有明显改善品质的效果，下面举例说明。

（一）禾谷类作物

籽粒中蛋白质含量和氨基酸组成是决定禾谷类作物产品品质的重要指标，据研究结果，氮磷配合施用不仅提高籽粒和蛋白质产量，由单施氮肥籽粒 2 010 kg・hm^{-2} 提高到 3 345 kg・hm^{-2}，蛋白质由 169.5 kg・hm^{-2} 提高到 390 kg・hm^{-2}，而且还提高了必需氨基酸总量，维生素 B1 含量明显改善。小麦面粉的烘烤品质试验表明，氮磷配施能改善米饭柔软性品质的胶稠度，提高了谷子作物产品品质，氮磷配施提高了水稻糙米中蛋白质含量，由单施氮的 7.1%提高到 10.5%，从而提高了糙米的品质。

（二）油料作物

据研究，施用磷肥可降低冬油菜籽的芥酸含量，略提高油酸和亚油酸含量，从而改善菜籽油的品质。

（三）纤维作物

有试验结果表明，增施磷肥提高棉花作物单株结铃率（从 7.2 提高到 8.7）百铃皮棉重（159～171 g），还增加纤维长度（2.78～3.05 cm），从而提高棉花皮棉产量并改善品质。

（四）糖用作物和果树

磷能促进植株体内碳水化合物向果实与贮藏器官运输，从而改善了产品品质。有试验结果表明，氮磷配施比单施氮提高甘蔗产量 13%、蔗糖含量 3.36%及锤度（制糖原料品质指标之一）1.3%，明显提高了甘蔗的产量和品质。黑龙江省资料表明，土壤有效氮与速效磷（P_2O_5）比值在 8 左右，对甜菜产量含糖率和产糖量均有利。氮磷配合施用比单施氮降低皮与果比（0.27～0.25），提高维生素 C 含量（0.271～0.300 mg・g^{-1}），改善果实糖与酸比（4.92～5.46），从而大大提高了果实的适口性与营养价值，氮磷配合施用或施用有机肥料比单施氮肥提高西瓜含糖率 1%～2%，使西瓜适口性变好，商品价值也提高了。

第四节　磷肥的有效施用

磷肥的有效施用，必须根据土壤条件、作物特性、轮作制度、磷肥品种和施用技术等因素加以综合考虑，才能充分发挥磷肥的肥效。

一、土壤供磷状况与磷肥肥效

土壤有机质含量、土壤熟化程度和土壤 pH 等都影响到磷肥的肥效，尤其是土壤的供磷状况是磷肥合理分配和有效施用的重要依据。

(一)土壤供磷水平

土壤中磷，按其对作物的有效性，可分为全磷、速效磷和缓效磷。全磷是土壤的潜在磷素肥力，虽然全磷含量高低不能反映土壤的供磷能力，但它能反映土壤中磷的贮量，全磷含量过低，必然影响到土壤速效磷水平。资料表明：土壤中全磷量在 0.08%～0.10%时，一般施用磷肥都表现出增产效果。

土壤速效磷是土壤有效磷贮库中对作物最为速效的部分，能直接供作物吸收利用。因此，它是评价土壤供磷能力的重要指标。土壤缓效磷是土壤有效磷库的主体，作物吸收的磷大部分来自土壤缓效磷。评价土壤的供磷能力，应综合考虑土壤速效磷的水平和缓效磷的贮量。

土壤速效磷含量与磷肥肥效呈显著负相关。表 3-11 为评价土壤供磷水平的速效磷含量分级指标，它适用于除强酸性以外的各类土壤。

表 3-11　土壤速效磷含量与磷肥反应的分级指标

土壤速效磷* /($mg \cdot kg^{-1}$)	作物对磷肥的反应
<5	严重缺磷，对磷肥反应好，磷是限制因子
5～10	缺磷，磷肥有良好反应
10～15	对需磷迫切的豆科及绿肥作物，磷肥有效
>15	一般施磷无效

* 0.5 $mol \cdot L^{-1}$ $NaHCO_3$(pH 8.5)提取。

(二)土壤有机质和有效氮与有效磷之比

土壤有机质含量与土壤速效磷呈显著正相关，有机质含量高的土壤，速效磷含量一般也高，磷肥肥效就低。土壤中有效性 N/P_2O_5 的比值.也是影响磷肥肥效的重要因子。据报道，当土壤氮(N)(碱解氮)与磷(P_2O_5)的比值大于 4 时，表明土壤缺磷，施用磷肥增产效果好，比值越大，增产越明显。

二、作物需磷特性与轮作中磷肥的分配

轮作中磷肥分配的主要依据是作物的需磷特性、土壤温度与土壤水湿条件。

(一)作物营养特性与轮作中磷肥的分配

不同作物对磷的需要量和根系对磷的吸收能力不同,对施磷的反应也有明显的差异。在大田作物中,豆科作物(包括豆科绿肥作物)、十字花科作物、块根、块茎类作物及棉花等,是需磷较多的作物。禾谷类作物虽然需磷量相对较少,但小麦与玉米对磷的反应敏感。此外,瓜类、茶、桑、果树等也需较多的磷。因此,在轮作中磷肥应优先施在豆科作物、需磷较多或对磷反应敏感的作物上,以充分发挥磷肥的肥效。改善豆科作物磷素营养,还可以促进根瘤菌的共生固氮,起到以磷增氮的效果。

在轮作中,由于越冬作物苗期处于低温条件,土壤中微生物活性和根的吸收能力均相对减弱,因此,磷肥应重点施在越冬作物上,以保证越冬作物的苗期生长,例如,在小麦-夏玉米轮作中,磷肥应重点施在小麦上。

(二)水旱轮作中磷肥的分配

水旱轮作过程中,土壤反复经受干湿交替,引起一系列化学与生物学变化。淹水使土壤磷的有效性提高,磷肥的肥效相应降低,酸性、中性和石灰性土壤趋势基本一致,而且红壤比潮土更明显。其原因是:①CO_2 在石灰性土壤中的积聚,使土壤 pH 下降;②在酸性土壤中 pH 下降,促进磷酸铁铝水解;③有机阴离子与磷酸铁铝中磷酸离子代换和磷扩散增加;④淹水时土壤 Eh 降低,使难溶性的 $FePO_4 \cdot 2H_2O$ 转变为较易溶解的磷酸低铁 $Fe_3(PO_4)_2$,或者由晶形的磷酸铁化合物(粉红磷铁矿)转化成无定形磷酸铁化合物 $FePO_4 \cdot nH_2O$,还会使闭蓄态磷的铁膜消失。因此,相等的施磷量,水田施用磷肥的效果不如旱地明显。在稻、麦轮作中,水稻施磷肥往往没有增产效果或远不如小麦明显。在水旱轮作中,磷肥的分配应掌握“旱重水轻”的原则,即将磷肥重点施在旱作中,而水稻主要利用其残效。这种分配方法不论在酸性、中性和石灰性土壤上,都是一种经济有效,值得推广的磷肥施用技术,尤其在富含氧化铁的红壤上,效果更为明显。实践证明,即使含氧化铁低的石灰性土壤,效果也是明显的,而且有很好的残效。

三、磷肥的残效和积累利用率

由于磷在土壤中的扩散系数小,移动慢,磷肥的当季利用率一般仅为 10%～25%,肥料中大部分磷素以不同的磷酸盐形态残留于土壤中,可为后季作物吸收,表现出明显的残效。

酸性土壤上磷肥的残效，早在20世纪60年代已明确，在水旱轮作中磷肥对后季水稻残效显著。近期的研究表明，在缺磷的石灰性土壤上水旱轮作中，磷肥的残效同样显著。施用磷肥不仅当季小麦增产37%，对于其后茬小麦和水稻产量，磷肥残效显著。全国化肥试验网多年的资料表明，我国大部分农田，在其他养分配合的条件下，每季施磷(P_2O_5)为60～90 kg・hm^{-2}，谷类作物的产量基本上能稳定在4 500 kg・hm^{-2}以上。由于各种磷肥都有残效，在轮作中不必每茬作物都施用，尤其是难溶性磷肥，一般可间隔几茬作物施用1次。

有关磷肥的积累利用率问题，鲁加坤等近年来开展了进一步的研究，所获试验结果表明：

(1)土壤积累态磷仍具有相当高的潜在有效性(表3-12)。

表3-12　磷肥*积累利用率随种植时间延续的变化

季别	作物	吸磷(P_2O_5)/(kg・hm^{-2})	当季利用率/%	积累利用率
1	花生	3.15	4.3	—
2	荞麦	3.3	4.4	8.7
3	萝卜菜	18.0	24.0	32.7
4	花生	2.25	3.0	35.7
5	萝卜菜	19.5	26.0	61.7
6	花生	5.25	7.0	68.7

* 在红壤上第一季施磷(P_2O_5)75 kg・hm^{-2}。

结果可见，红壤上施用磷肥，随着种植季数的增加，磷的积累利用率逐渐增加，到第六季甚至达到68.7%，同时也表明，积累态磷的肥效还取决于作物种类，萝卜菜对残留磷肥的利用率远远高于花生和荞麦。

(2)积累态磷的有效性受土壤对施入磷肥作用时间的影响，同时也受土壤性质和土壤磷素水平的影响(表3-13)。

表3-13　每季施与每三季施一次磷肥的作物总产量与仅施氮钾肥总产量*的比较

土壤	周期	作物种类	每季施磷(P_2O_5) 37.5 kg・hm^{-2} 连施三季	三季施一次，一次施磷(P_2O_5)112.5 kg・hm^{-2}
潮土	第一	小麦-玉米-小麦	129%	147%
红壤	第一	花生-荞麦-萝卜菜	189%	195%
	第二	花生-萝卜菜-花生	333%	376%

* 仅施氮钾肥的总产量为100%。

结果可见，由于红壤对磷的固定量比潮土大，故第一周期中，作用时间对磷肥有效性影响比潮土大，表现在集中较大量施磷的肥效并不明显优于分次施用，到第二周期才表现出来。按每季产量来看，反映出施肥当季为作物提供更多的有效性磷，一次较大量施磷的残留磷，其有效性随时间延续下降，表现在季产量的逐年降低。为此，从实用角度出发，一次较大量施磷最好不超过两季的总用量，在磷素水平较高的土壤上可超过两季。

(3)土壤磷的积累可能引起面源污染的问题。鲁如坤等(2001)以重建退化红壤的磷素养分库研究为例，通过测定土壤有效磷和土壤水溶性磷(水∶土＝20∶1)水平，初步认为对旱地红壤和砖红壤，在大量径流为主的地方，土壤有效磷达 40～50 $mg \cdot kg^{-1}$，水稻土达 20～40 $mg \cdot kg^{-1}$，在以下渗水流为主的地方，土壤有效磷达 60 $mg \cdot kg^{-1}$，已是危险水平，可能对水体环境造成威胁。

四、有机肥料与磷肥肥效

由于有机肥料中所含的磷素，施入土壤后可以改善土壤的供磷状况，因此长期施用有机肥料，会降低化学磷肥的肥效。

(一)有机肥料对建立土壤磷贮库的作用

长期有机肥料有利于提高土壤的磷素肥力。不同有机肥料中磷的存在形态与含量不同(表 3-14)，施入土壤后的效果也不一样。畜粪有机肥料中的磷以无机态为主，有机态磷也易转化；秸秆中的磷大部分呈有机态且难分解；绿肥中的磷介于两者之间。

表 3-14 不同有机肥料的含磷量及其组成 %

有机肥	全磷	有机磷		无机磷	
		含量	占全磷/%	含量	占全磷/%
猪粪	1.37	0.35	25.5	1.02	74.5
紫云英	0.26	0.14	54.0	0.12	46.0
稻草	0.11	0.09	82.0	0.02	18.0

可见，施用不同种类的有机肥料，均可不同程度地提高土壤供磷水平。提高退化红壤中磷养分库的较长期试验结果证明，施用厩肥比化学磷肥见效更快。

(二)有机肥料对提高磷有效性的作用

长期施用有机肥料能明显提高土壤磷的有效性。借助有机肥料分解过程中产生的有机酸能促进磷酸钙盐的溶解，以及有机肥料中的碳水化合物对土壤固相吸附位点的掩蔽作用，有机肥料施入土壤，能活化土壤磷，并减少土壤对化肥磷的固定。

五、氮、磷配合施用

缺磷的土壤也往往缺氮，尤其在高产下，氮、磷配合施用可以充分发挥氮与磷的交互作用，同时也分别提高磷肥和氮肥的利用率。氮、磷配合施用是充分发挥磷肥肥效的一条成功经验，已在生产上普遍推广应用。有试验报道，将尿素和普钙混合穴施在红壤旱地上能明显地提高肥料效果。至于氮、磷配合的比例，要根据作物本身对氮、磷的需求而定。一般来说，谷类作物与叶菜类作物需氮较多，$N:P_2O_5$ 约以 1∶0.5 为宜；而对豆科及其他需磷较多的作物，则应提高磷肥用量。

思 考 题

1. 按溶解性不同，化学磷肥可分哪几类？各类有哪些磷肥品种？
2. 磷肥施入土壤后发生哪些转化过程？请解释土壤中磷的吸持作用与磷的沉淀作用。这些作用对磷肥有效性有什么影响？
3. 在酸性与石灰性土壤中磷肥的转化特点有何异同处？
4. 施用磷肥对作物产量和品质有什么影响？
5. 怎样才能充分发挥磷肥的施用效果？
6. 土壤中磷累积的环境意义是什么？

第四章　钾　　肥

钾是肥料三要素之一，植物体内含钾一般占干物质重的0.2%～4.1%，仅次于氮。钾在植物生长发育过程中，参与60种以上酶系统的活化、光合作用，同化产物的运输，碳水化合物的代谢和蛋白质的合成等过程。钾还能增强作物的抗病虫害、抗倒伏、抗旱、抗寒和抗热等能力，从而能提高作物的产量和品质。随着复种指数的提高，氮、磷等化肥施用量的增加，高产良种的引用，对农副产品优质的需求等，对钾肥的需要量日益增多。总之，钾在农业生产中占有重要地位。

含钾矿物，特别是可溶性钾矿盐是生产钾肥的主要原料，也可从盐湖水、盐井水和卤水中提取钾肥。

世界上较大的钾矿资源主要分布在加拿大、德国和俄罗斯等地。加拿大钾盐矿床主要集中在萨斯喀彻温和沿海各省（占世界总资源的2/3）；俄罗斯的钾盐矿床主要分布于乌拉尔的上卡姆；德国的钾盐主要分布在北部盆地，大多为由钾盐和硫镁矾组成的硬盐；美国的钾盐矿床主要分布在北达科他州。此外，泰国西北部，法国北部阿尔萨斯矿区，英格兰东部的约克郡，约旦和以色列在死海均拥有钾盐资源。目前俄罗斯、加拿大、德国、法国、美国和以色列等国家是主要钾肥生产国，其产量占世界产量的93%。

迄今，我国已探明的钾矿质资源很少，估计为1亿t。钾盐资源主要为含钾卤水，我国有27个矿区，其中96%集中在青海柴达木盆地的察尔汗湖，用浓缩结晶法生产钾肥。云南思茅钾石盐矿是我国第一个古代固相矿床，现正在小规模的用浮选法生产。远远不能满足农业生产的需求。我国海岸线较长，在制盐过程中有大量副产品盐卤，其中含有钾，可作为生产钾肥的原料。随着水泥工业的发展，我国20世纪70年代从水泥厂的废气中回收钾，生产窑灰钾肥。

为解决我国化学钾肥的不足，除科学用好钾肥外，必须加强有机钾源的利用，大力提倡秸秆还田和增施有机肥料。充分利用富集钾能力强的作物，以利于发挥土壤钾素的潜在肥力和加速钾素循环。重视生物性钾肥的研制和推广，开展合理种植与轮作等的综合性研究，以维持土壤钾素的平衡，并使之有所上升，确保我国现代化农业持续发展的需要。

第一节 钾肥的种类和特性

一、氯化钾

氯化钾（KCl）含 K_2O 为 50%～60%，主要以光卤石（含有 KCl，$MgCl_2 \cdot H_2O$），钾石盐（KCl，NaCl）和苦卤（含有 KCl、NaCl、$MgSO_4$ 和 $MgCl_2$ 4 种主要盐类）为原料制成。以卤水用浓缩结晶法生产的钾肥为白色结晶，而用浮选法生产的氯化钾为淡黄色或粉红色结晶。

氯化钾易溶于水，20℃时溶解度为 34.7%，100℃时为 55.7%，是速效性肥料，可供植物直接吸收利用。氯化钾吸湿性不大，通常不会结块，物理性质良好，便于施用。但含杂质多的产品，吸湿性增大，长期贮存会结块，这类钾肥必须包装严密，存放于干燥处。

氯化钾为化学中性，生理酸性肥料。大量、单一和长期施用氯化钾会引起土壤酸化，其影响程度与土壤类型有关，酸性土壤应适当配合施用石灰、钙镁磷肥等碱性肥料。

氯化钾中含有氯，若施用过量，带入土壤的氯随之增加，对甜菜、甘蔗、马铃薯、葡萄、西瓜、茶树、烟草、柑橘等忌氯作物的品质有不良影响，故一般不宜施用。若必须施用时，应控制用量或提早施用，使氯随雨水或灌溉水流失。实践表明，在多雨地区施用适当，一般不会影响作物的产量和品质，如福建省，施用 300 $kg \cdot hm^{-2}$ 氯化钾，甘蔗增产明显，含糖量提高。氯能抑制硝化细菌的活动，减缓铵态氮的硝化速率，从而减少多雨地区氮素的流失。

氯化钾可做基肥和追肥。大田作物一般施氯化钾 150 $kg \cdot hm^{-2}$ 左右，宜深施在根系附近。在酸性土地区注意配合碱性肥料和有机肥料施用，在有施用磷矿粉习惯的地区，与磷矿粉混合施用有利于发挥磷矿粉的肥效。

二、硫酸钾

硫酸钾（K_2SO_4）的生产方法：一是直接由天然矿物，如无水钾镁盐（$K_2SO_4 \cdot 2MgSO_4$）、钾盐镁矾（$K_2SO_4 \cdot MgSO_4 \cdot 4H_2O$）、明矾石[$K_2SO_4 \cdot Al_2(SO_4)_3 \cdot 4Al(OH)_3$]和硬盐矿（钾石盐和钾盐镁矾的混合物）等制取，这些矿物在我国的浙江、四川，安徽、山东、云南等地均有分布；二是由氯化钾转化而得，目前世界生产的硫酸钾中 70%由转化法生产。转化法生产硫酸钾的方法有曼海姆法（氯化钾和硫酸在 500～600℃的曼海姆炉反应，盐酸挥发除去制得）、复分解法（氯化钾与硫酸铵和氨水经复分解反应制得)、缔置法(氯化钾与硫酸反应后,用含适量氢氧化钾的有机胺缔合剂萃取除去生成的盐酸制得)、溶剂萃取法和离子交换法等。

硫酸钾含 K_2O 为 50%～54%,较纯净的硫酸钾系白色或淡黄色,菱形或六角形结晶,吸湿性远比氯化钾小,物理性状良好,不易结块,便于施用。硫酸钾易溶于水,是速效性肥料,能为植物直接吸收利用。

硫酸钾也属化学中性、生理酸性肥料,在酸性土壤上,宜与碱性肥料和有机肥料配合施用。但其酸化土壤的能力比氯化钾弱,这与它在土壤中的转化有关。

硫酸钾含硫(S)17.6%,在缺硫土壤上,需硫较多的洋葱、韭菜、大蒜,花生、大豆、甘蔗等作物上施用硫酸钾,其效果优于氯化钾,但在强还原条件下,所含 SO_4^{2-} 易还原成 H_2S,累积到一定浓度会危害作物生长。例如,会影响水稻根系对养分的吸收,抑制的顺序为:K_2O,P_2O_5>SiO_2>NH_4,MNO_2>CaO,MgO。

硫酸钾可做基肥、追肥、种肥和根外追肥。通常基肥 150 $kg \cdot hm^{-2}$ 左右,种肥 22.5～37.5$kg \cdot hm^{-2}$,根外追肥的浓度为 2%～3%。

三、窑灰钾肥

窑灰钾肥是水泥工业的副产品。含 K_2O 在 1.6%～23.5%之间不等.甚至高达 39.6%。早在 1918 年,德国就利用窑灰做肥料,后来美国、瑞士、波兰等都曾用过。

生产水泥的原料及燃料中均含有一定数量的硅酸钾矿物,在 1 100℃以上的高温下燃烧时,含钾矿物的结构遭到破坏,钾素以氧化钾的形态挥发出来。与烟灰中的 CO_2、SO_2 和 Cl_2(配料中若加入氯化钙)等生成可溶性钾盐,随着温度的降低,钾盐结晶形成细微的颗粒混入窑灰中,回收后即得窑灰钾肥。

窑灰钾肥的含钾量受水泥的原料、燃料、煅烧、回收设备、钾肥颗粒细度等因素的影响,不同水泥厂的产品含钾量差异较大。窑灰钾肥中钾的形态主要是 K_2SO_4 和 KCl。水溶性钾约占 95%。此外,还含有 SiO_2(2.7%～12.3%)·Fe_2O_3(0.5%～3.0%)、Al_2O_3(1.3%～3.1%)、SO_2(3.1%～19.9%)、CaO(13.7%～36.6%)、MgO(0.8%～1.6%)以及多种微量元素,其中钙、镁为磷酸盐。

窑灰钾肥水溶液的 pH 为 9～11,属碱性肥料。一般呈灰黄色或灰褐色,含钾量高时显灰白色。窑灰钾肥的颗粒小、质地轻、易飞扬、吸湿性强、施用不便。施入土壤后,在吸水过程中能产生热量,常被视为热性肥料。在运输和贮存过程中应防止雨水淋洗。

窑灰钾肥可做基肥和追肥,不能做种肥,宜在酸性土地区施用。施用时,严防与种子或幼苗根系直接接触,否则会影响种子发芽和幼苗生长。由于窑灰钾肥还含有较多的硅，宜在缺硅的土壤及需硅较多的作物上施用。窑灰钾肥不能与铵态氮肥，腐热的有机肥料和水溶性磷肥混合施用，以免引起氮损失或磷有效性降低。

四、草木灰

草木灰是我国农村常用的以含钾为主的农家肥料，它是农作物秸秆、枯枝落叶、山青野草和谷壳等植物残体燃烧后的残灰。在燃烧过程中，氮素几乎全部损失，含有多种灰分元素，如钾、磷、钙、镁、硫、硅及各种微量元素。其中钙和钾含量较多，磷次之，习惯上将草木灰视为钾肥，实际上它是以钙、钾为主，含有多种养分的肥料。

草木灰的成分差异很大，影响其成分的主要因素有：①植物种类：一般是木灰中钾、钙、磷的含量比草灰多；②植物的年龄和器官：同一种植物，其幼嫩组织的灰分含钾和磷较多，衰老组织的灰分则含钙和硅较多（表 4-1）。此外，植物生长的土壤类型和施肥状况等也有影响，例如，在盐碱土和滨海盐土上生长的植物中含氯化钠较多，含钾量不高，烧成的草木灰不宜做肥料施用。

表 4-1　草木灰的成分　%

灰类	K_2O	P_2O_5	CaO
一般针叶树灰	6.00	2.90	35.00
一般阔叶树灰	10.00	3.50	20.00
小灌木灰	5.92	3.14	25.09
稻草灰	8.09	0.59	5.90
小麦秆灰	13.80	0.40	5.90
棉籽壳灰	5.80	1.20	5.90
糠壳灰	0.67	0.62	0.89
花生壳灰	6.45	1.23	—
向日葵秆灰	35.40	2.55	18.50

草木灰中钾的形态主要是碳酸钾，其次是硫酸钾，氯化钾较少（表 4-2）。草木灰的钾约 90%能溶于水，是速效钾肥，所以在贮存施用时应防止雨淋，以免引起养分流失。由于含有碳酸钾和较多的氧化钙，草木灰属碱性肥料，水溶液呈碱性，不宜与铵态氮肥、腐熟的有机肥和水溶性磷肥混用。

表 4-2 草木灰中可溶性盐的组成 %

种类	灰中可溶性盐总量	可溶性盐的组成			
		K^+	CO_3^{2-}	SO_4^{2-}	Cl^-
木灰(小杉木)	13.96	44.78	27.65	10.78	5.36
灌木灰	1.51	43.23	19.61	20.46	5.57
草灰(禾本科)	9.88	43.90	25.6	15.25	4.50
棉籽灰	11.87	47.30	17.47	15.61	1.64
稻草灰	10.54	57.51	7.61	3.63	1.81

燃烧的温度影响草木灰的颜色和钾的有效性,燃烧温度高时,炭化彻底,显灰白色,形成溶解度低的硅酸钾,钾的有效性降低;反之显黑色,钾的有效性较高。

草木灰中还含有弱酸溶性的钙、镁磷酸盐,对作物也有效。

草木灰适用于多种作物和土壤,可做基肥、追肥、盖种肥和根外追肥。追施草木灰宜采用穴施或沟施的集中施肥方法,用前加适量水湿润,防止其飞扬。根外追肥用1%的草木灰浸出液。盖种肥主要用于水稻育秧和蔬菜育苗上,宜用陈灰,以防灼伤。草木灰具有供应养分,吸热增温,促进早期生长,防止雀害及抑制青苔生长等功效。酸性土上施用草木灰,可补充土壤的钙、镁、硅等营养元素。

第二节 钾肥在土壤中的转化

化学钾肥施入土壤后,迅速溶解并以 K^+ 形式进入土壤溶液,除供作物直接吸收外,还参与土壤中 4 种形态钾的动态平衡,可用下式表达其动态变化:

$$\underset{(\text{速效性钾})}{\text{土壤溶液钾} \rightleftharpoons \text{交换性钾}} \rightleftharpoons \underset{(\text{缓效性钾})}{\text{非交换性钾}} \longleftarrow \text{矿物钾}$$

一、被土壤胶体吸附,转化为交换性钾

化肥钾施入使土壤溶液中 K^+ 浓度升高,与土壤胶粒上被吸附的阳离子进行交换形成交换性钾。它与水溶性钾合称速效钾。随着作物吸收,交换性钾可重新释放进入土壤溶液,二者呈动态平衡关系,且反应迅速。土壤胶体对钾的交换吸附,减少了 K^+ 的流失,起到保肥作用。被置换下来的阳离子,在土壤溶液中进行着物理化学变化,久之会引起土壤性质发生变化,变化特点依钾肥品种与土壤类型而异。

在酸性和石灰性土壤中，施用氯化钾在土壤中所形成的氯化钙易溶于水，能随水流失。钙离子的淋失，会使缓冲性能小的土壤逐步酸化，并导致土壤板结。而在酸性土壤上施用氯化钾后，可形成盐酸，加剧土壤酸化，提高土壤溶液中活性铁、铝的浓度，甚至造成铝的毒害。故酸性土壤施氯化钾时，应配合施用石灰或其他含钙质肥料和有机肥料加以预防。

硫酸钾施入土后的变化与氯化钾相似，由于阴离子种类不同，具有 3 点差异：①在中性或石灰性土壤中可形成硫酸钙，其溶解度低于氯化钙，钙离子的流失量较少，对土壤酸化的程度相对较弱；②形成的硫酸钙存留于土壤孔隙中。若长期、大量、连续地施用，有可能造成土壤板结；③硫酸根在渍水的土壤里可还原为硫化氢，累积到一定浓度后会危害水稻的生长，主要表现为根系发黑，呼吸受抑，影响对养分的吸收。因此，水田中不宜施用硫酸钾。

二、被土壤中黏土矿物所固定，转化为非交换性钾

土壤中钾的固定是指水溶性钾或被吸附的交换性钾进入黏土矿物的晶层间，转化为非交换性钾的现象。土壤固定钾通常有 4 种方式：①钾离子渗进伊利石，某些蒙脱石和蛭石等 2∶1 型黏土矿物的层间，当晶层失水收缩时而被固定。一般认为，这是重要的固钾方式。②在蒙脱石，拜来石及其过渡性矿物中由于 Al^{3+} 对 Si^{4+} 的同晶置换而产生负电荷，能强烈地束缚钾离子。③钾离子因风化而造成的缺钾的矿物，如伊利石，有“开放性钾位”，能为 K^+ 所占据。④人造沸石的小孔道和孔穴也能固定钾。

被黏土矿物固定的钾，根据其所处位置，可分为 p 位、e 位和 i 位（图 4-1）3 种。其中 p 位在表面，结合能力最弱；e 位在边缘，结合能力较强；i 位在层间中位，结合能力最强。前者属非专性吸附，后二者属专性吸附，有很强的选择性。影响土壤固定钾的因素有：

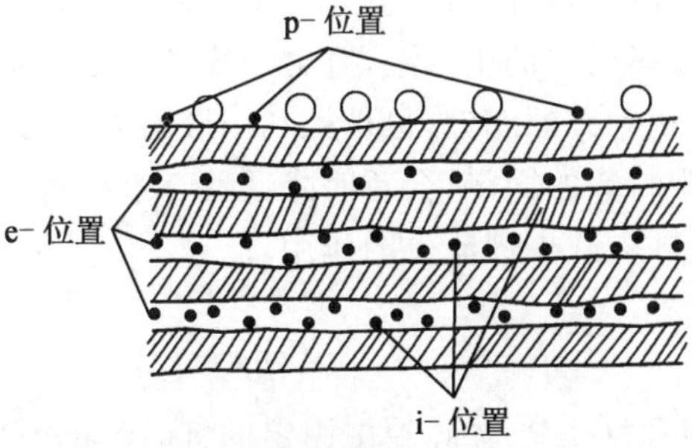

图 4-1 钾离子在黏土矿物上的不同位置

1. 黏土矿物的类型　1∶1型黏土矿物，如高岭石，晶层重叠时不能形成闭合的孔穴和同晶置换时产生的负电荷很少，故几乎不固定钾。2∶1型黏土矿物能固定钾，其固钾能力的次序为：蛭石＞拜来石＞伊利石＞蒙脱石。

2. 土壤水分状况　水分对土壤固定钾的影响复杂。一般随土壤干燥而固钾作用加强，尤其在干湿交替条件下，更能促进钾的固定。水分对固钾的影响与土壤中水溶性钾的水平有关，水溶性钾含量高时，干燥会导致钾的固定，而含钾量低时，反而有利于钾的释放。

3. 土壤酸碱度　一般认为，土壤对钾的固定随土壤pH的提高而增加。酸性条件下，土壤胶体带负电荷较少，陪伴离子以H^+、Al^{3+}为主，使胶体对钾的结合能降低，因此土壤固钾能力减弱；中性条件下，陪伴离子以Ca^{2+}、Mg^{2+}为主，土壤固钾较强；碱性条件下，陪伴离子以Na^+为主，土壤对钾的固定明显增强。例如，弱淋溶黑钙土的pH从6.3降到3.0时，钾的固定从47.4%减少到18.4%。

4. 铵离子NH_4^+和K^+的半径相近，分别为14.8 nm和13.3 nm　它与钾离子竞争结合位，还可以交换出已被固定的钾。由于铵离子有较少的水化能和稍大的离子半径，使晶层更易收缩，当铵和钾等量时，固定铵的数量明显多，为钾的1.6～2倍。上述现象与矿物种类有关，如蛭石对铵的吸附作用明显大于钾，大量施用铵态氮肥，可把晶层间较大的Ca^{2+}、Mg^{2+}代换出来，阻碍非交换性钾的释放，致使缺钾现象加剧，故实践中，应提倡平衡施肥。

5. 土壤质地　一般质地越黏的土壤，固钾能力越强。因为土壤中2∶1型固钾矿物的含量随土壤颗粒变细而增加，为此，质地黏重的土壤上，宜适当增加钾肥用量。

6. 钾盐种类　土壤对不同种类钾盐固定的强弱依土壤水分状况而异，土壤湿度不变时，固定顺序为：$K_2HPO_4 < KNO_3 < KCl < K_2CO_3 < K_2SO_4$；干湿交替条件下其顺序则为：$K_2CO_3 < K_2SO_4 < KNO_3 < K_2HPO_4 < KCl$。

此外，土壤层间钾的耗竭程度也有影响，土壤固钾量随土壤层间钾耗竭程度的提高而增加，在钾素耗竭严重的土壤上，宜适当增加钾肥用量。

被固定的钾可转化为有效态钾，也可被利用层间钾能力强的作物直接利用，如水稻。可见，土壤对肥料钾的固定，会暂时降低其有效性，但在某种意义上，却起到了抑制作物奢侈吸收钾和减少钾流失的作用。

三、钾的流失

土壤溶液中的钾和黏土矿物上p-位固定的钾，既能被作物吸收，又能随水向下移动而造成损失。因为土壤胶体对K^+的吸附是有限度的，它受土壤阳离子交换量的控制。在阳离子交换量小的土壤上，一次大量施用钾肥，必然会引起钾的流失，其流失量与土壤质地，气候条件，栽培制度都有关。质地粗，雨水多，温度高及水旱轮作条件下，肥料钾的流失就可能多。为此，在施用上就应掌握适量、分次的原则，并宜开发缓效性钾肥（如硅酸钾），以提高钾肥的效果，降低生产成本。

第三节 钾肥对作物的影响

一、钾肥对作物及其根系生长的影响

细胞是组成植物的基本单元，细胞分裂、增大以及分化成具有各种特殊功能的组织是一切生物生长的基础。其中钾素有重要作用，例如，钾对作物的根系生长有明显影响。钾素营养不良，小麦次生根的条数、长度及玉米须根的形成均显著减少，水稻根系中白根减少，黑根增多，根系活力下降。钾素营养良好能促进水稻中核糖核酸的合成，加速稻根中乙醇酸循环，产生更多的过氧化氢。钾还能提高过氧化氢酶的活性，增强水稻根系供氧量，在其周围形成氧化圈，抑制还原性物质的形成。

另外，钾可减少稻根的分泌物使微生物的活动降低，土壤中氧的消耗相对减少，从而提高了土壤的 Eh 值。上述种种，都为根系生长创造了良好的环境条件，必然有利于作物的生长。

二、钾肥对产量的影响

良好的营养和生殖生长是获得优质高产的物质基础。钾素营养充足，有利于作物不同生育阶段各器官的生长，提高叶片的光合强度和同化产物的运输速率，使更多的同化产物输入结实器官，从而能提高作物的产量。$^{14}CO_2$ 示踪试验表明，小麦籽粒干物质的 89% 来自旗叶的光合产物，在缺钾的红砂土上增施钾肥，可使小麦千粒重平均增加 1.6 g，每穗粒数平均多 4.3 粒，增产 612 $kg \cdot hm^{-2}$。又如棉花，施用钾肥，能明显改善棉花生长状况，最终增加结铃数、单铃重并能改善纤维的品质。增施钾肥也可使鲜茶叶的产量提高 10%～13%。

三、钾肥对产品品质的影响

（一）钾能促进蛋白质的合成，改善谷粒的品质

谷粒中蛋白质的含量，是禾谷类作物重要的品质指标之一，虽然蛋白质含量决

定于遗传因素，但营养条件，包括钾的供应，有一定的影响。钾可诱导硝酸还原酶与谷酰氨合成酶的产生，又是多种参与氨基酸与多肽转化的酶类活化剂。故供钾有利于氮素代谢，促进蛋白质的合成。有文献报道，利用小麦胚组织，由大豆多核蛋白体合成蛋白质所需条件中最佳的钾浓度为 55～85 mmol・L^{-1}。田间试验表明，在缺钾的土壤上增施钾肥，能提高多种作物产品的蛋白质含量，如早稻和晚稻增施 K_2O 为 30～180 kg・hm^{-2} 之间，蛋白质含量增加 12%～20%不等。大豆、小麦籽粒中蛋白质含量也明显提高。

（二）钾能提高块根、块茎作物的产量和品质

钾能促进光合作用、碳水化合物代谢及同化产物向贮存器官中运输，提高块根、块茎作物的产量和品质。如增施钾肥，可使马铃薯块茎中淀粉含量由 53%提高到 66%，增施氯化钾 225～300 kg・hm^{-2}（基肥、追肥各 50%），使大麻的纤维品质得到改善，株高、麻皮长度和麻皮强力比不施肥分别增加 3.1%、4.2%和 29.8%。在氮磷肥的基础上配施钾肥，新植甘蔗的产量提高 9.2%～22.2%，糖分增加 0.35%～1.55%。其中 N：P_2O_5：K_2O 的比例以 3：2：2 与 3：2：3 为最佳。合理施用钾肥使番茄的糖分和维生素 C 含量有所提高（表 4-3）。

表 4-3 硫酸钾对番茄果实品质的影响 平均值 $n=3$

处理硫酸钾/（kg・hm^{-2}）	果实含糖量/（g・kg^{-1}）	维生素 C/（mg・kg^{-1}）	总有机酸/（g・kg^{-1}）
0	23.7	123.6	0.70
307.5	31.7	197.5	0.72
562.5	33.2	175.6	0.71
870	32.7	183.6	0.73

钾可改善柑橘糖酸比例，增加西瓜甜度，改善饲料作物的适口性。香味对水果和蔬菜很重要，钾充足时可增加游离糖和有机酸含量。来自有机酸的酸性，是很多果树作物提高其风味的一项重要特征。

对大多数水果来说，钾可使其颜色鲜艳。硫酸钾和钾肥镁肥配合施用，可使苹果的一级果率增加到 99%，加深果品的着色，另外葡萄施钾也可避免水果熟度不均，减少部分主轴提前干枯。钾能促进瓜果和块根、块茎的膨大，使其大小均匀。大豆皱缩和发霉豆粒百分率和甘蓝黑心率也可因施钾而降低。

钾可减少产品在运输和贮存期的碰伤和自然腐烂。对番茄进行的保存期试验表明，不施钾处理在室内存放 28 d 后即均已腐烂，而施钾处理烂果率只有 44%，直

至 42 d 才全部腐烂。钾对荔枝保鲜的影响也很明显。

此外，施钾能降低烟叶中 α-氨基氮、蛋白质等的浓度，减少香烟中的颗粒物、尼古丁和氰化氢的含量，提高烤烟的易燃性和燃烧性，并能改善烤烟的色泽。施钾肥还能提高油料作物种子的含油率，增加苹果的着色度和含糖量，减轻苹果的腐烂病等。

四、钾肥对作物抗逆性能的影响

（一）抗病

病害既降低了作物的产量和品质，也降低了产品的外观和经济价值。植物的抗病性能受遗传因子的控制，但通过施用钾肥能加以调节。据报道，在 1 203 例由真菌、细菌、病毒、线昆虫、虫和螨等引起的病害中，施钾能降低的达 65%。

钾能增强作物抗病性的机理，是通过影响寄主的某些代谢功能，改变寄主和寄生菌间的亲和关系实现的。主要表现为：第一，缺钾可导致蛋白质的合成受阻。寄主体内无机态氮相对较多，为病原菌提供了氮素营养，易使寄主染病，如玉米的细菌性萎蔫病、玉米茎腐病、小麦全蚀病和条锈病等。第二，植物体内可溶性糖含量高时，易为某些病菌侵染而发病。钾能促进可溶性糖转化为多醣，使植物体内可溶性糖的浓度降低，从而增强了植物的抗病能力，如禾本科的锈病和白粉病。第三，钾有利于有杀菌作用的酚类的累积。钾低时，体内累积无机态氮，多酚会迅速遭到破坏，抗病性减弱，例如，马铃薯、水稻和小麦体内酚类含量减少时，就增大了轮枝孢枯萎病、白叶枯病、锈病和霉病的可能性。第四，养分间失去平衡，例如，N/K 和 K/Ca 大的植物易感病，施钾肥能调节养分平衡。第五，钾能促进体内的糖类向聚合方面转化，增强细胞表皮厚度，促进细胞木质化，从而使植物抗病、抗虫的能力提高。也发现抗病品种的含钾量较高，如抗枯萎病的亚麻，其吸收和含有的钾均高于易感病的品种。

（二）抗不良土壤环境

排水不良的土壤中，水稻常出现生理失调，施用钾肥可得到克服。表 4-4 的结果表明，在缺钾的土壤施用钾肥，可降低土壤活性还原物质，提高水稻氧化还原电位，水稻根系 Eh 降低，茎叶的含铁量降低。另一试验也表明，在还原条件下增施钾肥后，能明显地降低水稻体内铁的含量，白根数目增多，根系氧化力提高。

钾肥对根系微域环境氧化还原状况的影响的原因是多方面的，可能主要与施钾后根系的活力增强有关。一般认为，水稻根系活力与根的氧化力呈正相关，而水稻根的氧化力可测定根的 α-萘胺氧化力。孙羲的研究表明，在缺钾的土壤中施用钾肥，一般可增强根的 α-萘胺氧化力。由于水稻根际土壤得到氧化，故可防止水稻土中硫化氢、有机酸和过量亚铁的危害。

表 4-4 水稻钾素营养对土壤氧化还原状况的影响*

土壤	母质	地点	缓效钾	速效钾	处理	活性还原物质	Fe^{2+}	Eh
			mg・kg⁻¹			cmol・kg⁻¹	cmol・kg⁻¹	mV
黑泥土	石灰岩风化物	广西来宾	28	30	对照	4.60	2.61	−69
					施钾	1.92	0.69	+147
黄泥土	湖积物	江苏无锡	480	129	对照	5.68	3.07	−13
					施钾	1.72	0.45	+258
𪸩土	黄土	陕西武功	1 600	223	对照	2.80	1.53	−18
					施钾	2.34	1.66	+11

* 盆栽试验，分蘖—拔节期测定；缓效钾为 1 mol・L^{-1} 热硝酸浸提；速效钾为 1 mol・L^{-1} 乙酸铵浸提。

（三）抗旱

一般认为，钾素充分供应时，在干旱条件下，作物的抗旱能力显著提高，其原因是多方面的，首先供钾良好的作物表现以下的特点：作物根系发育好，活力强，能有效地利用深层土壤水分；且地上部分生长好，增加了叶片的郁蔽，减少了水分的土表蒸发损失。从植物生理、生化方面分析，土壤缺水时钾素有以下的作用：①钾与其他碱金属元素使细胞质的水合作用加强（而碱土金属如钙，则使之降低），使细胞质含水量提高，这对作物生长及细胞中的另一些生理过程很重要；②钾离子是作物体液的重要的渗透活性成分（它造成作物体液总渗透势的 3/4 左右），提高细胞液的渗透压对于克服干旱条件下显著升高的土壤溶液渗透压的影响，使作物能吸收到土壤水分是十分重要的；③钾离子对气孔运动有决定性作用，它能改变保卫细胞的渗透压，从而调节叶表面的水分消耗。在旱风影响下，钾素充足的作物蒸腾作用下降的速度比缺钾的作物要快得多。缺钾的作物由于气孔不完全关闭，因而蒸腾量较大，提高了生产单位重干物质的耗水量。

黑龙江省进行的大豆试验表明，在气候干旱和积温较高地区，钾肥的效应较高。

此外，钾能在增强植物抗高温和低温、抗倒伏能力中起重要作用。这是因为良好的钾素供应，能使作物形成强健的根系，促进作物维管束的发育，使厚角组织细胞壁加厚，形成粗大的导管系统，提高作物体内淀粉、糖分、可溶性蛋白质、各种盐分和碳水化合物的含量等。施钾能使棉花遭台风侵袭后的倒伏程度减轻，也可降低施用高量氮素造成的倒伏率。

第四节　钾肥的有效施用

我国的钾肥资源不足。缺钾(速效钾不到 70 mg·kg^{-1})的土壤面积约为 2.3×10^{7} hm^{2},占耕地面积的 22.6%。其中土壤速效钾小于 50 mg·kg^{-1} 的严重缺钾土壤约 1×10^{7} hm^{2},占 9.3%;50～70 mg·kg^{-1} 的耕地约 1.3×10^{7} hm^{2},占 13.3%。此外,约有 2.1×10^{7} hm^{2} 耕地的速效钾含量为 70～100 mg·kg^{-1},也应酌情施用钾肥。

影响钾肥需要和钾肥效应的因素很多,主要的有土壤性质,作物种类与品种,施肥技术,气候条件等。因此,钾肥的合理施用应考虑以下一些因素。

一、有效施用钾肥应考虑的因素

(一)土壤的供钾水平

钾肥肥效主要决定于土壤的供钾水平。研究土壤供钾能力的方法,目前主要有生物方法(田间试验、盆栽试验)、化学方法(如 NH_4OAc 法、HNO_3 煮沸法、四苯硼钠法)、物理化学方法(如阳离子交换树脂法)、电化学方法(如 EUF 法)等。土壤中速效钾的含量和非交换性钾释放速率和数量,基本上能反映土壤的供钾水平(表 4-5)。

表 4-5　土壤速效钾水平与当季作物钾肥肥效的关系

等级	速效钾/(mg·kg^{-1})	对钾肥的反应
极低	<33	钾肥反应极明显
低	33～67	施用钾肥一般有效
中	67～125	一定条件下钾肥有效,肥效大小因作物、其他肥料配合,耕作制度和缓效钾量等而异
高	125～170	施用钾肥一般无效
极高	>170	不需要施用钾肥

但测定的方法和诊断指标,迄今未能令人满意。由于不同作物在利用土壤非交换性钾的能力上存在很大差异。有人建议应区别对待:对短期内需钾较多,吸收能力相对较弱的甘薯、马铃薯、甜菜、棉花、大豆、番茄等作物,可用土壤交换性钾的含量作为钾素的诊断指标,如棉花(表 4-6)。

表 4-6 棉花钾素营养诊断指标

土壤交换性钾 /(mg·kg⁻¹*)	叶柄含钾量 /(mg·kg⁻¹)**	级别	对钾肥的反应
<50	>250	1	增产效果极显著
51～83	750～1 000	2	增产效果显著
84～116	2 000	3	氮磷肥施用水平高时，似有效果
>116	3 000	4	增产效果不明显

* 1 mol·L^{-1} NH_4OAc 浸提；** 倒五叶叶柄，六硝基二苯胺法。

对利用土壤非交换性钾能力较强的禾谷类作物，宜用速效钾和缓效钾来评价，如稻田，具体指标列入表 4-7。

表 4-7 洞庭湖区土壤供钾水平分级标准

等级	速效钾* /(mg·kg^{-1})	缓效钾** /(mg·kg^{-1})	供钾能力	钾肥施用效果
1	<50	<350	低	增产效果明显
	50～100	<200		
2	>100	<200	较低	有增产效果
	50～100	200～350		
3	>100	200～350	中	一般无效，在砂性稻田有时有效果
	50～100	0>350		
4	>100	>350	高	无增产效果

* 1 mol·L^{-1} NH_4 OAc 浸提；** 1 mol·L^{-1} 热硝酸提取。

因土壤中的速效钾含量受土壤缓效钾贮量的控制。当速效钾消耗后再补充的数量取决于缓效钾的贮量和释放速度。故速效钾与缓效钾相结合可以较全面地评价当季土壤的供钾状况。一般缓效钾含量低于 500(K)mg·kg^{-1} 时，其供钾潜力属中等以下。在此情况下，当土壤速效钾消耗后，能补充的数量并不多，故施用钾肥一般有效。

另外，还有建议采用冷的 2 mol·L^{-1} HNO_3 提取土壤钾，称为有效钾，它包括交换性钾和非交换性钾中的有效部分，来评价土壤的供钾能力。当土壤有效钾为 100～130 mg·kg^{-1} 以下时，水稻、小麦等施钾肥可增产 10%左右。钾肥应首先施用在含有效钾和非交换性钾低的土壤上。

土壤质地影响含钾量和供钾能力。质地不同的土壤，吸钾特性不同，钾的有效程度不同，当土壤中速效钾水平很高或很低时，对沙性土壤能反映其土壤供应钾充足或不足,但对黏重土壤则不可靠。速效钾指标用以推荐施肥时,应考虑到土壤质地(表 4-8),虽然这些标准不一定完全适合我们,但如果目前我们不问土壤质地如何,用一个尺度显然是不正确的。

表 4-8　氧化土和老成土的速效钾指标*　　$mg \cdot kg^{-1}$

钾素状况	对钾肥反应	砂和粉粒	壤质-砂壤	黏壤
缺乏	有反应	31	31～59	59～98
低	可能有反应	31～59	59～98	98～137
适当	只需施用维持量	59～98	98～137	137～195
高	有些年份不需施	>98	>137	>195

* 引自:鲁如坤,1998。

一般质地较黏的土壤含钾量高,因为粉砂粒的原生矿物风化残屑和云母类的钾有效性较高,黏粒的含钾量和供钾能力也较高。据英国资料报道:英国土壤中的钾,来自<0.1 μm 和 0.1～0.3 μm 的土粒各占 40%,来自>0.3 μm 的土粒仅为 20%,且沙质土壤的含钾量和供钾能力也都较差,故沙土地区易出现缺钾现象。此外,与砂土相比,质地细的土壤固钾能力强,钾扩散速率低,土壤溶液中钾的平衡浓度相对较低,导致土壤缺钾临界相对较高。在其他条件基本相同时,对质地黏的土壤,钾肥用量应适当增加,而在砂土上,钾肥效果快但不持久,应掌握分次、适量的施肥原则,方能显示出钾肥的效果。

不同的作物对钾的吸收利用能力和需要量不同,因此不同的作物应有各自的指标,例如,当土壤速效钾为 120 $mg \cdot kg^{-1}$ 时,对棉花施用钾肥还可能有效,而某些作物在含钾量为 80 $mg \cdot kg^{-1}$ 时即无效果了。此外,只考虑耕层的速效钾而忽视了底土的贡献也是原因之一。况且速效钾的含量是一个容易变动的数值,它主要受施肥和作物吸收的影响,用不同季节取样所提供的分析数据进行的比较,往往会得出不正确的结论。

土壤的水分状况也影响到钾的有效性。土壤溶液中的钾,主要以扩散的方式移向作物根部供作物吸收利用,质流也有一定的作用。扩散作用是在土粒外的水膜中进行的,一般钾离子在土壤中的扩散系数为 10^{-8}～10^{-6} $cm^2 \cdot s^{-1}$,干土中为 10^{-8}～10^{-7} $cm^2 \cdot s^{-1}$,湿土中为 10^{-7}～10^{-6} $cm^2 \cdot s^{-1}$。故土壤含水量高,有利于扩散作用的进行,进而有利于作物对钾的吸收。此外,土壤溶液中钾离子浓度高,也有利其扩散作用的进行,故在干旱季节,钾施用量宜适当增加。

（二）作物的需钾特性

不同作物对钾的要求不同（表 4-9），对钾肥反应不一，一般认为生长速度快、光合作用效率高、有机物合成数量大的作物，对钾营养要求高。薯类作物（如甘薯、马铃薯），纤维作物（如棉花）、糖料作物（如甘蔗、甜菜）等需钾较多，有喜钾作物之称。有资料报道，在河南省砂质黄潮土，水稻土，砂姜黑土上，钾肥对不同作物效果的顺序为：棉花＞大豆、芝麻，油菜＞杂交水稻，花生＞水稻、小麦。在河北省的草甸褐土、淋溶褐土上，钾肥增产效果的顺序为：马铃薯＞黄瓜＞棉花＞番茄＞青椒＞甘薯＞甘蔗＞大麦＞花生＞玉米＞小麦＞水稻＞烟草＞红麻＞谷子。

表 4-9 主要作物每 100 kg 产量吸钾量 kg

作物	吸钾（K_2O）量	作物	吸钾（K_2O）量
水稻（稻谷）	2.1～3.3	甜菜（块茎）	1.6～2.4
小麦（子粒）	2.0～4.0	甘蔗（茎）	0.28～0.30
棉花（皮棉）	11～15	麻（皮）	4.0
春玉米（子粒）	5～6	黄麻（皮）	4.6
油菜（子粒）	4.7～6.6	大麻（皮）	8～9
马铃薯（块茎）	2.2～2.4	茶叶（鲜叶）	0.8～1.0
甘薯（块根）	1.15	烟草（鲜叶）	3.8
芝麻（子粒）	9.0	桑叶（鲜叶）	1.0～1.1
大豆（子粒）	2.0～4.0	紫云英（鲜草）	0.8～1.0
苹果（果实）	1.36	柑橘（果实）	0.6
桃（果实）	1.34	菠萝（果实）	1.44
葡萄（果实）	1.66	香蕉（果实）	3.7

同一作物不同品种间对钾的要求也有差异。根据一些省试验结果，杂交稻、矮秆高产良种和粳稻对钾肥反应较为敏感，增产幅度比高秆品种、籼稻及常规稻要大。

不同作物或同一作物不同品种对钾肥反应的差异，与它们利用土壤钾的能力有关。禾谷类作物利用土壤层间钾的能力大于豆科作物，故钾肥增产效果小于豆科作物。禾谷类牧草利用层间钾的能力也较强，与其有较大的根系、较长的根毛、较大的根表面积有关。有报道：在田间条件下，黑麦草与红三叶相比较，在 0～25 cm 土层内，前者根鲜重比后者大 1 倍，根系阳离子交换量也大，根系长度大

4～6 倍，根的平均直径则小 1 倍，故根系密度黑麦草大。因此，在同一土壤上考虑施钾效益时，要根据作物的特点进行施用。

作物不同生育期对钾的需要差异同样是显著的。一般作物需钾高峰出现在其生长的旺盛期，如禾谷类作物的分蘖-拔节期、棉花的蕾铃期、蔬菜作物(如茄果类)的花蕾期、葡萄的浆果着色期等。而对于一般作物来说，苗期对缺钾最为敏感，但与氮、磷相比，其临界期的出现要晚些。因此，在钾肥有限时，钾应首先用于需钾量多、效应显著的作物(或品种)和在作物需钾最迫切的时期施用。

(三)肥料性质

不同钾肥种类的性质不尽相同，如硫酸钾和氯化钾均为生理酸性肥料，适宜用于石灰性土壤，在酸性土壤上，应配合施用适量石灰或草木灰。窑灰钾肥为碱性肥料，宜用于酸性土壤。氯化钾适宜用于水田，而不宜用于盐碱地。至于钾肥所含氯离子对作物产量和品质的影响，报道不一，需作具体分析。作物种类之间耐氯的能力大小不同(表 4-10)。

表 4-10 不同作物耐氯能力比较 $mg \cdot kg^{-1}$

作物	适宜浓度	临界浓度	毒害浓度	致死浓度	耐氯强弱顺序
甘蓝	100～200	400	1 600	≥3 200	2
马铃薯	100～200	400	800	≥3 200	3
大豆	100	200	800	≥2 400	5
花生	100～200	400	800	≥2 400	4
草莓	100	200	600	1 600	6(最弱)
小麦	100～200	600	1 600	≥2 400	1(最强)

可见，供应 100～200 $mg \cdot kg^{-1}$ 氯对一些作物的生长有一定程度的促进作用，过量才会产生不良影响。有资料报道，Cl^- 超过 200 $mg \cdot kg^{-1}$，对马铃薯的淀粉含量产生不良影响；在大于 400 $mg \cdot kg^{-1}$ 时，草莓的可溶性糖及维生素 C 的含量才会下降。KCl 作追肥，用量 300 $kg \cdot hm^{-2}$ 时，西瓜的糖分含量明显下降。而对大麻，该用量却能提高其产量和品质。在雨水多的南方地区，氯化钾的效果还大于硫酸钾。

(四)气候条件

降水过多会引起土壤中水溶性钾流失，且造成土壤通气不良，作物根系吸收受抑。然而，在干旱条件下，即使土壤交换性钾水平适宜，但由于钾的迁移与根系吸收受抑，增施钾肥增产效果仍然明显（表 4-11）。

表 4-11 干旱和湿润年份钾肥对玉米、大豆产量的影响 kg・hm^{-2}

施钾量	玉米			大豆		
	1976 年（湿润年份）	1977 年（干旱年份）	产量损失/%	1976 年（湿润年份）	1977 年（干旱年份）	产量损失/%
0	10 220	5 080	50	3 760	2 020	46
46	10 220	7 090	31	3 960	2 820	29
93	10 470	7 590	28	4 030	3 230	20
186	10 220	8 090	21	3 900	3 230	17
施肥增产	0	3 010		140	1 210	

注：供试土壤含交换态钾为 181 mg・kg^{-1}。

温度也影响钾肥的效果，高温有利于土壤钾向有效化方向转化。生产上，采用的冻融、晒垡等措施都有利于土壤钾的释放，提高被固定钾的生物有效性。

二、钾肥的合理施用技术

（一）钾肥的分配和适宜用量

钾肥应首先分配在严重缺钾的土壤及对钾要求多且吸收钾能力又弱的作物上，使有限的钾肥发挥其最大增产效益。在轮作中也应合理分配，如在一年稻-稻-麦三熟制中，每年施用 KCl 总量为 225 kg・hm^{-2} 的条件下，一般每茬都宜适当施用钾肥。若钾肥不足，则用在晚稻上。

（二）施用方法和位置

钾肥一般做基肥，如作追肥也宜适当早施，或基、追肥相结合，具体要考虑作物种类，如棉花，提倡基追肥相结合，追肥可在现蕾后开花前施用。油菜宜做基肥施用；甘蔗宜分次施用；钾肥宜深施入水分状况较好的湿土层中，既有利于钾的扩散和减少土壤对钾的固定，又有利于作物的吸收。固钾能力强和有效钾水平低的土壤上，宜在根系附近条施。沙性土上宜分次施用，以减少钾的流失。

（三）应尽量在氮、磷基础上施用钾肥

因为作物生育过程中需要多种养分，只有平衡施肥方能满足作物的要求。据报道，不同种类作物对氮、磷、钾的要求明显不同（表 4-12）。

即使同一作物，在不同地区对氮、磷、钾的要求也异，现以水稻为例（表 4-13）。

因此，宜根据土壤类型，作物种类等进行平衡施肥，既有利于增产又能改善品质。

表 4-12　不同作物适宜的 N、P、K 用量和比例(1981—1983 年)

作物	n	经济效益最高		产量最高		
		化肥用量/($kg \cdot hm^{-2}$)	$N:P_2O_5:K_2O$	化肥用量/($kg \cdot hm^{-2}$)	$N:P_2O_5:K_2O$	千克肥增产/kg
水稻	829	183.0	1∶0.34∶0.35	277.5	1∶0.50∶0.66	6.9
棉花	62	520.5	1∶0.54∶0.36	340.5	1∶0.88∶0.42	1.0
油菜	64	165.0	1∶0.67∶0.22	234.0	1∶0.61∶0.19	3.8
花生	11	208.5	1∶1.2∶1.2	276.0	1∶1.50∶1.40	3.5
甜菜	18	198.0	1∶0.68∶0.39	220.5	1∶0.79∶0.54	58.7

表 4-13　不同地区适宜的 N、P、K 用量和比例(1981—1983 年)

地区	n	经济效益最高		产量最高	
		化肥用量/($kg \cdot hm^{-2}$)	$N:P_2O_5:K_2O$	化肥用量/($kg \cdot hm^{-2}$)	$N:P_2O_5:K_2O$
东北	61	217.5	1∶0.40∶0.31	258	1∶0.34∶0.48
西南	143	154.5	1∶0.36∶0.27	243	1∶0.60∶0.47
长江中下游	294	199.5	1∶0.35∶0.38	297	1∶0.53∶0.72
华南	331	180.0	1∶0.32∶0.39	282	1∶0.34∶0.72

思　考　题

1. 哪些物质可用作钾肥？它们的作用特点是怎样的？

2. 钾肥施入土壤后，发生了哪些转化过程？有哪些因素影响到钾的固定与释放？

3. 施钾对作物的生长有哪些作用？

4. 有哪些作物是不宜施用含氯钾肥的？

5. 如何正确使用钾肥？施用时应考虑些什么因素，为什么？

第五章　微量元素肥料

当今，在农业生物学、地学、环境学等科学中微量元素的研究已成为热点之一，不论在深度与广度上都达到前所未有的程度。以这些学科为基础的农业生产中有关微量元素的研究已备受重视。加之随着作物产量的不断提高，有机肥料在肥料总构成中比例的逐年下降，以及商品性肥料中大量营养元素的浓度与纯度不断加大，微量元素的肥效也越来越明显，如增施微量元素肥料可明显增产、增收与改善产品品质。更值得注意的是，该类肥料的施用已不仅仅是为了农作物生产所必需，还进一步涉及到畜牧业的需要，调节人的营养以及对生态环境与食物链的影响。我国微量元素肥料的生产与应用，比国外起步虽较晚，但发展迅速。

第一节　微量元素肥料的种类与特性

微量元素肥料（简称微肥），是指作物正常生长发育所必需的那些微量营养元素，通过工业加工过程所制成的，在农业生产中作为肥料施用的化工产品，如硫酸锌、硫酸锰、硫酸铜、钼酸铵、硼砂和硼酸、硫酸亚铁等。微量元素肥料还包括其他含微量营养元素的工业废渣、废液等。微肥的种类除了包括目前已公认的、作物必需的硼、锌、锰、钼、铜、铁外，有时也拓宽到一些目前还没有完全得到公认但对某些作物或动物营养是必需或有益的元素，在必要时也可以肥料形式施用。

一、微肥的资源与生产原理简述

（一）资源

可用作生产微肥的资源有两大类。

1. 自然矿藏　是指自然条件下生成的含微量元素的无机化合物。

硼矿资源：如辽宁省的纤维状硼镁矿、硼镁铁矿；青海省的钠硼解石、柱硼镁石；西藏的天然结晶硼砂、含硼湖泥；四川省的自贡井盐卤水以及江苏省的硼镁矿等。

锌矿资源：如内蒙古、广东、云南、川滇地区、陕西及柴达木盆地等的铅锌矿，属于铅锌银共生矿。

锰矿资源：多为沉积型与堆积型锰矿，主要分布在湖北、湖南、广西、四川和贵州等省，辽宁省也有。

钼矿资源：如吉林、陕西、河南等省的斑岩型钼矿；辽宁有矽卡型钼矿；江苏的钼矿多为铜、钨伴生矿。

铜矿资源：主要集中在长江中下游和四川、云南一带。江西、西藏有特大型斑岩型铜矿；安徽、湖北省有矽卡型铜矿。此外，山西、甘肃、内蒙古、黑龙江及青海等省也有较大的铜矿产地。

铁矿资源：北京、河北、山西、辽宁等省有沉积变质型铁矿，储量约占全国总量的50%。四川省有岩浆型铁矿，如攀枝花钒钛磁铁矿。此外，河北、辽宁、山东、湖北、广东、陕西等省也都是高铁矿产地。

我国上述资源的蕴藏量相当丰富，它们主要作为生产各种纯度较高的含微量元素无机化合物的原材料。这些无机化合物是理想的、直接农用的单质微肥，然而存在价格较贵，与工业生产争夺原料等问题。

2.工矿业的废弃物　主要是冶金、化工行业生产过程中产生的废渣或废液。开发作为农用微肥，不但可为农业生产提供价格较低廉的微肥肥源，而且为工矿企业综合治理环境污染提供了经济、社会、环境三效益得到统一的途径。然而，能否真正获得上述预想的效果，必须对废弃物中的营养成分、有害物质以及有关性质作全面了解，以达到避害兴利的合理作用。

(1)废渣

硼泥：是生产硼砂的下脚料。其组分因原料与工艺不同而异，B_2O_3 含量为2%～3%，其中可溶性部分占10%～40%，呈碱性，另还含有钙、镁、铁、铝、钠等养分。每生产1 t硼砂产生4～5 t硼泥，可直接做硼肥施用，也可用作制造硼镁肥、硼镁磷肥、硼镁氮肥的原料。

含锌废渣：包括生产氧化锌的下脚料，冶炼厂烟气中回收的粗氧化锌（锌灰），化工、化肥厂废弃的含锌催化剂等。

含锰废渣：有开采铅锌锰矿的矿渣，生产对苯二酚工厂排放的废锰渣，高炉冶炼锰、铁排出的铁锰渣等。

含钼废渣：炼油厂的废钼酸钴催化剂（含 MoO_3 为11.5%～15.0%，CO为1.7%～2.3%）或废钼酸镍催化剂（含 MoO_3 为12%～15%，Ni为2%～3%），钨钼丝厂的钨钼混合下脚料（含钼10%～15%），生产仲钼酸铵的废渣，含钼10%左右，水溶态钼1%～5%，有效态钼1.3%～1.6%，可直接农用。

含铜废渣：合成氨化肥厂排放的铜泥，含铜量达40%以上，还含有锰、铁、硫、钙、镁和硅等养分。还有来自开采或冶炼铜矿、铁矿等的多种含铜尾矿渣,除含铜外,成分较为复杂。

此外,铜铁厂的炉渣、硅铁渣等都可作为制造某种或多种微肥原料或直接施用。

(2)废液。生产对苯二酚排放的含锰废液;生产工业仲钼酸铵排放的含钼废液;生产电子管和灯泡排放的废钼浆;生产苯蒽酮排放的铜、锌废液等,都可开发做微肥的原料。

(二)生产原理简述

1.无机单质微肥

(1)硼肥。我国生产硼肥的原料主要为硼镁矿石,要求含 B_2O_3 量≥12%,通过碱解反应生产硼砂,然后再制成硼酸,或以碳铵法直接生产硼酸。

(2)锌肥。生产锌肥的原料与方法种类很多。可用硫酸直接酸解含锌原料,也可由粗氧化锌的工业副产品精制而成。

(3)锰肥。生产锰肥的原料种类很多。将软锰矿(含 MnO_2 量≥65%)与无烟煤混合,在800℃下还原焙烧,冷却即得一氧化锰,由此还可以制造其他锰化合物。此外,用氨或碳酸氢铵中和含锰废液,再加入硫化物除杂,可制得硫酸铵锰。

(4)钼肥。钼精矿石经过500～550℃氧化焙烧就能获得三氧化钼,用液碱萃取法可制成钼酸钠,用氨浸法可制成正钼酸铵或仲钼酸铵,或三氧化钼。含正钼酸铵的溶液经盐酸或硝酸中和,析出多钼酸铵,溶于稀氨水中可制成仲钼酸铵。仲钼酸铵的稳定性与溶解度都大于正钼酸铵,更适宜用做钼肥。

(5)铜肥。含铜原料经氧化焙烧,生成粗氧化铜,经精制可得氧化铜,也可与硫酸反应得硫酸铜。

(6)铁肥。含铁原料与硫酸反应产生硫酸亚铁,若再与硫酸铵在一定条件下反应,就可获得硫酸亚铁铵。

2.复混微肥 我国目前生产的复混微肥品种较多,使用的原料、生产方法、生产设备各厂不同,故产品质量也没有统一规格,产品的养分种类与含量也不相同,如硅镁肥系列,将硼泥碳化或用硫酸中和至近中性可获得硼镁肥。还可用酸分解硼镁石后,去硼泥,冷却结晶出含硼、镁高的晶体硼镁肥。若在各种磷肥生产过程中加入硼镁肥可获得相应的硼镁磷肥。将氨水或含氨废液加入硼泥获得硼镁氮肥。

在硫铵母液中加入锌灰可获得锌氮肥。若同时加入硼泥,则可得硼镁锌氮肥。

又如,在生产普钙的过程中,加入用氨中和并过滤去渣后的含锰废液,使之与磷矿粉反应,即可获得氮磷锰复合肥。

此外，在氮、磷、钾基础肥料混配中加入微量元素的盐类，即可得含微量元素的混配肥料。生产工艺有以下几种。

(1)团粒法。即在基础肥料混配、粉碎过程中加入微量元素肥料，混匀后造粒、干燥。此法要求物料称量精确，分批均匀投料。按所用物料剂型不同又可分为固体肥料团粒法与肥料料浆造粒法。

(2)散装掺混法。即将粒径大小相同的基础肥料与微量元素肥料直接掺和均匀。此法工艺简单，但应力求物料粒径大小相称。颗粒小，各成分的物理特性接近，才能混合均匀，避免产生微量与大量元素的肥料颗粒严重分离的现象。

(3)包涂法。将基础肥料混配、粉碎，造粒成 1～4 mm 的颗粒状肥料，再用液体黏结剂使粉状(200 目)的微量元素物料包涂于其上，获包衣肥料。这种方法能较好地克服掺混法可能产生的微量元素养分分布不均匀的缺点。

(4)液态肥料混合法。将微量元素溶于基础肥料清夜或加入悬浮液中。当微量元素浓度高或溶解度低时，则制成悬浮液肥料为好。对所掺混的微量元素物料的细度要求通过≤60 孔筛，并充分搅拌均匀，防止产生沉淀或阻塞喷雾器的喷头。

在进行肥料混配前，一定要注意所混肥料的成分之间的化学可混性，选择适宜的肥料品种，掌握混配过程中适宜的酸碱度与温度，使混配肥料中的养分保持较高的生物有效性。

目前国内可作为基础肥料的复混肥有多种系列，例如，尿素-普钙-氯化钾系列；硫铵-普钙-氯化钾系列；硝铵-普钙-氯化钾系列；氯化铵-普钙-氯化钾系列；尿酸-钙镁磷肥-氯化钾系列；尿素-磷胺-氯化钾系列；以及氯化铵-磷胺-氯化钾系列等。

所含微量元素，在种类上可含硼、锌、铁、锰、铜、钼营养元素其中的一种或数种，依用户所在地的土壤类型和栽培作物种类与品种的要求而定，在数量上可按两类情况处理：一类配方属于针对所在地区的土壤与作物条件，为了纠正微量元素缺素症而制定的，这类肥料袋上应标明微量元素的种类与含量，甚至适用的土壤类型与作物种类；另一类属于维持性的，仅仅是为了补充土壤免于过分耗竭的广谱性配方，其特点是微量元素种类齐全，含量较低，危险性小。表 5-1 中载有美国肥料管理协会在 1986 年建议的推荐量，可供参考。

3.有机配合微肥　为了提高或延长微肥的肥效，近年来我国研制与开发了以有机螯合或配合的形式存在的微肥。用天然有机配合剂制成的，有直接在草炭中加入微量元素获得的腐殖质钠硼镁肥，或先从草炭提取黄腐酸再制成黄腐酸二胺铁等。用人工合成有机配合剂制成的，有尿素铁(或锌)配合物、乙二胺四乙酸一钠锌，乙二胺四乙酸二钠锌等。这类肥料往往又作为多元复混肥的基础肥料。

表 5-1 复合肥料中微量元素推荐量(美国)

元素种类	最低保证量浓度/($kg \cdot t^{-1}$)	施 500 $kg \cdot hm^{-2}$ N、P、K 肥所施的微量元素量/kg		推荐量范围/($kg \cdot hm^{-2}$)
B	0.02	0.2	0.1	0.5～4
Cu	0.05	0.5	0.25	5～20
Fe	0.10	1	0.5	—
Mn	0.05	0.5	0.25	5～20
Mo	0.000 5	0.005	0.002 5	0.03～0.12
Zn	0.05	0.5	0.25	3～5

二、微肥的种类与性质

(一)微肥种类与品种

微肥种类繁多,目前没有统一分类标准。按所含微量元素种类分,则可分为硼肥、锌肥、锰肥、铁肥、铜肥和钼肥等;按化合物类型,则可分为有机配合微肥、无机微肥;按营养组成多少分,则可分为单质微肥、复混合微肥等。习惯上多按所含元素分类。在名称上往往多种分法同时混用或直接用化合物名称。现按元素种类将主要微肥的品种及主要性质作简要介绍(表 5-2)。

表 5-2 微量元素肥料的名称、成分、含量及主要性质

肥料名称	主要成分和相应元素含量/%		主要性质和施用说明
硼肥			
硼砂	$Na_2B_4O_7 \cdot 10H_2O$	817.5	白色结晶或粉末,易溶于热水,为常用硼肥
硼酸	H_3BO_3	811.36	白色结晶或粉末,易溶于水,为常用硼肥
硼泥	B、Mg、Ca、Fe	B 0.68～0.58	为工业下脚料,碱性,可直接用,也可做微肥原料
硼镁肥	B、Mg	B 0.95～1.5 Mg 35	成分和含量依制法而异,碱性。含水溶性 B,一般为 0.17%,可达 1.2%～1.55%
硼镁磷肥	B、Mg、P、Ca	B 0.124 MgO 4 P_2O_5 6～14	即含硼普钙,硼泥加量过大会导致磷的有效性降低
硼磷铵	B、P、N	B 0.04～0.10 P_2O_5 42～46 N 12～18	即含硼磷酸铵,淡黄、灰绿或褐色颗粒(1～6 mm),含水 2.5%～1.0%,养分以湿基计算

续表 5-2

肥料名称	主要成分和相应元素含量/%		主要性质和施用说明
锌肥			
硫酸锌	$ZnSO_4 \cdot 7H_2O$	Zn 23	无色结晶，易溶于水，为常用锌肥，农用品 Zn≥21.8%
	$ZnSO_4 \cdot H_2O$	Zn 35	白色粉末，易溶于水，为常用锌肥，农用品 Zn≥35.0%
氧化锌	ZnO	Zn 78～80	白色粉末，溶于酸、碱，多做锌肥原料
氯化锌	$ZnCl_2$	Zn 46～48	白色粉末，易溶于水
硝酸锌	$ZnNO_3$	Zn 21.5，N 9.2	无色结晶，易潮解，与有机物接触能燃烧、爆炸
锌氮肥	Zn，N	Zn 13，N>6	
有机配合锌	ZnNa-EDTA	Zn 14.2(粉剂)	易溶于水
		Zn 6.0(液体)	易溶于水
	$ZnNa_2$-EDTA	Zn 6～14(液体)	
	Zn-HEDTA	Zn 6～10	
锰肥			
硫酸锰	$MnSO_4 \cdot H_2O$	Mn 31	白色或淡红色结晶，易溶于水，Mn 含量随含水量与等级而异，为常用锰肥
氧化锰	MnO	Mn 62	草绿或灰绿色结晶或粉末，不溶于水而溶于酸
氯化锰	$MnCl_2 \cdot H_2O$	Mn 27	玫瑰色结晶，易溶于水
碳酸锰	$MnCO_2$	Mn 33～34	玫瑰色结晶或亮白棕色粉末，稍溶于含 CO_2 的水中
硫酸铵锰	$MnSO_4 \cdot 6(NH_4)_2SO_4$	Mn 26，N 4.4	淡红色粉末，易溶于水
有机配合锰	Mn-EDTA	Mn 12	易溶于水
钼肥			
仲钼酸铵	$(NH_4)_6MO_7O_{24} \cdot 4H_2O$	Mo 54	无色或淡黄色结晶，溶于水，为常用钼肥
钼酸钠	$NaNoO_4 \cdot 2H_2O$	Mo 39	白色粉末，溶于水，为常用钼肥
三氧化钼	MoO_3	Mo 66.6	白色粉末，不溶于水，一水三氧化钼或二水氧化钼均溶于水
含钼废渣		Mo 10～16(水溶态 Mo 1～5，有效 Mo 1.3～6	

续表 5-2

肥料名称	主要成分和相应元素含量/%		主要性质和施用说明
含钼废水		Mo 2～3 kg·kg^{-3}	
含钼普钙	Mo,P 等	Mo 0.001,有效 P_2O_5 ≥12	
铜肥			
硫酸铜	$CuSO_4 \cdot 5H_2O$	Cu 24～25	蓝色或蓝绿色结晶或颗粒状粉末,无结晶水的为绿白色粉末,溶于水,为常用铜肥黑色结晶,不溶于水
氧化铜	CuO	Cu 78.3	黑色结晶,不溶于水
氧化亚铜	Cu_2O	Cu 81.7～84.4	橙红色至暗红色粉末,不溶于水
有机配合铜	Cu EDTA	Cu 8～13	溶于水
	Cu HEDTA	Cu 9	溶于水
含铜矿渣	Cu 及 Zn、Mn、Fe、B、Mo、MgCa、Si、S 等	Cu 0.3～1	不溶于水,磨成 80 目粉体,可做基肥用
铁肥			
硫酸亚铁	$FeSO_4 \cdot 7H_2O$	Fe 18.5～19.3	蓝绿色结晶,易溶于水,为常用铁肥
硫酸亚铁铵	$FeSO_4 \cdot (NH_4)_2 \cdot SO_4 \cdot 6H_2O$	Fe 14	淡蓝绿色结晶,易溶于水
有机配合铁	Fe-EDTA	Fe 5	易溶于水
	Fe-DTPA	Fe 10	易溶于水
	Fe-HEDTA	Fe 5～12	易溶于水
	Fe-EDDHA	Fe 6	易溶于水
尿素铁	$Fe[(NH_2)_2CO]_6 \cdot (NO_3)_3$	Fe 9.3,N 35	天蓝色结晶,酸性,易溶于水
钴肥			
硫酸钴	$CoSO_4 \cdot 7H_2O$	CO 21	用于牧草与饲用作物
氯化钴	$CoCl_2 \cdot 6H_2O$	CO 25	用于牧草与饲用作物

(二)微肥性质

各种微肥的主要性质已在表 5-2 中介绍。简言之,各种微肥的化学性质、物理性状、肥效特性以及价格都各不相同,就其农化性质而言,有共同之处。属于无机盐类的微肥,如硫酸盐、硝酸盐、氯化物、钼酸盐等,易溶于水,为速效型微肥;溶解度小的无机盐微肥,如碳酸盐、磷酸盐、氧化物等,为缓效型微肥;含微量元素的工矿废弃物直接农用也为缓效型微肥；复混微肥则视其所含主要成分的溶解性而定，有的微肥部分水溶性即具有速缓兼备的肥效；有机配合微肥中由合成螯合剂制成的微肥，溶于水，但价格昂贵，天然有机配合物微肥，化学结构还不清楚，价格较低廉，有推广前景。

第二节　微量元素肥料在土壤中的转化

土壤中的微量元素，无论是经过自然环境的变化，如矿物风化与成土过程等，作为土壤组成部分残留下来的，还是由于人类的生产与生活活动而加入的，都在不断地转化着，即一方面在农田生态系统中循环着，另一方面又参与土壤中发生的一切化学、物理、生物化学的反应过程。如图 5-1 所示。

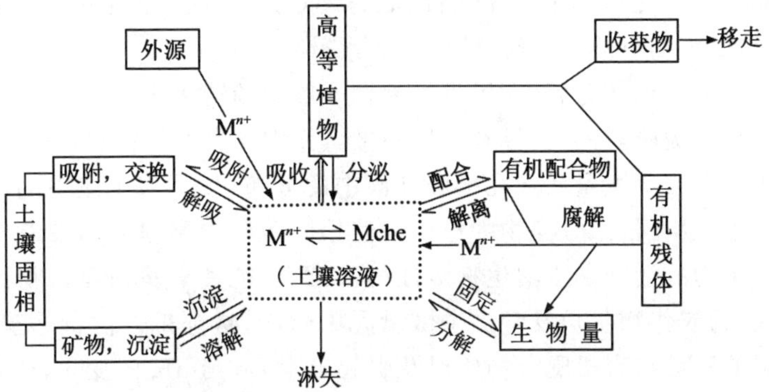

图 5-1　微量元素在农田生态系统中的循环及转化示意图

一、农田生态系统中微量元素的循环

作为肥料施入土壤的微量元素(如图 5-1 右边组线所示)，在土壤-植物-微生物系统中循环着，即植物根系从土壤溶液中吸收营养离子组成植物体，其中的一部分以收获物形式脱离该体系；其余部分以有机残体的形式进入或留在土中，经过微生物分解，重新释放入土壤溶液。分解残体的同时，微生物体也吸收了所需的微量元素，进入生物量中；由于微生物的世代交替频繁，生物量中的微量元素会较快地被释放后又进入土壤溶液。可见，即使是水溶性的微肥，施入土壤后，并不总以离子形式存在于土壤溶液中，这里所讲的农田生态系统中的微量元素循环本身就意味着参与了土壤中的生物化学反应，以生物(包括植物和微生物)的固定与分解，这一对反应的方式在转化着。

二、土壤中微量元素转化的类型及基本概念

微肥施入土后的转化有 4 种类型，即其中所含微量元素以参与四对平衡反应的方式进行转化。这四对反应是：生物化学的固定-分解平衡反应；化学的沉淀-溶解平衡反应；物理化学的吸附-解吸平衡反应以及有机或无机的配合-解离平衡反应。

（一）参与生物化学的固定-分解转化过程

肥料中微量元素参与生物化学的固定与分解过程，其实质是生物自身的代谢活动所致，所以凡影响生物生长发育活动的环境条件，如温度、湿度、pH 与氧化还原反应等，都会影响微量元素的生物化学转化。该过程包括两个内容。

（1）高等植物对微量元素的吸收固定与植物残体腐解，微量元素被释放。

（2）微生物在分解有机残体的同时，吸收所需的微量元素，并组成生物量(biomass)与微生物躯体的分解，使微量元素重新释放。

生物化学的固定与分解，对微量元素在土壤中的转化所起的作用是多方面的：通过高等植物的吸收，一方面导致土壤中微量元素含量的消耗；另一方面由于植物根系的吸收也会改变微量元素在土壤剖面中的分布，使下层土壤中的微量元素养分向根层集中，且在根系分泌物的作用下使根际范围内微量元素的有效性得到提高。土壤微生物的活动是土壤生物活性的基础，它能使大量由有机物固定的微量元素被释放，为农作物生长发育提供微量元素营养，这都是人们所期望的。此外，微生物分泌的酶类与有机配合物质以及引起土壤 Eh 与 pH 的变化，从多方面影响着土壤中微量元素的转化过程。当然，在某些情况下，如秸秆还田处理不当等，微生物有可能暂时或局部地成为高等植物微量元素的竞争者。更为重要的是，微生物活动能促进土壤-植物体系中微量元素的循环，这是改善土壤生态循环的重要组成部分。人类在促进土壤微量元素的生物学转化中能起的作用是：除了为微生物活动创造良好的环境条件外，还可以主动、有计划地向土壤补充有机残体，为微生物提供能源和养分。

（二）参与化学的沉淀-溶解转化过程

土壤固相、液相之间，存在着化学的沉淀与溶解平衡反应。微肥施入土壤后，必然会受到来自化学的沉淀与溶解反应的直接影响，如图 5-1 左下方线条所示。即使是水溶性微肥，其所含的微量元素，在土壤溶液中会与某些成分形成沉淀，导致微量元素养分的有效性下降。至于固相化合物形成的快慢，形成后是否再溶解，则与化学反应的平衡常数有关。从沉淀一溶解平衡反应的基本公式来看：

$$M_aN_b(固) \longrightarrow aM(液)+bN(液)$$

在标准状况下，固体 M_aN_b 的活度为 1，因此平衡常数就是该化合物的溶度积。即：

$$K_{sp}=[M]^a[N]^b$$

近年来的研究结果使人们对土壤中各种微量元素所形成的固体化合物的种类及其相应的反应平衡常数有了进一步的了解，从而对沉淀-溶解反应对微量元素的转化与有效性变化的影响有了定量化计算的可能；同时也为进一步从控制各微量元素有效性的固体化合物种类及其形成条件来研究不同土壤中微量元素的化学行为提供了可能。具体来说，溶度积（K_{sp}）是固体和它的饱和溶液达到平衡时的平衡常数；溶液中阳、阴离子浓度的乘积大于 K_{sp} 时，反应向生成固相沉淀方向进行；反之，小于 K_{sp}，则固相继续溶解，例如，在旱地土壤中，尤其是碱性条件下，铁、锌、铜、锰等微量元素阳离子与土壤溶液中的氢氧离子反应，其 K_{sp} 都小，易产生氢氧化物沉淀。如：

无定形 $Fe(OH)_3$ 的 K_{sp} 为 $1.0\times10^{-37.5}$　　$pK=37.5$

$Zn(OH)_2$ 的 K_{sp} 为 1.2×10^{-17}　　$pK=16.92$

$Cu(OH)_2$ 的 K_{sp} 为 2.2×10^{-20}　　$pK=19.66$

$Mn(OH)_2$ 的 K_{sp} 为 1.9×10^{-13}　　$pK=12.7$

应用 K_{sp} 能清楚地说明，在石灰性土壤中，上述微量元素有效含量相当低，即使施用微肥也往往不能得到满意的效果。应该强调的是，在诸多影响沉淀一溶解平衡反应的因素中，pH 最为突出，尤其是对 Fe^{3+}，在溶液中的浓度，随 pH 的上升而下降，两者之间的关系式为 $pFe^{3+}=3pH-4.5$；$pZn^{2+}=2pH-11.8$；$pCu^{2+}=2pH-8.34$；$pMn^{2+}=2pH-15.3$。土壤中常形成的无机微量元素沉淀有氧化物、氢氧化物、硫化物、碳酸盐、磷酸盐等。在复杂多变的土壤体系中，各种元素会出现多种无机沉淀同时存在，甚至出现共沉淀，沉淀的成分与结构也是复杂和不一致的；各类固相达到反应平衡的速度相差也很大。在研究中，人们还认识到，对各种元素来说，在多种沉淀同时存在的情况下，其中 pK 值最大的沉淀化合物可能就是控制该元素在土壤溶液中浓度极限的固相物质。施入土壤中的水溶性微肥都遵循着沉淀-溶解平衡反应的规律，逐步向 pK 值大的化合物转化，使元素的有效性降低。固相 pK 值的大小与转化速率的快慢影响着微肥入土后的有效性大小及其维持时间。当然，要实际求得土壤中固相沉淀的确切 pK 值是有困难的。

（三）参与物理化学的吸附-解吸转化过程

在土壤固相与液相的界面上，常发生着复杂的表面化学反应，一般称之为吸附与解吸平衡反应。它主要发生于粒径在 200 nm 以下的胶体表面。胶粒具有巨大的比表面与表面能，是土壤中的活性组分，对土壤溶液中的养分离子有强烈的吸持能力；被吸持的离子，在一定的条件下，有可能被解吸，重新进入土壤溶液，如图 5-1 中左上方线条所示。吸附-解吸反应的发生与进行比上述的沉淀-溶解反应要迅速得多。因此，它对土壤溶液中肥料微量元素的动态调控更为明显、快速。吸附微量元素的土壤固相有：黏土矿物，多价金属离子，如铁、锰、铝等的氧化物及其水合氧化物(氢氧化物)，一些难溶性盐类，如碳酸盐、磷酸盐，以及有机质和有机、无机复合体等。不同固相物质的表面吸附力的大小不等，对不同微量元素的吸附位点与吸附量也不同。环境条件，如 pH 等也强烈地影响着土壤固体表面的吸附与解吸。

按结合力与结合方式的不同，吸附可分为非专性吸附和专性吸附。非专性吸附发生在土壤胶体的扩散双电层中，主要靠静电引力，这种吸附是可逆的，被吸附的离子能被相同电荷的离子置换，故又称交换吸附；专性吸附发生在土壤胶体的决定电位离子层中，直接通过共价键或配位键结合于双电层的内层，吸附强度比前者大，并有较强的选择性。在土壤中能进行专性吸附的固相，主要是铁、铝、锰氧化物的水合物。有研究表明，微量营养元素易发生专性吸附，专性吸附能力强的固相首推二氧化锰，其次是氧化铁。然而，一般情况下，土壤中的氧化铁含量远高于氧化锰，因此，对微肥入土后转化的影响还是前者大，它影响到微肥的有效性高低与持续时间。

从元素本身性质来讲，土壤中吸附与解吸反应对其转化的影响明显不同，7 种微量营养元素可分为 4 组：

(1)铁与锰。它们在大多数土壤中的全量都相当高，其有效性与入土后的转化受吸附作用的影响远不及沉淀作用与氧化还原条件来得大；而它们的氧化物与氢氧化物又都是吸持其他微量元素的重要固相物质。

(2)氯。以一价阴离子形式存在，受表面吸附的影响很弱。

(3)锌与铜。它们以阳离子形式被吸附，其转化受吸附与解吸的影响明显。在 pH 6 以下的土壤中，锌、铜分别以 Zn^{2+} 与 Cu^{2+} 形式存在与被吸附。但由于水解常数的不同，对锌与铜又可作进一步区分。锌的 pK 为 9.0、铜的 pK 为 7.5，当 pH 上升至近中性时，铜只有 1/3 保持着 Cu^{2+} 的形式，50% 以上的铜形成 $Cu(OH)_2$，明显地抑制了铜的被吸附；而锌在 pH 7 时，仍有 80%以上以 Zn^{2+} 形式存在，pH 8 时 Zn^{2+} 与 $ZnOH^+$ 形式的离子分别占 30%与 60%以上，此时锌的被吸附才较明显地受到抑制，当 pH 提高到 8 以上，才开始产生 $Zn(OH)_2$。

(4)硼与钼的转化也受吸附与解吸反应的影响，它们是以含氧阴离子形式被吸附。硼具有路易斯酸的特性，解离常数 pK 为 9.2，因此，在 pH 7 以下，基本上是以 H_3BO_3 分子形式存在于土壤溶液中，且多以物理与氢键方式进行分子吸附。pH 7 以上，硼逐步转化为$[B(OH)_4]^-$，到 pH 9 时，$B(OH)_3$ 与$[B(OH)_4]^-$的数量各占 50%。阴离子形式的硼与氢氧化物的氢氧根进行交换吸附或专性吸附，吸附量随 pH 的上升而增加，由于离子态吸附比分子态吸附强，且随 pH 增高而强度加大，故在酸性土壤中硼易遭淋洗，而碱性土壤中硼的有效性明显下降。钼酸的解离常数为 $pK_1=4.0$，$pK_2=4.24$，在酸性范围内，钼以正钼酸离子 MoO_4^{2-} 形式存在于土壤溶液中，并被吸附。有研究表明，土壤胶体对钼的吸附，一般有随 pH 上升而减少的趋势。最大吸附量在 pH 6～6.5，故在酸性土壤上容易发生缺钼，而在石灰性土壤上钼的供应较为充足。

为了对微量元素的吸附与解吸作定量的研究和对研究结果进行系统速理与比较，通常借用吸附等温式进行拟合与描述，长期以来用的公式有：

(1)Freundlich(1926)方程式：$x/m=Kc^{1/n}$，

式中：x/m 为每单位重量吸附剂上对离子的吸附量；c 为吸附过程中的平衡浓度；K，n 分别为常数。

该式也可用对数式表示：即 $\log(x/m)=1/n\log c+\log K$

(2)Langmiur(1918)方程式：$x/m=Kcb/L+Kc$

式中：x/m 为每单位重量吸附剂的吸附量；c 为平衡浓度；b 为最大吸附量；K 为与结合能有关的常数。

该式也可改为直线式：即$\dfrac{c}{x/m}=\dfrac{1}{Kb}+\dfrac{c}{b}$

(四)参与有机配合-解离反应的转化过程

土壤中广泛地存在着配合(螯合)反应，即金属离子利用自身的空轨道，享用其他的电子给予体(配位体)所提供的电子对，结合成配位化合物的化学反应。从广义上统称为配合物，若形成的是环状结构的配合物，则称为螯合物。一些微量营养元素具有明显的配合倾向。土壤中有许多配位体能与微量元素形成配合物，所形成的是水溶性配合物，则以配合离子形式存在土壤溶液中；所形成的是溶解度低的配合物，则使微量元素的活性降低。本节主要讨论有机阴离子与微量元素间的配合与解离反应。它不仅调控土壤微量元素的有效性，也影响着微肥入土后的有效性。无论是螯合微肥、水溶性微肥或是难溶性微肥，施入土壤后都不可避免地要参与有机配合及解离反应。螯合微肥可能会遭解离，水溶性微肥与难溶性微肥，可能被配合，使前者减少固定，后者增加溶解。这一系列的转化甚至会干预到微肥在土述其他类型的转化过程。

土壤中生物活体及其分泌物质与非活体的有机物质中的生物化学化合物种类很多，已明确成分的有：各类的有机酸、多酚、多糖、氨基酸、多肽、蛋白质等。未知或没完全搞清楚成分的更是不少，如有机物分解过程中的一系列中间产物与次生合成的多聚复合物-腐殖质类物质，包括胡敏酸、富里酸等，近年来引起多方面重视的是在微量养分胁迫条件下，植物根际范围内，由根系或真菌分泌的有机化合物，如麦根酸、氧肟类的铁载体等。在上述种种有机物质中能为形成配位化合物提供形成配位键电子对的基团有多种，如烯醇基（$\rangle C{=}C\langle^{OH}$）、巯基（—SH）、胺基（$-NH_2$）、偶氮基（—N═N—）、环氮基（$\rangle N$）、羧基（—COO—）、羟基（—OH）、酚羟基（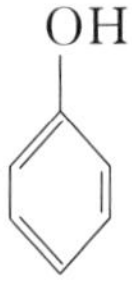

）、羰基（$\rangle C{=}O$）、酯基（$-\overset{O}{\overset{\|}{C}}-OR$）、磷酸基[$-PO(OH)_2$]等。其中主要进行配合反应的是羧基和羟基，也有少量的羰基和胺基。腐殖质是土壤中最重要的天然螯合剂，能与大多数金属离子相结合，腐殖质含有多种功能基团，其中以羧基与酚羟基最为重要，许多螯合作用常由这两种功能基配合进行，如图：

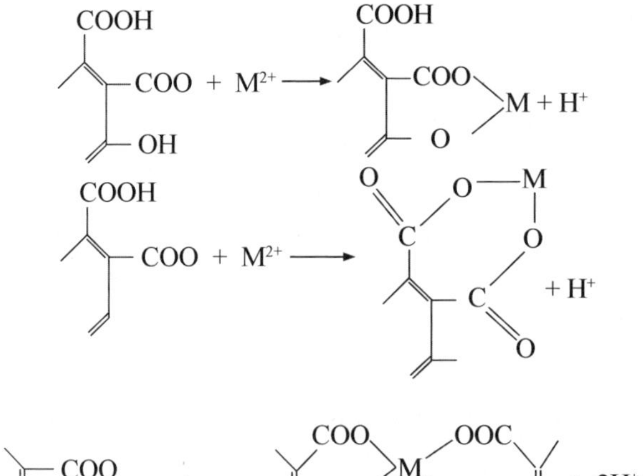

一般来说，分子质量小的有机物质所形成的金属配位化合物多为可溶性的；富里酸分子质量较小且含酸性功能团较多，与金属形成的配合物，其溶解度也较大。

胡敏酸是分子质量大的配位体，尤其是在与黏土矿物相结合的情况下，它所形成的配合物多为难溶性的。

从理论上来讲，微量元素在土壤中能否形成金属配合物，可用配合稳定常数求配合物的稳定程度来判断。

配合-解离反应的基本公式为：$j\mathrm{M}+i\mathrm{L} \longrightarrow \mathrm{M}_j\mathrm{L}_i$

式中：M，L 分别为金属离子与配位体；j 为金属离子的摩尔；i 为配位体分子数。

该反应的平衡常数$\dfrac{K_{\mathrm{ML}}=(\mathrm{M}_j\mathrm{L}_i)}{(\mathrm{M})_j(\mathrm{L})_i}$，$K_{\mathrm{ML}}$ 值越大，表明配合反应越易进行，形成的配合物越稳定。然而在复杂多变的实际土壤环境中，难于获得确切的 K_{ML} 值，因为配合物的稳定性，除与金属离子的种类、浓度以及配位体的类型与浓度有关，且受反应所处的环境条件如 pH、Eh、其他竞争离子种类与浓度（如酸性土壤中 H^+、Fe^{3+}、Al^{2+}，碱性土壤中的 Ca^{2+}、Mg^{2+}）、其他竞争配位体的种类与浓度等的严重影响。近年来的研究表明，微量元素配合物还可被土壤黏粒等吸附，遭受土壤微生物的生物降解与非生物的光降解等，从而也能改变配合物的稳定性。

就重金属离子的配合倾向来讲，总的趋势是：铜＞铁＞锌≥锰。

具体来说：铜具有强烈的配合倾向，结合铜的基团主要是酚羟基和羧基，也可能有少量的胺基和巯基。在土壤中铜主要和腐殖质形成螯合物，其稳定常数高于其他二价离子，且随 pH 升高而增大。有研究报道，Cu^{2+} 的有机螯合物很可能是与多个配位体构成的内圈配合物，稳定性很大。故富含有机质土壤或泥炭土、沼泽土易出现缺铜。

铁也具有较强的配合倾向，能与多种有机阴离子形成螯合物并有一定的溶解度。结合铁的基团主要是羧基和酚基。有资料报道，Fe^{2+} 的富里酸配合物的稳定常数仅低于 Cu^{2+} 的。铁与铜之间存在对螯合剂的竞争。这种颉颃关系表现在，当土壤溶液中铜含量相当高时，植物会产生缺铁症状，而在施用螯合铁肥时，植物对铜的吸收会受到影响。长期以来，人们企图用螯合铁来纠正石灰性土壤上植物的缺铁症。研究结果表明，铁配合物的稳定性受 pH 的影响，碱性条件与高 Ca^{2+} 浓度都会使螯合铁剂的稳定性下降，施入的螯合铁解离。不同有机配位体形成的铁螯合物，稳定程度不同，Fe-EDDHA（乙二胺二羟基苯乙酸）稳定性最高，作为螯合铁肥效果最好。另有报道，土壤的黏粒含量与交换量的增加，会影响螯合铁的肥效，这可能与胶体吸附降低了配合物的稳定性有关。

锌也具有一定的配合倾向，结合锌的基团主要也是羧基和酚羟基，形成配合物的稳定常数一般低于铁和铜，与富里酸的螯合能力也较低。因此，在 Fe^{2+}、Cu^{2+} 大量存在时，螯合物中的 Zn^{2+} 就可能被取代。高 pH、高钙镁与高黏粒也会使 Zn^{2+} 螯合物的稳定性减弱。有报道，在 pH 7.3 以上的石灰性土壤上，施用 Zn^{2+}-DTPA 肥效好，沙性土壤上施用螯合锌肥效果也较好。

锰虽也有一定的配合倾向，但其与天然有机物，如富里酸和人工螯合剂结合的螯合物的稳定性都不高。有报道，在一般土壤中，施用螯合锰可在 2～3 d，甚至数小时内就会消失，故认为施用人工螯合态锰没有太大的实际价值。

总之，在复杂多变的土壤环境中，肥料中的微量元素参与的四对平衡反应是相互联系和相互制约的，并形成一个整体的动态平衡，控制着微肥的一切转化过程。

三、土壤中微量元素赋存的化学形态

微量元素在土壤中的转化与土壤组分的性质及所发生的理、化、生物学反应均密切相关。转化左右着微量元素在土壤各组分之间的分配，而在整个动态平衡体系中的任何瞬间，各种元素有各自的结合状态，即所谓的赋存形态。采用化学选择性连续提取方法对微量元素形态进行分组，这种技术是建立在对土壤固相组分把持微量元素的机理与把持程度强弱已有一定了解的土壤化学知识的基础上，目的是试图获得有关微量元素活性与其变化的、综合的量度概念。尽管形态提取的方法还不统一，采用的各形态的化学提取剂的专一性还不够强，无法将形态严格分清，但近 20 年来国内外的土壤植物营养学、环境化学与地球化学的学者对微量元素、重金属在土壤与水环境中存在的形态开展了大量的研究，并获得了不少有价值的结果。迄今，对微量元素形态的划分有：水溶态、交换态、氧化物结合态（分为氧化锰、无定型氧化铁与晶型氧化铁结合态）、有机结合态（含松结合有机态与紧结合有机态）与矿物结合态（包括原生与次生矿物结合的），在石灰性土壤上还划分出碳酸盐结合态。其中，水溶态和交换态被认为是活性强的形态，占总含量的比例不到 5%～10%。不同的元素种类、不同土壤类型与土壤环境条件（如 pH、Eh 和肥沃程度）等都会改变微量元素在各形态之间的分配比例，如表 5-3 和表 5-4 所示。可见，有机物对铜的结合能力远大于锌，而更多的锌存在于矿物结合态中。土壤 pH 的高低明显影响元素形态的分组，提高 pH 对降低交换态锌的作用远强于铜。

表 5-3　土壤中微量元素锌、铜的形态分组与分配比例　　%

元素	交换态	碳酸盐结合态	氧化锰结合态	有机结合态	无定型氧化铁结合态	晶型氧化铁结合态	矿物结合态
Zn	0.3	0.2	1.3	5.8	2.3	28.5	61.2
Cu	0.2	3.2	1.5	10.9	13.3	31.0	41.1

表 5-4　土壤 pH 对微量元素形态分组的影响

		交换态	碳酸盐结合态	氧化锰结合态	有机结合态	无定型氧化物结合态	晶型氧化物结合态	矿物结合态	全量 $mg \cdot kg^{-1}$
黄红壤	Zn	2	—	3	6	1	16	73	50
pH 5.04	Cu	0.01	—	3	11	4	19	62	25.6
黄棕壤	Zn	<0.5	1	1	9	1.5	30	57	65.7
pH 6.55	Cu	0.2	—	3	17	13	31	36	33.0
黄潮土	Zn	<0.01	1	1	1	3	30	64	62.5
pH 8.25	Cu	0.3	3	0.01	2	14	38	43	26.0

另有研究结果表明，在形态间的分配比例上，经过长期成土过程所残留于土壤中的微量元素与施入土壤的外源微量元素之间存在着明显的差异。前者各形态处于相对、比较稳定的状况，相互间的转化较为平缓，反映出土壤原有微量元素有效供应的丰缺与强度；而外加的水溶性微肥打破了土壤中原有形态间的平衡，初始阶段活性高的形态比例增长很大，然而随着时间的推延，微量元素由活性高的形态向活性低的转化，即微肥的有效性逐步下降。至于转化速率，反映了微肥的施用效果及肥效维持时间，它依元素种类、肥料品种、土壤类型、环境条件而异。对微量元素的形态及其转化的研究可为考虑施肥量、轮作中施用次数与施肥方法等提供科学依据。表 5-5 和表 5-6 为加外源锌的前后，土壤各锌形态占总锌量的比例。

表 5-5　肥料锌在形态分组中的分配　%

外源水溶性锌	交换态	松结合有机态	碳酸盐结合态	氧化锰结合态	紧结合有机态	无定型氧化铁结合态	晶型氧化铁结合态	矿物结合态
加入前	0.40	0.87	0.09	0.97	1.83	2.18	16.90	77.43
加入后	7.83	21.03	7.26	5.68	5.41	5.22	13.40	40.62

表 5-5 中结果表明，外源锌进入形态的顺序为：松结合有机态>交换态>氧化锰结合态>紧结合有机态>无定型氧化铁结合态。可见，肥料锌施入土壤后，在一定时间内，主要分布在活性高的形态中。

表 5-6 在不同 pH 土壤中肥料锌在形态中的分配 %

	外源水溶性锌	交换态	松结合有机态	碳酸盐结合态	氧化锰结合态	紧结合有机态	无定型氧化铁结合态	晶型氧化铁结合态	矿物结合态
红壤	加入前	0.31	0.93	—	0.21	1.03	0.74	9.60	87.20
pH 4.01	加入后	11.00	20.00	—	8.70	8.11	1.32	10.43	44.91
黄棕壤	加入前	0.89	1.61	—	0.76	3.16	2.38	24.85	66.0
pH 5.33	加入后	13.60	24.92	—	2.65	8.16	2.51	13.90	30.87
黄潮土	加入前	n.d.	0.06	0.09	0.13	1.31	3.01	16.24	79.2
pH 7.82	加入后	0.14	18.40	7.30	1.08	0.42	11.28	15.68	46.07

尽管,土壤是一个复杂的基质,但 pH 仍表现出是影响微量元素在各形态之间分配的突出因素。进入土壤的外源锌,在 pH 高的条件下,优先转化为松结合有机态,这是其在碱性土壤中保持有效性的机理;而在 pH 6 以下时,转化为交换态与松结合有机态的比例几乎相当。另有资料报道,石灰性土壤中,在把持外源锌上,磷酸盐也起重要作用。

第三节 微量元素肥料对作物生长、发育及产量与品质的影响

自 20 世纪微量元素营养的必需性被确定与公认以来,在其植物生理功能与纠正缺素方面已有大量的研究工作。有关微肥对作物生长、发育与产量正效应的资料较多,但对作物产品品质影响的专门研究及结果报道还相当少。且对不同元素了解的深度也不同。

一、微肥对作物生长发育及产量的效应

从整体上说,微量元素与农作物生长发育、产量之间的关系可以用图 5-2 来表示。

图 5-2 中,曲线 $ABCDE$,表示了作物生长状况,产量与微量元素含量的关系;同时也表明微量元素含量不足与过量都难以获得高产。当产量 C 为 100%时相应的微量元素含量 c 为最适量,含量低于 c 属于缺乏范围,含量高于 d 属于中毒范围,b 为临界点,含量低于 b 作物表现出明显缺素症状。微量元素含量越低于易,微肥的增产效果越就明显;含量超过 c,若再施微肥就会造成浪费;施用量大到使

含量超过 d，作物就会中毒，产量反而下降。但图 5-2 中所示为一般规律，对不同的元素种类，不同的作物种与品种，其各点具体浓度不会相同，表现出弧形曲线的宽度、凸状也将有所不同。

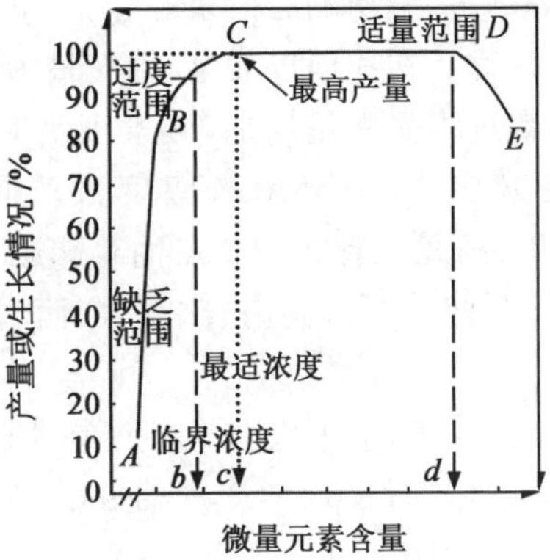

图 5-2　土壤微量元素含量与作物产量的关系

按 A. Kobata-Pendias(1984)汇总的资料(不包括特别敏感或抗性强的类型)简摘于表 5-7。

表 5-7　成熟叶片中微量元素含量的近似值　　mg·kg^{-1}

作物叶片含量(干基)	缺乏	正常	中毒
B	5～30	10～200	50～200
Zn	10～20	27～150	100～400
Mn	15～25	20～300	300～500
Cu	2～5	5～30	20～100
Mo	0.1～0.3	0.2～1.0	10～50
Fe	—	25～300	—

表 5-7 中数值的变幅都相当大，一方面表明作物的忍耐特性不同；另一方面说明受植物基因型差异与生长环境条件影响甚大。

(一)硼肥对作物生长发育与产量的效应

增硼能促进植物生殖器官的发育和受精过程，有利于植物分生组织的细胞分化。施硼肥能克服油菜的“花而不实”，大、小麦的“穗而不实”，棉花的“蕾而不花”，苹果的“缩果病”，柑橘的“硬化病”，甜菜的“心腐病”，芹菜的“茎裂病”，花生的“有果无仁”等，且有利于根系生长，从而改善了作物的生长发育、提高了产量。

不同作物品种的施硼效果有很大差异，其中十字花科、双子叶植物尤其是具有乳液系统的双子叶植物，需硼多，施用硼肥效果好。

1. 硼肥肥效好的经济作物　在我国以油菜、棉花最为普遍。油菜，尤其是甘蓝型油菜，高度需硼，且随生育进程需硼量增加，硼素不足时在各生育阶段的根、茎、叶、花、荚、果都有明显缺素症状，施硼增产幅度大。据中国农科院油料所等1982—1986年在浙江、四川、湖北三省213个点油菜硼肥试验结果，平均增产菜籽26.9%。此外，江苏、安徽、江西、湖北、湖南、广东、广西、福建、云南、贵州、陕西等地都有施硼增产的报道。

棉花：我国缺硼棉田相当普遍，华中农业大学等在13省468个棉花硼肥试验结果表明，90%的试验有增产作用，平均增产皮棉96.7 $kg \cdot hm^{-2}$，增产率10%，南方棉区施硼肥效果好于北方棉区。

甜菜：也是需硼多的作物，据陕西、江西、江苏、辽宁等地试验表明，施硼增产为9.6%～23.7%。

烟草：施硼能促进烟叶生长，增加烟株有效叶数.提高烟株平均单叶重，增加烟叶产量。据陕西、辽宁等地试验资料，增产为22.4%～25.9%。

甘蔗：施硼可增加甘蔗茎径、茎长，增产甘蔗13.2%～15.9%。

2. 豆科作物需硼中等以上，其中苜蓿、三叶草需硼较多　我国大豆施硼增产为9.7%～25.1%；蚕豆一般增产10%左右；据江西、浙江、江苏等地留种试验，紫云英、苕子等施硼增产为17%～18%，鲜草增产25.4%；据湖北、广东、广西、福建等地试验表明，花生施硼增产7.8%～22.5%。

3. 粮食作物，禾本科作物需硼较少，而玉米则需硼较多　据陕西、辽宁、北京、黑龙江等地38个试验报道，施硼增产幅度为5%～15%；黑龙江的草甸土上发生的麦类“不稔”症，施硼可增产50%以上。陕西省有报道，小麦灌浆期喷硼有预防干热风作用，小麦增产10%以上。山西省有报道，谷子施硼平均增产12.2%。

4. 果树林木施硼增产，以柑橘、苹果的报道为多　福建、江西等地柑橘喷硼试验表明，一般可增产20%～30%，多者成倍；品种间有差异，增产效果顺序为：橙＞柚＞橘＞柑＞芦柑＞温州蜜柑。据辽宁等地报道，苹果喷硼一般增产10%以上，高者可达35%～60%，但品种间敏感强度不一：鸡冠、倭锦、红玉、金冠等缺硼症状的表现重于国光。此外，油橄榄出现的丛枝病症在云南、湖北等地普遍发生，而喷施硼肥有效。

5. 蔬菜中喷施硼肥　蔬菜作物中，十字花科的花椰菜、萝卜、豆类、辣椒、芹菜等喷施硼肥有增产效果。

(二)锌肥对作物生长发育与产量的效应

供应锌营养能促进植物叶绿素与生长素合成,改善植物的碳、氮代谢,有利于细胞的正常分裂与生长。施锌肥能克服植物的生长受抑、叶片失绿变白、畸形、茎节短缩、生长点坏死、根系细弱等,如玉米的"白芽病",水稻"僵苗",落叶果树的"小叶病",柑橘的"斑叶病",油桐的"青铜病",果树小叶丛生等病症,从而达到增产。锌肥的施用自20世纪后期引起国内外广泛关注,在我国锌肥的施用数量与面积在微肥施用上可居首位。

在粮食作物,如水稻、玉米,锌肥施用肥效普遍较好。在我国,石灰性、中性水稻土,沼泽地区、滨海盐土地区的水稻土地区上都重视锌肥的施用,江苏、湖北、山东、河北、安徽、宁夏、四川、湖南、浙江先后都有不少施锌增产的报道。如四川多点试验结果,平均增产18.6%;湖北126个试验点结果,早、中、晚稻分别增产12.6%、10.8%和8.2%。

玉米是另一个施锌效果好的作物。在美国自20世纪30年代开始至今施锌已成为种植玉米的有效增产措施。我国自20世纪70年代前期起,玉米施锌显著增产的报道不断增多;内蒙古的结果表明,施锌使果穗秃尖减少了35.1%,使单穗粒数增加了10.6%,穗粒重增加了10.2%,百粒重提高了5.2%。湖北、山东、吉林、江苏、黑龙江、四川、陕西、山西、河南、河北等省在较大面积上施锌都有增产效果,增产幅度为4.5%~28.5%。

小麦对锌反应不很敏感,河南、江苏、新疆、山东、安徽、湖北等地有增产的报道,增产幅度在6%~10%之间,高的可达32.2%;苏联有学者报道,施锌有助于小麦提高抗寒能力,从而能改善其生长和提高产量。

大豆、棉花也有施锌增产的报道。黑土上大豆施用锌肥使株高、单株荚数、粒数、粒重和百粒重等产量构成因素增加,增产3.2%~26.6%。湖南棉花施用锌肥结果表明,施锌单株成桃数增加2.6个,单铃重增加7.7%,增产皮棉10.2%。

果树、茶也有需施锌的报道,北方的苹果、桃,南方的柑橘都有明显增产效果。福建的研究表明施锌能促进茶树生长,早发芽,多发芽,提高鲜茶产量7.8%~17.1%。

(三)锰肥对作物生长发育及产量的效应

锰与植物光合作用关系极为密切,并影响生长素的代谢,对锰肥有良好反应的农作物很多。在我国北方石灰性土壤上,适当施用锰肥有利于促进粮、棉、油、糖、果、蔬菜等作物生长发育和提高产量。锰肥增产作用是:对禾本科主要可增粒、穗、提高千粒重;豆科能增果荚,提高饱荚率与百仁重;棉花能早现蕾结铃,增桃数与提高百铃重;能使甜菜块根增重等。据报道,在江苏省北部的51组小麦试验增产幅度为10%～20%的占80%。山西、江苏等地棉花施锰试验中有2/3可增产10%～20%。国外资料报道,施用锰肥对消除豌豆“杂斑病”、燕麦“灰斑病”、甜菜“黄斑病”都有明显效果。

(四)钼肥对作物生长发育及产量的效应

增加钼营养主要能改善豆科植物的固氮过程以及植物体内的硝酸还原作用,对维生素C的合成也有影响。施钼肥能促进豆科作物根瘤的形成与发育等,改善作物氮素营养,从而提高产量。在我国,钼肥施用首始于东北黑龙江垦区,有近30%的大豆种植面积施钼增产幅度为8.4%～17.5%;湖北、河南等地,在大豆上施钼,平均增产分别为23.1%与4.3%～23.3%。其他豆科作物,如豆科绿肥、牧草以及十字花科,如花椰菜上施钼也有肥效。棉花、甜菜、柑橘、甜叶菊对钼肥有较好反应。施钼肥还能增强植物抗病毒感染能力,如烟草花叶病、桑树萎缩病,从而提高了产量。植物对钼的需要量很小,因此,在酸性土壤上采用施用石灰改善土壤供钼状况以替代施用钼肥,往往也可达到增产的目的。有报道,甚至当每粒种子含钼量为0.5 μg时,就可以满足植株生长过程中对钼的需要。

(五)铁肥对作物生长发育及产量的效应

就植物含量水平而言,铁被认为是微量营养元素。世界范围内有许多干旱、半干旱地区的石灰性土壤上生长的植物易发生缺铁失绿病症,使其生长发育与产量受到影响,严重时可导致死亡。在我国北方石灰性土壤上生长的大田作物、牧草、蔬菜,尤其是果树、林木易出现缺铁失绿症。果树失绿,树势衰退,产量品质也明显下降。增加铁营养能克服上述病症,提高叶绿素含量,改善作物的光合作用、呼吸作用及固氮与氮素代谢过程等,从而使作物能正常地生长发育,获得高产。

在采取施用铁肥以增加植物铁素营养,纠正缺铁病症的实践中,出现的突出问题是不易收到满意的效果。为此,国内外都开展了大量的相关研究。迄今为止,影响铁有效供应的土壤因素已日渐明确,对植物耐铁基因型差异方面的了解也有一定进展,但对双子叶植物缺铁机制问题还有待于深入研究。

(六)铜肥对作物生长发育及产量的效应

铜肥的施用始自丹麦、荷兰、德国等国家,在开垦、耕种沼泽土、泥炭土时作为克服麦类作物,特别是燕麦的“耕作病”“开垦病”或称为“白瘟病”而获得产量的重要农业措施。增加铜素营养可消除作物叶片失绿、畸形、茎节丛生,促穗、保花、结实,从而获得产量或增产。有报道,施用铜肥能克服苹果、柑橘、桃等果树的“夏季顶枯”病症。

在我国,有关于在长期渍水的水稻土上施铜有良好效果的报道。迄今,我国铜肥施用不多，且研究与报道也较少。

必须指出，微量营养元素对作物生长发育是必不可少的，但作物对其需要量远不及大量营养元素多。微肥施用不当，如一次施用过量或长期盲目连续施用就有可能产生毒害，使作物中毒，导致生长发育不良，严重时会造成死亡。

高硼中毒：症状首先从叶尖或叶缘退绿，继而出现黄褐色死斑或条纹，严重时枯死凋落。除施肥外，干旱、半干旱地区常因灌溉水含硼量高造成毒害。不同作物种类对高硼中毒的敏感性不同，梨、葡萄、菜豆、无花果最敏感，大麦、豌豆、玉米、马铃薯、紫花苜蓿、烟草、番茄次之，萝卜、甜菜、棉花耐性最强。建议采用淋洗或适当施用石灰及含钙肥料等措施加以调控。

锌过剩中毒：锌的毒性较小，作物耐高锌含量也较大，但施锌肥不当或工矿、农业生产造成的污染或土壤的酸化等都可能使土壤供锌很高，导致植物中毒。出现叶小、失绿，根生长受抑，植株呈红棕色。土壤遭高锌污染后难以消除，即使采用施石灰提高 pH 也只能暂时缓解毒害。故施用含锌肥料时，必须适量。

锰过剩中毒：锰肥主要用在北方石灰性土壤上，而南方酸性土壤锰的活性很高。因此，锰过剩或中毒现象主要发生在酸性土壤上，酸性土壤施用石灰调节 pH，往往也有消除锰中毒的效果。

钼中毒：植物需钼量是迄今公认的微量营养元素中最少的。相比之下，植物对过量钼的忍耐能力却很强，过量毒害症状极少发生。然而，含钼多的饲用植物对食草动物有害，会导致缺铜，发生钼毒症。为此，对这类植物钼肥的限量主要考虑动物饲用的需要情况。通常建议增施硫酸铜治疗钼毒症。

铜过剩中毒：高铜毒害往往发生在长期喷用波尔多液后，如葡萄园中，铜中毒的植株叶片呈蓝色。对于含铜高的工业污泥、猪厩肥，若施用不当，也会引起植物中毒，抑制铁的吸收，叶片失绿，植株与根系生长受阻。豆科植物对高铜毒害尤为敏感。含铜多的饲用植物对动物有害，对反刍动物尤其是羊，比猪、鸡更为敏感。

亚铁过量中毒：在 pH 较低，强还原条件的渍水土壤中亚铁含量很高，如水稻土长期渍水，排水不良会导致水稻因亚铁过量而中毒，有“赤枯病”“青铜病”之称。叶片出现棕色斑点，进而整个叶片呈棕色，植株生长受抑。施用大量有机肥的情况下，发病更严重。

氯过量中毒：自然环境中氯的分布很广，再循环也快。因此，田间作物很少发生缺氯。肥料中往往都含有氯的成分，专门施用氯肥的情况几乎不存在。然而，氯的过量引起作物生长发育、品质受影响的现象却常有发生。氯的毒害症状为叶尖、叶缘呈灼焦状，叶片早落，根尖死亡. 整株生长受抑。对高氯中毒的敏感程度，作物之间差异颇大；烟草、豆类、柑橘、马铃薯、生菜等易受伤害，而甜菜、大麦、玉米、菠菜、番茄等忍耐力强。毛致远等(1986)报道,受氯化铵中 Cl^- 影响的顺序为:水稻≈棉花<油菜≈玉米<甘薯。

二、微肥对作物产品品质的影响

作物产品品质的内容及标准,依作物使用的部位、器官及使用目的而定。肥料的营养效果与各元素对作物体内的生理生化过程的影响有密切关系,如子实与贮藏器官中的碳水化合物及糖分含量与植物光合作用的活性,同化产物向贮存器官的转移都有密切的关系。可以理解,微量元素也必定会通过其对植物体内生理生化过程的作用,影响到最终的产品品质。但系统报道不多。

(一)改善桑叶品质

施硼可提高桑叶粗蛋白质含量 0.2%~0.8%;施钼增加上位叶粗蛋白质含量 0.6%;施锌粗蛋白、氨基酸、还原糖的含量增加。

(二)改善豆科作物籽实品质

喷硼提高花生的含油率和蛋白质含量。施钼花生含油率比对照提高 0.6%,蛋白质含量提高 1.1%;黄豆施钼蛋白质含量比对照提高 1.0%。

(三)改善油菜籽品质

中国农业科学院油料所试验,油菜施硼肥菜籽脂肪含量增加 0.1%~1.5%。上海多点试验结果表明,施硼的菜籽含油率从对照的 32.4%~44.6%提高到 38.3%~47.2%。浙江省 14 个试验点结果则更高,施硼平均提高含油率 5.7%。湖北省报道,施硼在提高甘蓝型油菜籽含油率的同时,使蛋白质含量下降 2.8%~3.1%。

(四)改善棉花品质

棉花施硼肥可使纤维长度增加 0.3 mm,并且霜前花增加。湖北省在灰潮土上施锰肥棉花的绒长比对照增长 0.8~1.7 cm,衣分率比对照提高 0.1%~0.5%。湖南的试验表明施锌使衣分增加 2.6%,绒长增加 2.0%。

(五)提高产品的糖分和维生素 C 含量

福建省在老蔗区施用微肥试验表明,微肥能增加蔗径还提高含糖率,锌、硼、铜和锰肥分别增加 0.9%、0.8%、0.6%和 0.3%。新疆的试验表明,喷硼使哈密瓜和甜瓜含糖率分别提高 0.5%和 0.4%~1.7%。中国农业科学院甜菜所试验,表明甜菜施硼肥块根含糖率提高 1%左右。中国农业科学院蔬菜所对黄瓜喷硼、锰、锌肥试验,表明维生素 C 分别提高 2.2 倍、1 倍和 1.1 倍,喷硼锰锌混合肥,维生素 C 含量更高。江苏的试验表明,芹菜施锌维生素 C 含量提高 12.6%~31.4%,基施锌肥总糖含量叶柄部分增加 104%,根部增加 38%;纤维素含量下降 8.9%~13.7%。

(六)改善果实品质与产品的商品性

江西省试验结果,在缺硼的南丰蜜橘上喷硼,其硬化果率由原来的1.6%～4.9%下降到0.3%～0.5%,且皮薄、水分多、果渣减少、色美味好。另有报道,施用硼肥能减少苹果、柑橘、草莓、杨梅、番茄等的畸形小果、干斑果,木质化汁少的缩果,消除裂茎芹菜、褐心萝卜、腐心甜菜等。锰、硼、铜肥能明显增加无疮痂病的马铃薯块。

(七)改善人及动物食物链有关的产品品质

微肥的施用不仅为了栽培植物的需要,还应考虑家畜的需要,最终是为了人的需要。产品品质的优劣应包括对人与饲养动物的营养、卫生与保健。施用微肥,通过土壤-植物-动物间元素循环,以求保证人们获得所需的微量元素的种类与数量。据报道,人体中锌的含量远高于动物与植物体,这可能是人们易于缺锌的原因之一。为此,近年来建议人为地通过施用含锌肥料,栽培富锌植物获取富锌产品,作为在人群缺锌较普遍的地区与土壤缺锌地区纠正缺锌措施之一。

另外,施用微肥,调节饲用作物中微量元素之间的比例,以求获得高产、优质饲料,尤其是牧场地上饲草,保证家畜健康。如调整好铜钼之间、铜锌之间的颉颃关系,因为高钼牧草会诱导家畜缺铜,钼过少又会发生铜中毒;反之亦然,铜、锌之间也有类似的关系,锌的多少影响响到铜的吸收等。

第四节　微量元素肥料的有效施用

微肥的有效施用是指尽可能最大限度地发挥其在高产、优质、高效的持续农业中应起的营养作用,而且尽量减少其对作物与生态环境质量可能造成的不利影响。

近半个世纪以来的研究表明:①对作物来说,微量营养元素缺乏或过量都会影响其生长发育,最终导致产量下降,品质变劣。然而微量元素缺乏与过量之间的范围却相当狭窄。②作物对微量元素的需要量,对缺乏与过量的敏感程度上都存在着明显的种与品种之间的基因型差异,且不同元素之间也不一样。③环境,尤其是土壤环境中微量元素的含量,包括全量和有效供应量,与作物体内的含量之间往往有好的相关性和明显的制约效应。④微量元素过量不仅使作物中毒,而且对生态环境也会产生明显不良影响,有时甚至对人、动物的健康与生存造成威胁。为此,与大量营养元素肥料相比,微肥的施用,尤应慎重,要严格掌握。应认真按作物的需求,土壤的有效供应状况,肥料类型和施用的技术、气候条件等合理施用。

一、微肥的有效施用

(一)按栽种作物的需求

作物对微量营养元素缺乏反应的程度因种与品种不同而异,有的极敏感,有的耐受力很强,也有的一般(表 5-8)。这反映了作物对微量元素需求上的基因型差异。

表 5-8 农、饲作物对微量营养元素缺乏的相对敏感程度

作物种类	硼	铜	铁	锰	钼	锌
小麦	低	高	低	高	低	低
大麦	低	高	高	中	低	中
燕麦	低	高	中	高	低	低
黑麦	低	低	—	低	低	低
水稻	—	高	中	中	低	高
玉米	低	中	中	中	低	高
高粱	低	中	高	高	低	高
大豆	低	低	高	高	中	中
蚕豆	低	低	局	高	中	高
豌豆	低	低	中	高	中	低
花生	高	—	高	—	中	中
紫苜蓿	高	高	中	中	中	低
三叶草	中	中	中	中	中	低
马铃薯	低	低	低	高	低	中
芦笋	低	低	中	低	低	低
卷心菜	中	中	中	中	中	高
花椰菜	高	中	高	中	高	—
芹菜	高	中	—	中	低	高
黄瓜	低	中	—	中	—	—
莴苣	中	高	—	高	高	中
洋葱	低	高	—	高	高	高

续表 5-8

作物种类	硼	铜	铁	锰	钼	锌
萝卜	中	中	—	高	中	—
菠菜	中	高	高	高	高	高
糖用甜菜	高	中	高	中	中	中
番茄	中	中	高	中	中	中
薄荷	低	低	低	中	低	低
百蓝香	低	低	—	中	低	低
甘蓝型油菜	高	中	—	中	中	—
苏丹草	低	高	高	高	低	中

微肥应优先施用在需要量大、对缺素敏感的作物上，再按作物正常生长发育的含量范围决定施用量与施肥技术。

通常采用外形诊断与化学诊断相结合的方法来判断是否需要施用微肥。当微量元素严重缺乏时，作物在外观上会表现出缺素的生理症状。因此，外形诊断可作为判断作物体内微量元素丰缺的一种方法。但外观诊断难以确诊，因为外形诊断往往会受植物病害等其他因素的干扰。再者，微量元素缺乏有潜伏性，常在外形还没有充分表现出生理症状以前，体内可能已受到营养障碍，代谢过程已遭受影响。为此，化学诊断是十分重要的判断植物对微量元素需求的手段。化学诊断包括土壤测定与植株某一部位的测定。所测结果按所定的丰缺临界指标加以评价。当然，由于作物体内的元素含量受内、外在因素的影响，如作物品种、生长状况、生育阶段、器官部位的差异；又如土壤、气候条件，其他肥料的施用、栽培管理措施等，要单从植株分析探明作物对微量元素的需求与数量还是有局限的。此外还可以通过酶学诊断开展潜在缺乏的预测预报。

（二）按土壤的有效供应状况

在不同的土壤类型与土壤条件下，土壤微量元素的有效供应状况相差甚大。不考虑土壤的有效供应，盲目施用微肥不仅会造成资源浪费，更重要的是会导致作物受害及生态环境污染。有效供应状况以土壤有效态微量元素的含量来表示，它是判断是否应施用微肥与确定施肥量的直接依据之一，而元素有效含量又受元素的总量和影响其有效化的土壤条件两个因素的影响。

1. 土壤中微量元素的全量　在相当大的程度上取决于成土母质中该元素的含量，成土过程的地带性特征也会影响到微量元素含量在土壤类型间的差异，微量元素存在的结合状态以及剖面中的分布。据报道，成土母质与土壤中微量元素含量间有良好的相关性，r 值的顺序排列为：Zn＞Cu＞Mo＞Ni＞Mn＞Pb。

一般铁、锰、铜、锌在基性岩中含量比酸性岩高，硼则在酸性岩中多于基性岩。在沉积岩形成过程中硼、钼、铜、锌在细粒沉积物中富集。

我国土壤类型中主要几种微量元素的分布趋势，见表 5-9。

表 5-9 我国土壤中微量营养元素的含量 $mg \cdot kg^{-1}$

土壤	硼	钼	锌	铜	锰
全国土壤	n. d. ～500	0.1～6.0	n. d. ～790	3～300	10～9 478
	(64)	(1.7)	(100)	(22)	(710)
砖红壤	9～58	0.5～3.10	n. d. ～323	2～118	10～5 000
	(20)	(1.94)	(103)	(44)	(636)
赤红壤	0.5～72	0.14～3.03	n. d. ～750	n. d. ～44	—
	(24)	(1.83)	(84)	(17)	
红壤	1～125	0.30～11.86	11～492	0.1～91	11～4 232
	(40)	(2.43)	(77)	(22)	(565)
黄壤	5～453	0.10～4.49	14～182	1～122	10～5 532
	(52)	(1.53)	(81)	(25)	(379)
紫色土	20～43	0.32～1.10	48～131	7～54	420～920
	(31)	(0.55)	(109)	(23)	(548)
红色石灰土	20～351	0.50～2.83	93～374	22～283	282～3 627
	(113)	(1.83)	(213)	(57)	(1520)
棕壤	31～92	0～4.0	44～770	18～33	340～1 000
	(61)	(2.30)	(98)	(23)	(270)
黄棕壤	56～100	0.3～1.4	55～122	13～65	200～1 500
	(85)	(0.8)	(94)	(22)	(741)
草甸土	32～72	0.2～5.0	51～130	18～35	280～1 300
黑土	36～69	0.5～2.1	58～66	19～78	590～1 100
	(54)	(1.4)	(61)	(26)	(990)

注：括号内为平均值。

2. 影响土壤微量元素有效性的因素很多 现简要归纳如下：

(1)土壤 pH。它是影响微量元素有效性最突出的因素。总的趋势是：锌、铜、铁、锰、硼都是随 pH 的升高，有效性下降，钼则反之。

(2)土壤的氧化-还原电位。土壤 Eh 对变价元素的影响尤为明显。随着 Eh 的下降，土壤中铁、锰被还原，有效性提高，且在相似的 Eh 值下锰比铁易被还原，难被氧化。在铁、锰氧化物被还原的同时，这些氧化物所包蔽与吸附的其他微量元素也被释放，有效性得到提高。研究工作还指出，铁、锰的氧化还原还受土壤 pH 的影响，pH 越低，越易被转化，其有效性越高。

(3)土壤有机质含量。由于有机质对微量元素的配合作用与吸附作用，在不同的情况下，有机物质可以起固定微量元素的作用，使其有效性下降，然而也可以起到抑制微量元素被吸附或沉淀的效果，提高其有效性。

(4)土壤微生物的活动。微生物对土壤中微量元素有效性的影响，除了分解有机物释放元素、组成微生物机体和固定元素这样的直接作用外，还有改变土壤 Eh 与 pH 从而起到间接影响的作用。

可见，影响土壤微量元素有效性的因素又是相互影响与制约的。实际上在土壤中所产生的影响比实验室研究要复杂得多。

为了在全国范围内摸清土壤微量元素有效供应状况，便于在宏观上指导施肥与微肥分配，中国科学院南京土壤所刘铮等，在多年大量的土壤调查分析与微肥试验的基础上，按元素分别绘制了我国土壤有效态微量元素含量图和缺素地理分布图等，为合理施用微肥提供了可靠的土壤资料。

(三)按微肥的类型施用

1. 含微量营养元素为主的肥料 这些在第一节中已有详细阐述，并归总于表 5-2。肥料中微量元素化合物类型，其可溶程度与施用技术及效果有密切关系。一般来说，易溶的无机盐类，属速效性微肥，可叶面喷施，种子处理，也可以施入土壤，但应注意其在土壤中的转化，防止被固定。溶解度小的无机盐类，含微量元素的工业废渣，多为缓效性微肥，应施入土壤做基肥，要注意利用或创造有利于提高其溶解度的土壤条件，以提高其肥效。配合微肥，属水溶性在溶液中不解离，其农业化学效果优于无机微肥，主要是能减少土壤对微量元素的固定，或避免微量元素在复混肥中沉淀而导致的微肥失效，可以叶面喷施，也可施入土中。

2. 施用其他肥料可能带入的微量营养元素 除上述专门制成的微量元素肥料外，在施用其他肥料时也可因肥料中含有微量元素，在一定的程度上而起到增施微肥的效果。然而往往不一定能达到纠正缺乏症的目的。下面列举一些做基肥施用的工、农业废弃物所含微量元素的数量(表 5-10，表 5-11)。

表 5-10 一些肥料中微量元素含量 mg·kg^{-1}

肥料名称	硼	钼	锌	铜	锰	铁	钴
无机肥料							
磷矿石	72	555	187	32	975	109	—
过磷酸钙	132	355	165	15	890	—	77
重过磷酸钙	212	270	418	49	75	—	47
磷酸二铵	396	75	112	7.2	307	—	19
尿素	1.0	5.3	4.0	0.6	0.5	—	—
硝酸铵钙	9.0	5.6	7.6	2.8	25	—	66
硫酸铵	—	6.0	11	0.8	3.5	—	24
农用石灰	4	1.1	31	2.7	330	4 300	1
(含量范围)	(1～11)	(0.1～92)	(1～425)	(0.3～89)	(20～3 000)	(100～31 100)	(1～6)
有机肥料							
牛粪	22.8	3.7	187	16.3	355	1 592	—
(有效量)	(27)	—	(11.9)	(3.4)	(62.9)	(69.3)	—
猪粪	21.7	3.0	199	50.0	291	1 845	—
(有效量)	(2.6)	—	(16.2)	(9.0)	(55.5)	(26)	—
鸡粪	24.0	4.2	130	13.0	143	1 901	—
(有效量)	(3,0)	—	(29.0)	(3.3)	(14.9)	(29.3)	—
羊粪	30.8	3.4	146	23.0	172	1 921	—
(有效量)	(5.0)	—	(32.2)	(5.0)	(19.0)	(19.2)	—

表 5-11 城市垃圾和煤灰中微量元素含量 mg·kg^{-1}

		Zn	As	Cd	Co	Cr	Cu
全国不同垃圾	幅度	—	0～370	0～13	6～12	4～112	24～165
堆场垃圾肥	均值	—	93	2.1	9	26.5	78.7
城市垃圾性的纯煤灰	幅度	67.5～174.8	26.1～37.5	1.25～1.35	—	9.5～26.0	60.5～80.5
天津市混流污水污泥	幅度	312～3 120	—	0.095～45.0	—	0.19～950	78～2 960
粉煤灰(英国)	幅度	90～130	70～110	5～10	—	10～140	80～230
		Hg	**Ni**	**Pb**	**Mn**	**Sn**	**B**
全国不同垃圾	幅度	0～30	17～48	0～146	112～888	0～119	—
堆场垃圾肥	均值	9.2	25.5	39.6	330	24.3	—
城市垃圾性的纯煤灰	幅度	0.008～0.431	—	35.0～94.8	—	—	—
天津市混流污水污泥	幅度	2.13～9.10		44～1 680	—	—	—
粉煤灰(英国)	幅度		—	90～380	—	—	130～430

表5-11中所载数值由于资料的来源不同，一般难以相互比较，但能反映出趋势。总之，农业废弃物中对生物有害的成分少，但微量元素含量远不及矿石与工业废弃物的多。工矿业废弃物的农用可发挥其有利于农业生产的一面，然而多数还带有废弃物土地处理的目的。除施入了植物必需的微量营养元素，还随之带入了目前尚未公认是营养元素，甚至是有害的元素，数量往往相当可观。为此，在利用固体废弃物时，应切实执行用前必须先测定，有控制地施用以及定期对作物与土壤进行监测等一系列措施，既做肥料用，又要防止污染。

(四)按气候条件施用

温度和水分是影响微量元素肥料施用效果的主要因子。低温条件下，作物更容易缺锌，因此在相同的土壤条件下施用锌肥，低温多雨的年份常比干旱高温年份的效果好。硼与水分的关系很密切，降水和蒸发引起土壤水分运动也影响土壤硼的消长。降水量较多的地区土壤有效硼的含量较低，而降水量较少的地区土壤有效硼的含量较高。此外，土壤有效硼多以质流的方式进入植物体内，气候干旱植物的吸硼量减少，易引起缺乏。钼与硼有类似之处，植物对钼的吸收量与湿度之间的关系比与pH的关系更密切。排水不良的土壤常积累较多的MoO_4^{2-}，以致植物吸钼量过多，甚至造成以此植物为食的动物产生钼中毒。在降水较多的地区和年份，土壤中钼的淋溶较强，导致植物缺钼。

总之，在微肥的施用过程中，必须坚持适时(土壤缺乏时、作物需要时)、适量(施用量合理，防止中毒)和施用均匀的原则。

二、微肥的施用方法

微肥的施用方法与大量养分肥料基本相同，大体是两种：即施入土壤与直接施在植株上。后者包括叶面喷施，种子处理以及幼苗根部处理等。由于微肥用量少，作用专性强，多数建议采用大量养分肥料与微肥混合或配合施用，以达到施用均匀，养分平衡，全面满足作物生长发育的需要。

1. 土壤施肥　施入土壤做基肥，供植物整个生育期的需要，也可作为植物早期生长所需。微肥施用方式很多。做基肥往往在播种或移植前将微肥与细土，或有机肥或大量元素肥料尽可能均匀地混合后撒于田面，随即耕耙入土。基用与早期追用也可采取条施或兑水泼浇等方式。追肥，稻田可与细土拌后撒施，也可兑水泼施；旱地一般是兑入粪水中施用，沟施、条施、穴施均可。

2. 植物施肥　直接施在植物的茎叶、根系或种子上。施用方式也很多。但要严格控制用量与浓度以防伤害植株。

(1)叶面喷施。将肥料兑水配成一定浓度的稀溶液，一般在0.1%以内，有时可增大到0.2%，甚至达0.5%。喷于植物叶、茎表面。通常对多年生作物，如果木或纠正缺素症时采用。能结合农药喷用则更方便，喷洒的微肥溶液应避免溶解不完全或产生沉淀，否则影响肥效，甚至导致植物受害。

(2)种子处理。在播种前将微肥直接附着于种子上，以保证植物出苗后与苗期所需。肥料用量省，操作方便。主要包括浸种、拌种和包衣等。

①拌种。将水溶性微肥配成一定浓度的溶液，一般每千克种子用肥0.5～1.5 g，将种子重量1/10的溶液喷洒到种子上，并均匀搅拌，使种子外面沾上一层溶液，堆闷3～4 h，阴干后播种。

②浸种。将种子浸泡在浓度为0.1%～0.5%微肥稀溶液中12 h，使肥料随水进入种皮，然后稍稍晾干即可播种。此法适于处理少量种子。当播种面积较大，浸种数量较多时，如遇阴雨，种子不能及时晾干，就会遭至发热或长霉，影响发芽率。

(3)根部处理。将微肥调成稀泥浆，将根部蘸上肥浆或在制作营养钵时加入微肥等，有利于改善植物苗期营养。

土壤施肥，因施用量较大，不仅能满足当季作物的需要，且有一定的后效；而植物施肥主要供当季作物利用，甚至供植物在某一主要生育时期利用，选用何种施用方法依施肥的目的和要求而定。在生产实际中往往酌情建议土壤施用与植物施用相结合，种前做基肥施用与生长期间追施相结合，有利于满足作物整个生育期的需求，达到高产、优质的目的。

三、常用微肥的合理施用

(一)硼肥的施用

1.我国土壤缺硼概况　我国的低硼与缺硼土壤分布很广，主要在东部，尤其是东南部，就其缺硼原因可分为：

(1)酸性母质含硼量低，这些缺硼土壤主要分布在福建、广东大部分地区、江西与浙江南部的红壤；湖北、河南，安徽大别山两麓、陕西南部，汉水两岸的黄棕壤；四川的紫色土。

(2)母质中硼以难风化的矿物-电气石的形态存在，水溶性硼很少，如分布在山西、陕西中部和北部、甘肃与青海的东部、河南以及东北部分地区的黄土母质、黄土性物质和黄河冲积物发育的黄绵土；华北和淮北平原的黄潮土；长江中下游两岸下蜀黄土发育的黄棕壤；江西和湖南中部、安徽南部、浙江西南部第四纪红色黏土发育的红壤；我国西南部石灰岩发育的石灰岩土、黄壤、红壤等。

(3)土壤 pH 高或有机质含量高导致土壤硼可给性低。①研究表明,在 pH 4.7～6.7 之间水溶性硼含量随 pH 增高而增加,pH>7 则反之,这是由于高 pH 条件使土壤中铁、铝氧化物与黏土矿物对硼的吸附量增加。故石灰性土壤、酸性土壤过量施用石灰都会出现土壤有效性硼供应下降。②一般情况下,土壤有机质是硼的供给源,且由于腐殖质羧基的吸附对硼的保存有利,故有机质含量低的沙性土,硼易遭淋洗而缺乏。然有机质含量虽高,但在干旱或地势低洼、排水不良的条件下有机质分解缓慢,被固定的硼不能释放,也会导致土壤缺硼,如黑龙江的草甸土和白浆土就发生这类现象。

2. 土壤与作物需硼的判断指标

(1)土壤可给态硼的分级和评价指标,至今一直沿用热水溶性硼的含量来评价土壤硼有效供应状况,见表 5-12。

表 5-12　土壤水溶性硼含量分级与评价

分级	评价	含量/($mg \cdot kg^{-1}$)	对缺硼敏感的农作物的反应
Ⅰ	很低	<0.25	缺硼,作物可见缺硼症状
Ⅱ	低	0.25～0.50	潜在性缺硼,作物无可见缺硼症状
Ⅲ	中	0.51～1.00	不缺硼,作物生长正常
Ⅳ	高	1.0～2.00	
Ⅴ	很高	>2.00	硼过剩,作物生长受抑
	缺临界值	0.5	

该分级标准,会因土壤质地、作物敏感程度而浮动,故有人建议:

硼供应不足　轻质土壤<0.25 $mg \cdot kg^{-1}$;黏重土壤<0.40 $mg \cdot kg^{-1}$。

硼供应充足　轻质土壤>0.50 $mg \cdot kg^{-1}$;黏重土壤>0.80 $mg \cdot kg^{-1}$。

(2)作物含硼范围与营养诊断指标　对硼的需求量,作物种与品种之间有相当明显的差异。大多数双子叶植物对硼的需要量大于单子叶;十字花科与伞形科对硼需求量高,抗高硼能力也强;根用植物需硼也较多。

正常植物含硼从 2～3 到 100 $mg \cdot kg^{-1}$ 左右。禾本科植物一般<10 $mg \cdot kg^{-1}$,其他植物则在 20～100 $mg \cdot kg^{-1}$。低于 15 $mg \cdot kg^{-1}$ 就可能硼不足,高于 200 $mg \cdot kg^{-1}$ 则往往有中毒现象。要对某种作物提出单一的缺乏临界值数据既不容易也不可靠的,一些科学工作者试图提出一个范围。不同来源,出入颇大,现选摘如下,供参考(表 5-13)。

表 5-13 作物含硼范围和诊断指标 mg·kg^{-1}

作物(生育期,部位)	硼含量状况(干基)		
	缺乏	适宜	过剩
水稻	5～13	—	>100
冬小麦(开始拔节,地上部)	—	5～10	—
燕麦(开始拔节,地上部)	—	5～10	—
草类(始花期)	—	5～20	—
玉米(地上部)	1.0～2.0	5～8	25
甘蔗	4.0～5.0	—	—
油菜(叶片)	5～10	20.2	—
油菜(开始发育前,成熟叶片)	—	30～60	—
甜菜	5～8	—	—
甜菜(发育成熟)	—	30～100	—
甜菜(中部刚发育完全叶)	<20	31～200	201～800
棉花	5～16	—	—
棉花(叶片)	16	16～138	187～306
马铃薯(始花,老叶)	—	30～50	—
山芋(地上部)	16	118	310～1 410
大豆	5～10	—	—
苜蓿(始花,地上部)	—	30～100	—
苜蓿(最上部 1/3,初花)	<20	31～80	80～100
芹菜(叶片)	15	27～48	—
番茄(上部成熟叶片)	<10	30～75	76～200
柑橘	20～40	—	—
柑橘(4～10 个月叶龄)	<15	50～200	2～250
苹果	4.8～20	—	—
苹果(新梢基部叶片)	<25	25～50	>50
桃	11～19	—	0
桃(花后 12～14 周,新梢中基部完全叶)	<28	28～43	>43
葡萄	5～26	—	135～376

3.我国硼肥有效地区概况 按我国土壤缺硼程度可分为3个地区(图5-3),相应的肥效的高低也分为3个区,可供实际应用时参考。

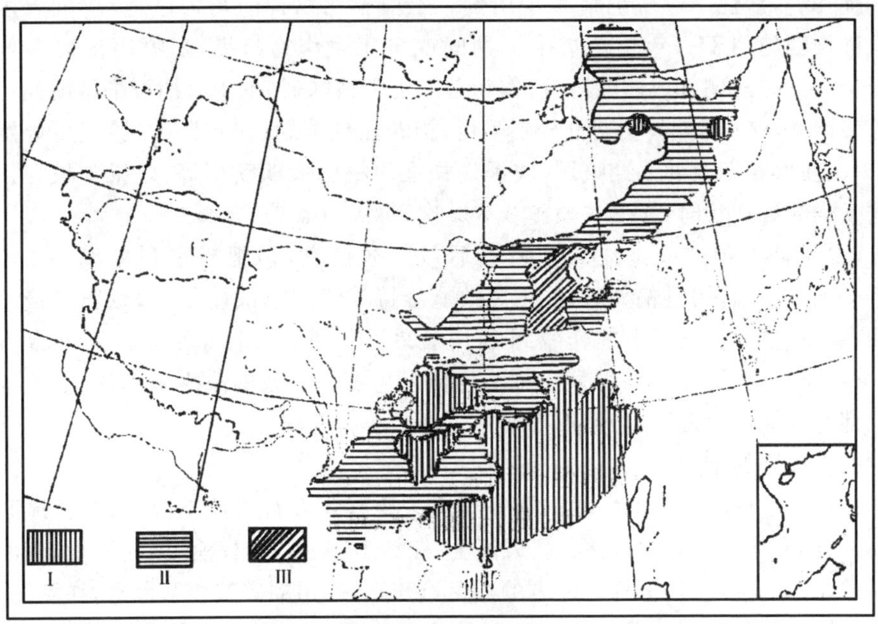

图5-3 我国缺硼土壤分布图

Ⅰ.严重缺硼 Ⅱ.缺硼 Ⅲ.可能缺硼

(1)硼肥显著有效区。土壤水溶性硼<0.25 mg·kg^{-1}。在南方,分布于红壤、赤红壤、黄壤、紫色土等,其中以花岗岩及其他酸性岩石发育的土壤尤为显效,种植甘蓝型油菜、棉花、花生、大豆等需施硼肥。在北方,分布在排水不良的草甸土和白浆土上,种植小麦、大麦、玉米、甜菜、大豆等需用硼肥。

(2)硼肥有效区。土壤水溶性硼为0.25~0.5 mg·kg^{-1}。在南方,分布于红壤、黄棕壤、石灰岩土等,种植甘蓝型油菜、棉花、花生、大豆等有潜在性缺硼,施硼有效。在北方,分布在塿土、黄绵土、褐土、棕壤等,种植小麦、大麦、玉米、甜菜、大豆等,施硼有效。

(3)硼肥可能有效区。土壤水溶性硼<0.5 mg·kg^{-1},在黄潮土、褐土、棕壤上不含盐分的情况下,硼肥可能有效。

4.硼肥的施用技术 我国应用最广的是硼砂,主要用于土壤施肥,也有用硼酸,进口硼肥品种名为“Solubor”($Na_2B_4O_7 \cdot 5H_2O + Na_2B_{10}O_{16} \cdot 10H_2O$),由于能在冷水中充分溶解，土壤施用与叶面喷用均适宜。

(1)用法与用量。土壤施用时对需硼较多的作物，建议用硼 2～4 $kg \cdot hm^{-2}$，对其他作物，沙性土壤应酌情减少用量。土壤施用以种前均匀撒施，耕翻入土为宜。叶面喷施用于一年生作物生育期间或多年生作物与果树，喷用浓度一般为 0.1%～0.2%的硼砂或硼酸溶液，作物苗期可酌情降低，果木后期可酌情略高。油菜移栽前 1～2 d，苗期、薹期可分别喷用；棉花在现蕾期、初花期、花铃期可分别喷施；果树在盛花期及幼果期喷用；块根作物在块根膨大期喷用等，效果都较好。当田间发生缺硼症状时，应尽快喷施 2 或 3 次，每次间隔 5～7 d。

(2)注意事项。一是注意利用其后效。据报道，硼肥当季利用率为 2%～20%。土壤施用，用量偏大时，往往后效能维持 3～5 年，故轮作中，硼肥尽量用于需硼多的作物，而需硼少的作物可利用后效。另外，防止高硼毒害。土壤施用 >3 $kg \cdot hm^{-2}$ 时，尤其在酸性土壤上可能发生毒害。条施或撒施不均，喷施浓度过大都有可能产生毒害，应慎重对待。

(二)锌肥的施用

1.我国土壤缺锌概况　我国缺锌土壤主要有北方石灰性土壤，如黄土地区的黄绵土、𪻐土、褐土、棕壤、暗棕壤、栗钙土、棕钙土、灰钙土、棕漠土、灰漠土，黄淮海平原的黄潮土、砂姜黑土等。南方的黑色石灰土，四川的碳酸盐紫色土，在湖北、湖南、安徽、江苏各省北部及四川的石灰性水稻土等。土壤缺锌原因可分为两个方面：①土壤全锌含量低。酸性岩发育的土壤远比基性岩的低。含锌矿物与岩石易被风化，故质地较轻的土壤全锌量低。有机质含量少的土壤全锌也低。②土壤锌的有效供应差。在影响土壤锌有效性的土壤理化条件中，pH 的作用最为突出，它影响着锌的土壤化学行为。在碱性条件下，土壤锌的有效性很低。有报道，每当土壤 pH 增高一个单位时，锌的有效性会下降 100 倍。在土壤 pH>6.5 时，易发生作物缺锌。此外，土壤结构不良、温度过低，土壤淹水、可给态磷含量过高等也都会降低土壤锌的生物有效性。

2.土壤与作物需锌的判断指标

(1)土壤有效态锌的分级和评价指标：习惯采用的有效态锌提取剂，依土壤 pH 而异；一般地，酸性土壤用 0.1 $mol \cdot L^{-1}$ HCl，中性与石灰性、碱性土壤用 DTPA(pH 7.3)溶液提取。所获土壤有效态锌含量的分级与评价载于表 5-14。

(2)作物含锌范围与营养诊断指标：不同的来源与植物种类含锌量相差甚大。以干基计，可从 1～1 000 $mg \cdot kg^{-1}$，而大多数作物和牧草在 20～100 $mg \cdot kg^{-1}$ 之间，在 10～20 $mg \cdot kg^{-1}$ 之间时易表现缺锌，现引用部分国外资料供参考(5-15)。

表 5-14 土壤有效态锌含量分级与评价

分级	评价	锌含量/(mg·kg^{-1})	
		0.1 mol·L^{-1} HCl 提取	DTPA(pH 7.3)提取
Ⅰ	很低	<1.0	<0.5
Ⅱ	低	1.0～1.5	0.5～1.0
Ⅲ	中	1.6～3.0	1.1～2.0
Ⅳ	高	3.1～5.0	2.1～5.0
Ⅴ	很高	>5.0	>5.0
	缺锌临界值	1.5	0.5

表 5-15 作物含锌范围和诊断指标

作物(生育期,部位)	锌含量及评价范围/(mg·kg^{-1},干基)				
	缺乏	低	正常	高	过剩
玉米叶(营养生长期)	0～10	11～20	21～70	71～150	>150
大豆叶(营养生长期)	0～10	11～20	21～70	71～150	>150
小麦、大麦、燕麦(苗期)	0～10	11～20	21～40	41～150	>150
烟草(营养生长期)	—	0～20	>21	—	—
糖用甜菜(营养生长期)	0～10	11～20	21～70	>70	—
马铃薯	—	1～16	17～40	>30	—
紫花苜蓿(地上部)	0～8	—	—	9～14	—
草(营养生长期)	—	—	15～80	—	—
番茄(叶)	0～10	11～20	21～120	>121	—
柑橘(叶)	0～15	11～26	26～80	81～200	>200
苹果(叶)	0～15	16～20	21～50	>51	—
桃树(叶)	0～16	17～20	21～50	>51	—
梨树(叶)	0～10	11～16	17～40	>41	—
葡萄(叶柄)	—	0～30	31～50	>51	—

3. 我国锌肥有效地区概况 我国施锌有效地区依肥效的大小分为 3 个分区，可供实际应用时参考(图 5-4)。

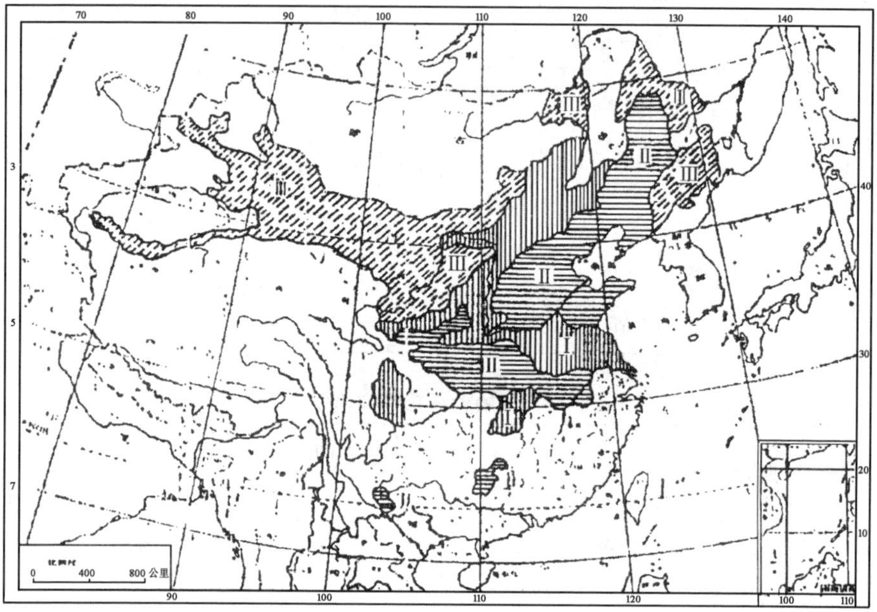

图 5-4 锌肥的施用分区

Ⅰ. 锌显效区 Ⅱ. 锌有效区 Ⅲ. 锌可能有效区

(1)锌肥显著有效区。土壤有效锌含量(DTPA 提取)$<0.5\ mg \cdot kg^{-1}$。该区分布的土壤类型有黄潮𪸩土、砂姜黑土、黄绵土、𪸩土、褐土、棕壤、暗棕壤、碳酸盐紫色土和石灰性水稻土等，种植高粱、小麦、棉花、甜菜与一些豆科植物以及苹果、梨、桃等果树施锌都有效；玉米、水稻尤为明显，可作缺锌的指示植物。

(2)锌肥有效区。土壤有效锌含量(DTPA 提取)在 $0.5\sim1.0\ mg \cdot kg^{-1}$。该区分布的土壤类型与需施锌的作物都与前一区基本类同，仅土壤有效锌略高，但仍处于低水平。

(3)锌肥可能有效区。由于该区土壤有效锌含量低于缺锌临界值，这类情况在酸性土壤地区也出现，有待进行生物试验。目前已有报道证实，有柑橘缺锌症状且施锌有效。

4. 锌肥的施用技术 我国目前最常用的锌肥为硫酸锌与氯化锌，也有用氧化锌以及有机配合锌。前两者为水溶性肥料，氧化锌则溶解度低，磨成细粒，粒径越细，肥效越好。有机配合锌建议用在固锌强的土壤上。

(1)用法与用量。锌肥可以土壤施用或叶面喷施,也有采取种子处理方法。

土壤施用,可在播前撒施,或对条播作物播种前条施。由于锌移动性差,施后翻人耕层的效果比表施好。施用锌量可从 4.5～37.5 $kg \cdot hm^{-2}$,具体按作物种类、土壤性质、施用方法、肥料种类等而异;对缺锌敏感的作物,如玉米、水稻等用量要大些,黏性土、石灰性土上用量要大些,撒施比条施用量也要大些。可溶性差的锌肥,颗粒细些,撒施与土充分混合,用量大些效果就好些。有机配合锌用量比无机锌要小些,施后结合灌水效果更好。据报道,锌肥利用率不高,第一季水稻为1%～3.5%,故有后效,在用量大时尤为明显。

叶面喷用,常用于蔬菜、果树作物,喷用浓度一般为 0.05%～0.1%硫酸锌,果树作物可用到 0.5%。作物生长前期与果树早春喷锌肥效果好;一般需喷 2 或 3 次,每次间隔 5～7 d。

锌肥也可以拌种、包衣、浸种及蘸根,然而浓度要慎重,以免伤苗,一般采用0.1%硫酸锌溶液。国内外都有报道,采用种子 20 $g \cdot kg^{-1}$ 锌(硫酸盐或氧化物形式)进行包衣,取得很好效果。

(2)锌肥的后效与中毒的可能。基施锌肥,一般后效可维持 3～5 年;施用量越大,后效越明显。有报道,用锌量超过 45 $kg \cdot hm^{-2}$ 时,当季作物会出现过剩中毒现象。

(三)锰肥的施用

1. 我国土壤缺锰概况　我国缺锰与低锰土壤基本上分布在北方。碱性、石灰性土壤、质地轻的土壤与有机质土壤上易发生缺锰现象。

土壤锰供给不足与多方面因素有关。一般来说,土壤全锰量与成土母质有关,基性火成岩、沉积岩发育的土壤含锰量高于酸性火成岩,而砂岩发育的则更低。地带性成土过程中的自然因子往往也会明显地改变母质原有的影响,如砖红壤化过程中土壤锰的富集,热湿地区土壤锰的淋溶等。锰属于变价元素,它在土壤中以二、三、四等多种价态的离子或化合物存在,因此,土壤中锰存在的状态与聚移情况都相当复杂、多变,与土壤条件密切相关,其变化规律又往往难以定量化。至于土壤锰的可给性,更是由所在土壤的理、化、生物学条件所决定。植物能吸收利用的锰为 Mn^{2+}。土壤中能供植物根吸收的 Mn^{2+},主要以水溶态与交换态的形式存在。其数量则受土壤多种条件所控制,其中以土壤 pH 与 Eh 影响最为显著。在土壤 pH 4～9 范围内,每提高一个 pH 单位,Mn^{2+} 浓度下降 100 倍,并且在 pH 6～8 时,Mn^{2+} 浓度明显地受到 Eh 高低的影响,在微碱性反应下 Mn^{2+} 随 Eh 增高氧化为 Mn^{3+},当碱性继续增强 pH≥8,Mn^{3+} 则被氧化成 Mn^{4+}。图 5-5 简要地阐明了土壤中 Mn^{2+}、Mn^{3+}、Mn^{4+} 之间的转化与动态平衡关系。

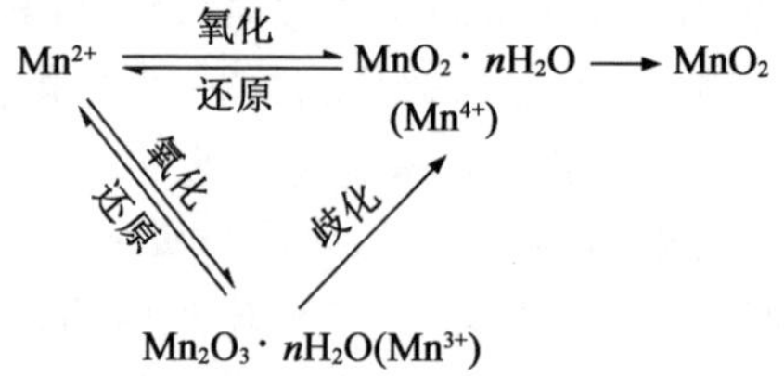

图 5-5　土壤中 Mn^{2+}、Mn^{3+}、Mn^{4+} 间的关系

但实际情况要复杂得多，比如：

(1)锰的氧化作用不仅是化学反应，也有某些细菌与真菌参与的生物反应。在 pH>5.5 时，生物氧化作用很强，在通气良好，pH 为 7 时最强。当土壤有大量有机物质分解时，就可能发生还原反应。

(2)铁与锰有相似的氧化还原等化学性质。它们在交叉作用中能产生共沉淀，如锰标准氧化还原电位较高，比铁易于还原而难以氧化，故相互影响着彼此的聚移与活性。

(3)土壤中还存在着其他有机、无机阴离子与有机、无机胶体都能分别与 Mn^{2+} 产生沉淀或吸附，影响到土壤中 Mn^{2+} 的浓度，改变着土壤锰的可给性。

总之，总的表现趋势是：在我国华北平原、淮北平原、黄土高原及西北干旱地区等，pH>6.5 的含碳酸盐的土壤皆属缺锰土壤；质地轻的尤为严重，如黄河冲积物发育的黄潮土。酸性土壤上一般不会发生缺锰，但过量施用石灰，使 pH>6.5 时也可能诱发缺锰。

2. 土壤与作物需锰的判断指标

(1)土壤可给态锰的分级与评价指标。按至今对土壤锰存在形态与其对植物有效性的了解，一般认为水溶态锰、交换态锰与易还原态锰都能为植物根系吸收利用，3 种形态之和则称为活性锰。用作评价土壤供锰能力，有用代换态锰（中性 $1\ mol \cdot L^{-1}$ 醋酸铵提取，临界含量为 $2 \sim 3\ mg \cdot kg^{-1}$）或易还原态锰（中性 $1\ mol \cdot L^{-1}$ 醋酸铵+0.2%对苯二酚溶液提取，临界含量为 $65 \sim 100\ mg \cdot kg^{-1}$），也有用活性锰，还有建议用 DTPA(pH 7.3)溶液提取的锰（临界含量为 $5 \sim 7\ mg \cdot kg^{-1}$）。因为随土壤 pH 的增高，水溶态及交换态锰的含量与易还原态锰之间呈相互消长的关系，在石灰性土壤中活性锰实际上几乎就是易还原态锰。故对石灰性土壤可采用活性锰（含 0.2%对苯二酚的中性醋酸铵溶液提取）含量作为评价土壤锰的有效供应状况（表 5-16）。

表 5-16　土壤活性锰的分级及评价指标

分级	评价	锰含量/(mg·kg^{-1})
Ⅰ	很低	<50
Ⅱ	低	50～100
Ⅲ	中等	101～200
Ⅳ	高	201～300
Ⅴ	很高	>300
	缺锰临界值	100

(2)作物含锰范围与营养诊断指标。植物的锰含量在 50～100 mg·kg^{-1} 之间,现将按科目求得的平均值列于表 5-17。

表 5-17　不同植物种类含锰量平均值　mg·kg^{-1}

植物科目	种类	平均含量
十字花科	26	40
伞形科	14	60
菊科	34	60
蓼科	11	60
豆科	25	80
禾本科	35	80
蔷薇科	13	130

实际上,不同植物种、品种、生育阶段、取样部位以及不同生长环境条件下所测得锰含量相差颇大,故在测定或利用植物锰含量指标时都应注意。现选择一些资料供参考(表 5-18)。

表 5-18　作物含锰范围和诊断指标

作物(生育期,部位)	锰含量状况/(mg·kg^{-1},干基)		
	缺乏	适宜	过剩
冬小麦(分蘖期,地上部)	<25	34～65	>65
(开始拔节,地上部)	—	35～100	—
(开始抽穗,地上部)	—	30～100	—
燕麦(开始拔节,地上部)	—	40～100	—
(开始抽穗,地上部)	—	30～100	—

续表 5-18

作物(生育期,部位)	锰含量状况/(mg·kg^{-1},干基)		
	缺乏	适宜	过剩
玉米(开花初穗下第一片叶)	<10	21～200	201～300
大豆(生长 30 d,叶片)	9～11	15～84	—
油菜(开始发育前,成熟叶片)	—	>30	—
甜菜(成熟的植株)	—	40～100	—
(6 月末至 7 月初的中部完全叶)	<10	26～360	2>360
烟草(叶片)	—	160	4 000～11 000
苜蓿(始花期,地上部)	—	40～200	—
(花前至初花,最上部 1/3)	<15	51～200	201～400
草类(始花期,地上部)	—	40～200	—
番茄(温室,茎上部成熟叶)	<8	35～240	241～1 000
马铃薯(始花期老叶)	—	>40	—
柑橘	15	20～80	—
苹果(6.26～8.15,新梢基部叶)	<35	35～105	>105
桃(开花后 12～14 周,新梢完全叶)	<119	119～142	>142

3.我国锰肥有效地区概况　我国施锰有效地区(图 5-6)可分 3 个分区:

(1)锰肥显效区。土壤活性锰小于 50 mg·kg^{-1}。交换态锰极少,甚至测不出。主要分布于北方黄潮土。需锰作物有麦类、豆科的作物与绿肥牧草、玉米、甜菜、甘薯以及苹果、梨、桃等。燕麦、小麦、豌豆、大豆等可做缺锰指示作物,缺锰状况为新叶脉间失绿,叶片上出现褐或灰斑,逐渐成条,组织坏死。

(2)锰肥有效区。土壤活性锰为 50～100 mg·kg^{-1}。交换态锰小于 2～3 mg·kg^{-1}。分布在黄绵土、塿土、褐土、棕壤及栗钙土、灰钙土等。作物在表观上,不显缺锰症状,但施锰有效。

(3)锰肥可能有效区。土壤活性锰含量小于 100 mg·kg^{-1}。分布在栗钙土、棕钙土、灰钙土及各种漠境土等地区。

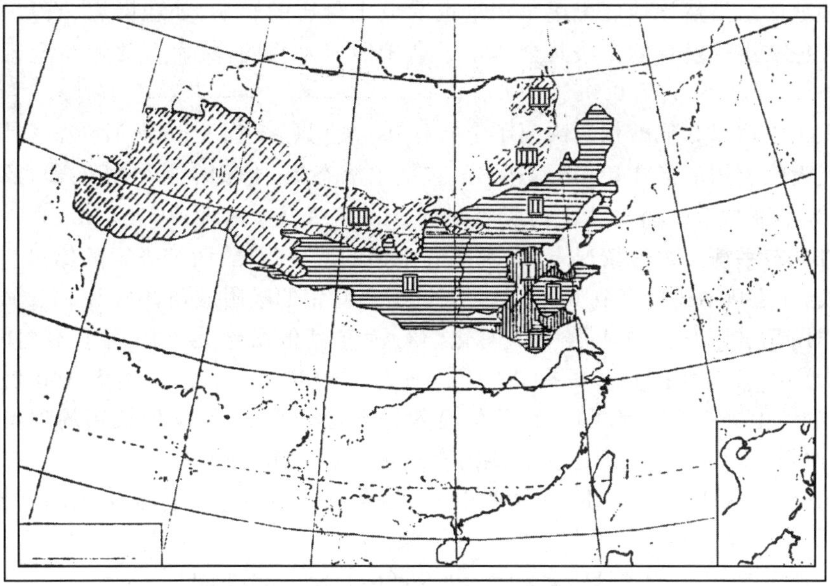

图 5-6　锰肥的施用分区

Ⅰ.锰显效区　Ⅱ.锰有效区　Ⅲ.锰可能有效区

4.锰肥的施用技术　我国目前最常用的锰肥为硫酸锰，易溶于水，基施入土与追施、拌种均可；氧化锰与含锰废渣多半微溶于水。土壤施用锰肥往往效果较差，因此喷施是最好的施锰肥方法。

若要施于土壤，建议以条施取代撒施，与生理酸性肥料混合施用。一般正常产量情况下，作物需锰量为 1～2 kg・hm^{-2}。

喷施，采用 0.05%～0.1%硫酸锰溶液，用液 450～750 L・hm^{-2}，连续喷 2 或 3 次，每次间隔 7～10 d；浸种溶液浓度为 0.1%，种、液比约 1∶1，浸种 8～12 h；拌种用浓度可增大 2～4 倍。

（四）钼肥的施用

1.我国土壤缺钼概况　按缺钼原因，我国的缺钼土壤，基本上可分为两种类型：一是全钼量低，有效钼也低；二是全钼量高，而有效钼量低。

全钼与有效钼含量都低的土壤，在我国北方有黄土母质和黄土性物质以及黄河冲积物发育的土壤。其分布面积相当大，包括西北的黄土高原、华北与淮北平原；东部的长江中下游下属黄土发育的土壤亦属此类。这类母质中的矿物以石英、长石为主，云母与碳酸盐碎屑亦多，所以含钼量都低。

全钼含量高而由于土壤 pH 低，导致有效钼含量低的土壤则分布在我国南方的红壤地区。虽然该地区土壤全钼量也受成土母质的影响，如花岗岩、石灰岩、第四纪红色黏土等发育的土壤其全钼量远高于砂岩发育的，然而有效钼与全钼的比低，低于0.1，且常低于0.05。

土壤中钼以含氧酸根及阴离子形式存在；在pH＞5时主要是MoO_4^{2-}，是植物根系能吸收利用的形式。按形态区分，包括水溶态钼（土壤溶液中MoO_4^{2-}）及交换态钼（为土壤黏土矿物与氧化物所吸附的MoO_4^{2-}）。这两种形态的MoO_4^{2-}；之间存在着动态平衡。一般情况下，土壤溶液中钼的浓度很低，而被吸附的钼可为OH一代换，在土壤pH提高到6时，土壤无机组分对钼的吸附减弱，pH为7.5～8时，吸附作用几乎停止。故土壤中钼的化学行为与其他微量元素阳离子不相同，随pH的增大，有效性提高。每提高一个pH单位，MoO_4^{2-}的浓度增大100倍。因此，在酸性土壤中全钼量可以较高，但有效钼含量却很低，易发生缺钼的现象。当然，土壤中MoO_4^{2-}的浓度还受其他因素的影响，如Mo的变价导致不同价态钼氧化物的产生，从而降低了钼的可溶性，在酸性条件下有利于低价氧化钼的形成，图示如下：

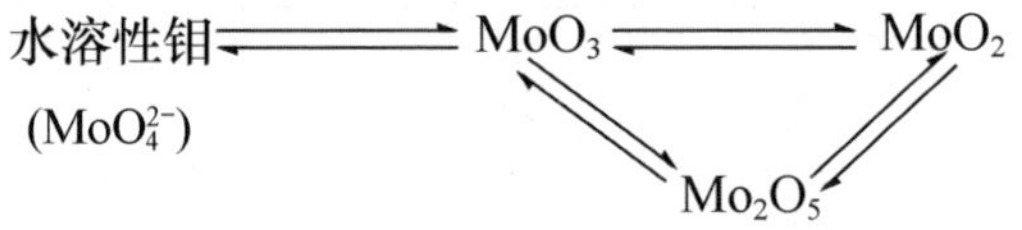

有人建议将土壤有效钼含量与pH结合起来，做土壤供钼水平的评价，即：

$$钼值=pH+10\times有效Mo(mg\cdot kg^{-1})$$

钼值＜6.2时施钼肥有效，＞8.2时一般不缺钼。

2.土壤与作物需钼的判断指标

（1）土壤有效态钼的分级和评价指标。作为评价土壤中钼的供给状况，目前仍以用酸性草酸铵（pH 3.3）提取的有效态钼含量的高低来衡量（表5-19）。虽然已有反映认为提取量偏高。

表5-19 土壤有效态钼含量分级与评价

分级	评价	钼含量/（mg·kg^{-1}）	对缺钼敏感的农作物的反应
Ⅰ	很低	＜0.1	缺钼，可能有缺钼症状
Ⅱ	低	0.1～0.15	缺钼，无症状，潜在性缺乏
Ⅲ	中	0.16～0.20	不缺钼，作物生长正常
Ⅳ	高	0.21～0.30	
Ⅴ	很高	＞0.30	
	缺钼临界值	0.15	

(2)作物含钼范围与营养诊断指标。植物含钼量很低,但变异幅度很大,视植物种类、不同部位、不同生长条件而异,可以是0.1～200 mg・kg^{-1};一般情况下为0.1～2 mg・kg^{-1}。豆科植物、十字花科含钼量高,禾本科含量氏(表5-20)。

表5-20 作物含钼范围和营养评价指标

作物(生育期 部位)	含钼状况/(mg・kg^{-1},干基)		
	缺乏	适宜	过剩
水稻	<0.04	—	—
小麦	0.03	—	0
冬大麦(拔节-抽穗,地上部)	—	0.3～0.4～3.0	—
冬黑麦(抽穗期,尖端)	<0.11	0.19～2.19	>2.19
燕麦(拔节-抽穗,地上部)	0.03	0.3～0.4～3.0	—
玉米(开花初,穗下第一叶)	<0.1	>0.20	—
苜蓿(花前至初花,上部分1/3)	0.2	0.5～5.0	5.1～10.0
蚕豆(8周苗,地上部)	—	0.4	—
棉花	<0.5	—	—
甜菜(6月末～7月初,中部完全叶)	<0.1	0.20～2.00	2.1～20.0
菠菜(8周苗叶)	—	1.6	—
番茄(温室,上部成熟叶)	<0.13	0.3～0.7	>0.7
柑橘	0.03～0.08	—	—
苹果	0.05	—	—
梨	<0.05	—	—
油菜	—	>0.3	—
马铃薯(始花期,老叶)	—	>0.3	—

3.我国钼肥有效地区概况 钼肥有效地区基本上分布在我国东半部,南、北方各有面积较大的一片缺钼区(图5-7)。

按钼肥肥效大小可分3个区:

(1)钼肥显效区。土壤有效钼含量<0.1 mg・kg^{-1}。北方有黄潮土、褐土、棕壤、白浆土等,大豆、花生等作物需施钼。南方有赤红壤、紫色土等,大豆、花生、豆科绿肥等作物需施钼。

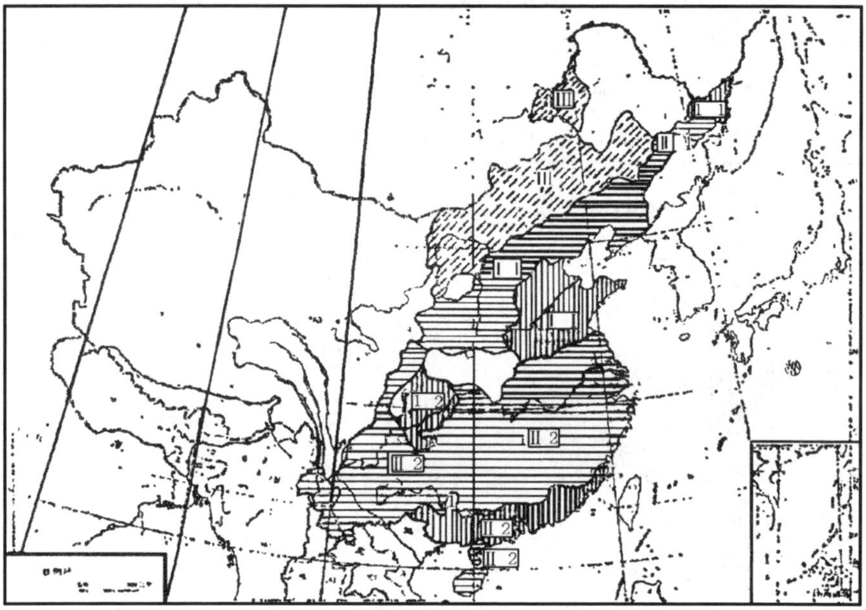

图 5-7　我国缺钼土壤分布图

Ⅰ,Ⅲ. 严重缺钼　Ⅱ. 缺钼

(2)钼肥有效区。土壤有效钼含量在 0.1～0.15 $mg \cdot kg^{-1}$ 之间。北方有黄绵土、塿土、褐土、棕壤、黑土等。南方有红壤、砖红壤、黄棕壤等。该区豆科作物等施钼有效。

(3)钼肥可能有效区。西部还有效钼<0.15 $mg \cdot kg^{-1}$ 的土壤,可能也是钼肥有效地区,这有待进一步试验。

4. 钼肥的施用技术　我国目前常用的钼肥品种不多,主要有钼酸铵与钼酸钠,尤其是仲钼酸铵 $(NH_4)_4MoO_{24} \cdot H_2O$,稳定性与溶解度都好,宜做肥料用。该钼肥可以土壤施用,也可施于植物。由于钼肥用量很小,一般 375～930 $g \cdot hm^{-2}$,最多不超过 1 875 $g \cdot hm^{-2}$,土施难以撒施均匀。除了建议与大量元素混合或制成钼化肥料(如钼化过磷酸钙)外,采用叶片喷施与种子处理更为广泛且经济有效。需施钼的作物有豆科作物与绿肥、牧草。此外,一些十字花科农作物与蔬菜作物也需要施钼。

喷施钼酸铵或钼酸钠溶液浓度为 0.05%～0.1%,用肥量约为 405 $g \cdot hm^{-2}$,喷液量为 750～1 125 $L \cdot hm^{-2}$,在苗期和开花前喷 2 或 3 次。种子处理,浸种浓度与喷施相同,种、液比为 1∶1,浸种 12 h 左右;拌种用肥量 2～3 $g \cdot kg^{-1}$ 种子,先用少量水使种子湿润,然后与肥搅拌均匀。当大粒种子含钼浓度小于 0.2 mg·kg^{-1} 时,钼肥拌种有效;钼肥在 0.5～0.7 mg·kg^{-1} 之间时很可能无效。拌肥后的种子人、畜均不能食用。

土壤用钼肥有一定后效,不必连年用。在全钼量较高的酸性土壤上施用石灰或对留种植物喷用钼使种子含钼增高,然后播种这些“高钼”种子,都能起到缓解甚至克服缺钼现象,与含磷肥料混合施用有促进植物吸钼的效果(表 5-21);而含硫肥料则有抑制作用。

表 5-21 施用石灰、磷与钼对地中海三叶草一禾本科草混种饲料中钼、铜浓度的影响

石灰用量/(t·hm^{-2})	肥料用量/(kg·hm^{-2})		饲料中浓度/(mg·kg^{-1})		
	P	Mo	Mo	Cu	Cu/Mo
0	0	0.5	1.5	9.5	6.3
0	57	0.5	2.7	10.9	4.0
4.5	0	0.5	0.5	7.3	2.1
4.5	57	0	1.3	6.8	5.2
4.5	57	0.5	7.1	11.8	1.6
9.0	57	0	2.1	7.3	3.5
9.0	57	0.5	5.2	8.1	1.6

作物对高钼浓度有相当大的耐受能力。但对饲用或饲料作物施钼,尤其采用喷施时,应特别注意严格控制与监测植株的含钼量,避免对家畜产生中毒,诱发缺铜的危害。据报道,牧草等植物的钼含量为 10～20 mg·kg^{-1} 或更高时,对食草动物可能产生危害,导致钼毒症。另有报道,当饲料中 Cu/Mo 低于 2 时,就有诱导缺铜的危险。

(五)铜肥的施用

1. 我国土壤缺铜概况 根据国内现有的资料,我国大部分土壤中铜的供应是适度的。易发生缺铜的有机质,土面积小且分散。从国外资料看,除了沼泽土与泥炭土缺铜外,有机质含量高的矿质土壤、砂质土壤、碱性与石灰性土壤,全铜量低的母质,如石英,发育的土壤,都有发生缺铜的可能。在过量施用石灰的酸性土壤或供铜能力弱的土壤上大量施用氮、磷肥,也都有发生诱导缺铜的可能。因此,在我国,中性与碳酸盐紫色土、石灰岩发育的石灰岩土,北方与南方的花岗岩、砂岩、石英岩发育的土壤,如塿土、黄壤、赤红壤、砖红壤等的分析结果表明有效态铜含量较低,都有可能缺铜。长期渍水的低湿水稻土也有缺铜的可能。这有待于进一步试验研究。

2. 土壤与作物需铜的判断指标

(1)土壤有效态铜的分级和评价指标。土壤有效态铜的提取方法与有效锌相同,其分级与评价指标列于表5-22。

表5-22 土壤有效态铜含量分级与评价

分级	评价	铜含量/(mg·kg^{-1})	
		0.1 mol·L^{-1} HCl 提取	DTPA(pH 7.3)提取
Ⅰ	很低	<1.0	<0.1
Ⅱ	低	1.0~2.0	0.1~0.2
Ⅲ	中	2.1~4.0	0.2~1.0
Ⅳ	高	4.1~6.0	1.1~1.8
Ⅴ	很高	>6.0	>1.8
	缺铜临界值	2.0	0.2

(2)作物含铜范围与植物营养诊断指标。植物含铜量一般为5~20 mg·kg^{-1}。不同作物种类之间含铜量存在差异。植物幼苗期含铜量最高,以后降低。对缺铜反应,禾本科较为敏感而双子叶植物、豆科则较差,现选引部分作为铜营养诊断指标(表5-23)供参考。

3. 铜肥的施用技术　目前常用的铜肥为硫酸铜($CuSO_4 \cdot 5H_2O$),水溶性好,价格便宜,但它含有吸湿水,不宜与大量营养元素肥料混配。

硫酸铜可土壤施用,也可植物施用。由于铜在土壤中移动性小,撒施时必须耕翻混入土中才有良好效果,在较干旱条件下尤应注意。推荐施铜量为3.3~14.5 kg·hm^{-2},具体依土壤性质,土壤有效铜含量及作物需求而定。沙性土壤用量少些,防止铜过量中毒。含有效铜量低的土壤上,对缺铜反应敏感的植物用量大些。条施用量比撒施少,对一些蔬菜建议施铜约1.1 kg·hm^{-2},对缺铜反应敏感的可增至6.6 kg·hm^{-2}。考虑到降低生产成本,若施用氧化铜时,应研磨至粒径在0.2~3.0 mm之间的粉末,以利于提高肥料的可溶性与当季作物早期的效果。若施用含铜高的污泥与猪粪等时,土壤pH应控制在≥6.5,以避免高铜毒害。

表 5-23　作物的铜含量范围与诊断指标

作物(生育期,部位)	铜含量及评价/(mg·kg^{-1},干基)		
	缺乏	适宜	过剩
水稻	<6	—	—
冬小(拔节期,地上部)	<5	5~10	>10
冬小麦(开花期,上部 4 片叶)	<6	6~12	>12
燕麦(6~9 周苗,叶片)	<3	7~12	—
(拔节期,地上部)	<4	4~10	>10
玉米(穗立叶)	<5	5~30	>30
(初花,穗下第一叶)	<2	6~50	51~70
大豆(新成熟叶)	10	10~30	>30
苜蓿(地上部 15 cm)	<10	10~30	>30
(花前至花初,最上部 1/3)	<2	8~30	31~60
棉花(新成熟叶)	<8	8~20	>20
番茄(温室,上部成熟叶)	<5	8~15	>15
苹果(6.15~8.15 新梢茎叶)	<5	5~12	>12
柑橘(4—7 月苗叶)	4~6	6~16	17~22
葡萄(幼叶)	2~5	8~10	—
桃(开花后 12~14 周,新梢中、基部完全叶)	<7	7~12	>12

叶面喷施硫酸铜或螯合铜肥,用量少,纠正缺铜症见效快,尤其在干旱条件下更好。推荐喷铜量为 2 kg·hm^{-2};在小麦的分蘖与拔节前各喷 1 次,也有人建议苗期见缺铜症状时即喷,2 周后再喷 1 次,每次喷铜 3.3 kg·hm^{-2},喷施螯合铜剂用量可减少至 1/3 左右,果树宜在每年早春喷施。

土壤施铜有明显的长期后效,其后效可维持 6~8 年甚至 12 年,依施用量与土壤性质而定,一般为每 4~5 年施用 1 次。

（六）铁肥的施用

1.我国土壤缺铁概况　岩石与土壤中铁含量不属微量，然而土壤中铁的生物有效性低，在植物生产上往往成为相当突出的问题，且在某些地区带有一定的普遍性。在我国，对土壤铁供应状况的系统研究资料还不足，而在实际中植物缺铁症状相当普遍，主要分布在我国北方的干旱、半干旱地区，尤其是石灰性土壤上，分布面积不小。东南到江苏省北部，西到甘肃、青海等地都有发生。土壤铁供应不足原因有多种，北方土壤中可给性铁含量低与土壤 pH 高及游离碳酸盐含量高有密切关系；土壤的水、气状况严重失调，温度不适，妨碍植物根系吸收，也是植物缺铁的原因，南方酸性土壤上，过量施用石灰或锰含量过高也会发生诱发性缺铁。

铁为变价元素，随土壤环境的氧化还原状况，Fe^{2+} 与 Fe^{3+} 能相互转化，即：$Fe^{3+}+e \longrightarrow Fe^{2+}$，其标准电位 Eh^0 为 +0.771 V。土壤溶液中，铁离子除 Fe^{2+} 与 Fe^{3+} 外，还有各种有机或无机配合态铁离子。无机配合态离子中，水解态的 $Fe(OH)^{2+}$，$Fe(OH)^{2+}$ 离子等都能为土壤胶体所吸持，以交换态形式存在。从植物营养角度看，Fe^{2+} 的化合物是水溶性的，能为植物根系吸收利用，Fe^{2+} 的多寡直接关系到土壤铁的供应状况。但在旱地土壤中 Fe^{3+} 占优势，尤其在 pH 高的条件下，亚铁离子更易被氧化成高铁离子，且形成氢氧化铁 $Fe(OH)_3$，溶解度很小，其溶度积 pK 为 36～44，使土壤铁的有效性明显下降。土壤碳酸盐、重碳酸盐含量高导致 pH 上升，也会引起土壤供铁不足。一般地，每增加一个 pH 单位，溶液中活性铁减少 1 000 倍。

2.土壤与作物需铁的判断指标

（1）土壤有效铁的提取和判断指标。土壤有效铁的提取剂及含量分级与评价等研究得不多，至今还没有公认的通用型提取方法与缺铁临界含量指标。由于缺铁现象主要发生在 pH 高的石灰性土壤中，现仅推荐作为提取有效铜、锌用的 DTPA（pH 7.3）混合剂。据报道，DTPA 提取的铁量 $<2.5\ mg \cdot kg^{-1}$，为缺铁；2.5～4.5 $mg \cdot kg^{-1}$ 为边缘值，缺铁与否依具体情况而定；$>4.5\ mg \cdot kg^{-1}$ 为适量；有的意见认为 5～6 $mg \cdot kg^{-1}$ 为好。

（2）作物含铁范围与营养诊断指标。植物含铁量多数在 100～300 $mg \cdot kg^{-1}$，变化幅度相当宽，高到 800 $mg \cdot kg^{-1}$，甚至更高。依作物种类与生长环境条件而异，一般情况，豆科含铁量高于禾本科。现列举一些农作物的含量范围与判断指标（表 5-24）供参考。

表 5-24　作物含铁状况

作物(生育期,部位)	铁含量及评价/($mg\cdot kg^{-1}$,干重)		
	缺乏	适宜	过剩
水稻(叶片)	<63	>90	—
燕麦,冬小麦(开始拔节,地上部)	—	50～200	—
(开始抽穗,地上部)	—	4～200	—
玉米(成熟期,叶片)	24～56	56～178	—
大豆(出苗 34 d,地上部)	20～38	44～60	—
苜蓿(始花期,地上部)	—	40～200	—
(花前至花初,上部 1/3)	<20	31～250	251～400
油菜(始发育前)	—	>50	—
马铃薯(始花,老叶)	—	>60	—
烟草(近成熟,叶片)	63～70	68～140	—

3.铁肥的施用技术　常用的铁肥中无机铁肥主要是硫酸亚铁,由于无机铁肥施入土中有效性降低,故多建议叶面喷施,此外还有局部富铁法、输液法、植干埋铁法、强力注射法、浸根法等。

(1)叶面喷施。一般喷施浓度为 0.2%～1.0% $FeSO_4$,需多次喷施。果树比 1 年生作物易发生缺铁失绿,可在果树叶芽萌发后,用 0.3%～0.4% $FeSO_4$,每隔 5～7 cm 喷 1 次,直至变绿为止。禾本科植物缺铁可用 3%～4% $FeSO_4$ 溶液喷施,一般失绿在苗期喷 1 次即可,严重失绿可连续喷 2 或 3 次,间隔 10～15 d。硫酸亚铁溶液应随用随配,避免氧化沉淀而失效。喷施尿素铁也有较好的效果。

(2)树干涂抹法。1～3 年生的幼树或苗木用 0.3%～1.0%的有机铁肥环状涂抹于侧枝以下的主干上,涂抹宽度约 20 cm。大树干粗皮厚,表皮吸收能力差,需环状将老皮剥去露出韧皮部后涂抹,环剥宽度约 1 cm。

(3)输液法。用 0.3%～1.0% $FeSO_4$ 通过注射针头注入树干,用输液瓶橡胶管与注射针头连接,将输液瓶倒挂在枝干上,使 $FeSO_4$ 溶液缓缓注射人树干内。

(4)树干埋藏法。在树干上钻小孔将固体 $FeSO_4$ 直接埋藏于枝干中,每树塞人 1～2 g $FeSO_4$。

(5)强力注射法。用专用机械将 4%$FeSO_4$ 溶液强力注入树干内,这种方法速度快,在树干上又不留较大的疤痕。

(6)浸根法。沿树冠外围挖穴,深度以见到树根为准,每树挖 8～10 个穴,每穴施入 4% $FeSO_4$ 溶液 7～8 kg,待溶液自然渗入后覆土。

(7)基施法。将硫酸亚铁与有机肥按、1∶(10～20)混均,以基肥方式土壤施用,有一定的防治缺铁症效果;除有机肥本身含铁外,还是配合铁的作用。工矿业的废渣,通常建议用酸处理后施用,城市垃圾与污水污泥也能提供铁及其他重金属元素,这些物料做铁肥土壤基施时,用量往往较大,可达 30 $t \cdot hm^{-2}$,甚至更高,效果可维持 3～5 年,但必须警惕发生潜在性重金属毒害问题。

思 考 题

1. 土壤中的微量元素主要有哪些赋存形态?
2. 简述评价土壤中 Zn、B、Fe 有效性的方法与指标。
3. 运用你所掌握的知识,谈谈如何调节土壤中 Zn、Fe 的有效性。
4. 合理施用微肥应坚持哪些原则?
5. 简述常用 Zn、B、Fe、Mo 肥的性质与合理施用中的注意事项。

第六章　钙、镁、硫、硅肥及稀土农用制品

第一节　钙　　肥

钙是植物生长的必需营养元素之一，从总体看，大多数土壤的含钙量较高，表土平均含钙量可达1.37%。大多数土壤溶液中钙的含量约为10^{-2} mol·L^{-1}，正常条件下能够满足大部分作物的需要。一般大田作物缺钙的现象并不多见，但在含钙较少的酸性沙质土上，种植需钙多的花生、蔬菜、果树等作物时应重视钙的供应。蔬菜吸钙量较大，属喜钙作物，比小麦多几倍，同时蔬菜具有生长周期较短、产量高、复种指数高等特点，故在蔬菜生产上，常发生由于缺钙导致营养失调引起的生理病害，如番茄的蒂腐病或脐腐病(blosson-end rot)，大白菜和甘蓝的"干烧心"(tip burn)或"心腐病"；苹果的苦痘病(bitter pit)和鸭梨的黑心病(brown core)等，在园艺作物中由于缺钙引起的失调症近40多种，使它们的商品价值明显降低。随着化肥不断向高浓度方向发展，种植果、蔬及有关经济作物的增多，钙肥的施用将日益受到重视。含钙的肥料多用于改良土壤，如中和酸度的石灰类肥料，改良盐碱土的石膏等。

一、钙肥对作物生长发育的影响

钙作为植物营养的必需元素被人们认识已超过百年。钙以二价离子形态进入植物细胞。钙对胞间层的形成和稳定性具有重要意义，它以果胶酸钙的形式黏结两相邻细胞，使细胞与细胞能够联结起来形成组织，并使植物的器官或整体具有一定的机械强度。缺钙影响细胞板和纺锤丝形成，致使细胞分裂不能正常进行。

钙还影响生物膜结构的稳定性，对膜电位、膜透性、离子运转以及原生质黏滞性、胶体分散度都有一定效应。钙能中和作物体内代谢过程产生过多且有毒的有机酸，调节了细胞内pH，特别是钙与草酸结合形成不溶性的草酸钙而消除有机酸的毒害，对稳定细胞内环境有重要的作用。钙是一些重要酶类的活化剂，钙对某些酶的活化是专一性的。钙有加强有机物运输的作用，缺钙时光合器官中糖分积累，

增加供钙后糖分输出迅速增强。Ca^{2+}与植物钙调素(calmodulin)结合具有多种调节细胞功能的作用。

国内外对Ca^{2+}在果蔬采后生理中的作用产生了极其浓厚的兴趣。Ca^{2+}已不再被认为是单纯的矿质元素,而是作为一种调节物质被逐渐重视。据研究,果实中的钙主要具有维持细胞壁和细胞膜的结构与功能,以及作为细胞内外信息传递的第二信使等生理功能。适当增加采后果实中的钙水平,对果实采后呼吸、乙烯释放、软化和生理病害等方面有明显的抑制作用,还可改变蛋白质和叶绿素含量、细胞壁及膜的流动性,并能提高果实品质等。由于钙一般被认为是植物细胞衰老和果实后熟作用的延缓保护剂,因此钙在果蔬采后贮藏保鲜上被广泛研究和应用,采前钙处理(有时配合激素处理)和采后喷钙均对果实保鲜和贮运有良好效果。

二、含钙肥料(石灰)的间接作用

石灰肥料的间接作用,主要是中和土壤酸度,消除活性铝的毒害等,故又有间接肥料之称。

(一)中和土壤酸度,消除活性铝、铁、锰的毒害

各种石灰物质中和酸度的能力不同,可用中和值表示,其中生石灰的中和能力最强(表6-1)。

表6-1 各种石灰物质的中和值*

石灰物质	CaO	$Ca(OH)_2$	$CaMg(CO_3)_2$	$CaCO_3$	$CaSiO_3$
中和值/%	179	136	109	100	86

* 中和值以纯$CaCO_3$为100计算。

不同作物对其生长环境的酸性反应明显不同(表6-2)。在酸度较大的土壤上施用石灰,可为作物生长创造适宜的环境条件,其反应如下:

$$CaO+H_2O \longrightarrow Ca(OH)_2$$

$$Ca(OH)_2+2H_2CO_3 \longrightarrow Ca(HCO_3)_2+2H_2O$$

$$H^+—[土壤胶体]—H^+ +Ca(OH)_2 \longrightarrow [土壤胶体]Ca+2H_2O$$

$$H^+—[土壤胶体]—H^+ +Ca(HCO_3)_2 \longrightarrow [土壤胶体]Ca+2H_2O+2CO_2\uparrow$$

$$H^+—[土壤胶体]—H^+ +CaCO_3 \longrightarrow [土壤胶体]Ca+H_2O+CO_2\uparrow$$

另外,在有机质含量较多的土壤上施用过多新鲜绿肥或大量腐熟度差的有机肥料时,分解过程中产生大量的有机酸会对作物产生不良影响,施用适量石灰可以

消除毒害。

表 6-2　主要作物最适宜的 pH(综合资料)

对酸性敏感的作物 pH 6～8		适应中等酸性反应的作物 pH 6～6.7		适应酸性反应的作物 pH 5～6	
作物	pH	作物	pH	作物	pH
棉花	6.0～8.0	甘蔗	6.2～7.0	茶树	5.2～5.6
小麦	6.7～7.6	蚕豆	6.2～7.0	马铃薯	5.0～6.0
大麦	6.8～7.5	油菜	5.8～6.7	荞麦	5.0
大豆	7.0～8.0	甜菜	6.0～7.0	西瓜	5.0～6.0
玉米	6.0～8.0	豌豆	6.0～7.0	花生	5.6～6.0
紫苜蓿	7.0～8.0			烟草	5.0～5.6
				水稻	5.5～6.5
				亚麻	5.0～6.0

我国南方强酸性土壤的总酸度中，交换性 H^+ 一般只占 1%～3%，其余均为交换性 Al^{3+}。由于 Al^{3+} 水解产生 H^+，这是导致土壤表现酸性的主要原因。施用石灰既可促进 Al^{3+} 的水解，又可中和其产生的 H^+。由于 Al^{3+} 与土壤胶体间的结合能力很强，石灰对铝的交换过程比较缓慢，所以施用石灰 1～2 d 以后才能达到平衡。土壤中，活性铝离子的形态受 pH 的控制：当 pH＜4.5 时，为 Al^{3+}；pH 4.5～5.9 时，为 $(AlOH)^{2+}$；pH 6.0～6.5 时，为 $[Al(OH)_2]^+$；pH＞6.5 时，为 $Al(OH)_3$，其中以 $Al(OH)^{2+}$ 的毒性最强，故土壤 pH 为 4.5～5.5 时，产生铝毒的可能性最大。当活性铝的含量 10～20 $mg \cdot kg^{-1}$ 就会产生毒害，其主要表现是根系生长受阻，根变粗，根尖发黄。对铝极为敏感的有大麦、玉米、小麦、甜菜、莴苣、番茄，三叶草等，施用石灰，可降低铝对它们的毒害。

(二)改善土壤的物理性质

酸性土壤含活性腐殖质较少，又缺乏钙素，土壤的结构差，施用石灰能补充较多的钙。钙离子与土壤胶体上的氢离子进行交换，形成的钙胶体促进土壤胶体凝聚，有利于团粒结构的形成，使水、肥、气、热比较协调。

(三)促进土壤中有益微生物的活动，增加有效养分

不同类型的微生物对土壤 pH 均有一定的要求，它们适宜的 pH 如下：硝化细菌为 6.5～7.9，氨化细菌为 6.5～7.5，自生固氮菌为 6.5～7.8，嫌气性固氮菌为

6.9～7.3，根瘤菌为6.0～7.0，纤维分解细菌为6.8～7.5等。酸性土壤施用石灰，提高了土壤pH，有利于上述微生物的活动，促进土壤中固氮作用与有机质的矿化，增加土壤中的氮及其他有效养分。此外，改变土壤酸度后，能抑制某些病害的发生，如十字花科的根肿病，在土壤pH 7.2～7.4时就几乎不会发生；番茄的枯萎病在pH 8.0时发病率明显降低。同时石灰呈强碱性，有直接杀死土壤中的病菌、虫卵和杂草种子的能力。

三、石灰肥料(含钙肥料)的种类和性质

石灰肥料有生石灰、熟石灰、碳酸石灰及含钙的工业废渣等，是主要的含钙肥料。

（一）生石灰

生石灰又称烧石灰，以石灰石、白云石及含碳酸钙丰富的贝壳等为原料，经过煅烧而成。生石灰主要成分CaO含量为96%～99%。以白云石为原料的称为镁石灰，含CaO为55%～85%，MgO为10%～40%，还可提供镁营养。以贝壳为原料的石灰，其品位因种类而异：以螺壳为原料的为螺壳灰，含CaO为85%～95%；以蚌壳为原料的称蚌壳灰，含CaO约为47.0%。

生石灰中和酸度的能力很强，还有杀虫、灭草和土壤消毒的作用，但用量不能过多，否则会引起局部土壤过碱。生石灰吸水后即转化为熟石灰，若长期暴露在空气中，最后转化为碳酸钙。故长期贮存的生石灰，通常是几种石灰质成分的混合物。

（二）熟石灰

熟石灰又称消石灰，由生石灰加水或堆放时吸水而成，主要成分为$Ca(OH)_2$，含CaO为70%左右，呈碱性，中和酸度的能力比生石灰弱。

（三）碳酸石灰

碳酸石灰由石灰石、白云石或贝壳类直接磨细而成，主要成分是碳酸钙，其溶解度较小，中和土壤酸度的能力较缓，但效果持久，中和酸度的能力随其细度增加而增强。

（四）含石灰质的工业废渣

工业废渣主要是指钢铁工业的废渣，如炼铁高炉的炉渣，主要成分为硅酸钙($CaSiO_3$)，一般含CaO为38%～40%，MgO为3%～11%，SiO_2为32%～42%。又如生铁炼钢的碱性炉渣，主要成分为硅酸钙($CaSiO_3$)，磷酸四钙($Ca_4P_2O_9$)，一般含CaO为40%～50%，MgO为2%～4%，SiO_2为6%～12%，这类废渣的中和值为60%～70%。施入土壤后，经水解产生$Ca(OH)_2$和H_3SiO_3，能缓慢中和土

壤酸度，并兼有钙肥、硅肥和镁肥的效果。此外，还有电石渣，主要成分为氢氧化钙。糖厂滤泥，含 CaO 为 42%左右，还含有少量氮、磷、钾养分等。

（五）其他含钙的化学肥料

钙是很多常用化肥的副成分（表 6-3）。施用这类肥料的同时也补充了钙素，如窑灰钾肥等，中和土壤酸度的能力与熟石灰相似。磷矿粉等施于酸性土壤上有逐步降低土壤酸度的效果。

表 6-3 几种含钙肥料成分

名称	Ca/%	钙的形态
硝酸钙	19.4	$Ca(NO_3)_2$
碳酸钙	8.2	$CaCO_3$
石灰氮	38.5	$CaCN_2$，CaO
石膏	22.3	$CaSO_4$
普通过磷酸钙	18～21	$Ca(H_2PO_4)_2 \cdot H_2O$，$CaSO_4$
重过磷酸钙	12～14	$Ca(H_2PO_4)_2$
沉淀磷酸钙	22	$CaHPO_4$
钙镁磷肥	21～24	α-$Ca_3(PO_4)_2$，$CaSiO_3$
钢渣磷肥	25～35	$Ca_4P_2O_9 \cdot CaSiO_3$
磷矿粉	20～35	$Ca_{10}(PO_4)_6F_2$
窑灰钾肥	25～28	CaO

四、石灰肥料的施用

（一）施用量的确定

合理的石灰用量依土壤性质、作物种类、石灰肥料的种类、气候条件、施用目的及施用技术等而定。

首先，根据土壤的性质确定施用量。土壤酸性强，活性铝、铁、锰的浓度高，质地黏重，耕作层厚时石灰用量适当多些。旱地的用量应高于水田，坡度大的上坡地要适当增加用量。一般认为可以依据土壤总酸量而定，因为中和土壤的活性酸所需石灰量甚少，而要中和潜在的总酸量需要的石灰量较多。有人认为，对于含有高量铁铝氢氧化物的大多数土壤施用石灰，以能中和交换性铝的大部分，使 pH 达到 5.6 或 5.7，且交换性铝的含量低于有效阳离子交换量的 10%即可。

其次,根据作物的种类确定施用量。各种作物对土壤酸碱度的适应性(表 6-2)和钙质营养的要求不同。茶树、菠萝等少数作物喜欢酸性环境,不需施用石灰。水稻、甘薯、烟草等耐酸中等,要施用适量石灰。大麦等耐酸较差,要重视施用石灰。

此外,施用石灰时还应考虑石灰肥料种类及其他条件。中和能力强的石灰或同时施用其他碱性肥料时可少施。降雨量多的地区用量应大些。撒施,中和全耕层或结合绿肥压青或稻草还田的用量大些。

具体确定石灰用量的方法有多种。除根据土壤交换性酸计算法、根据土壤中阳离子交换量与盐基饱和度等计算方法外,根据田间试验结果确定石灰用量最为实用,因为影响石灰用量的因素很多,采用田间试验的实际结果能为某一地区提出较为合理的用量,中国科学院南京土壤研究所甘家山红壤试验场根据土壤pH、质地及施用年限等提出了石灰用量(表 6-4),并建议对强酸性黏土每 5 年轮施 1 次,第二、第三年用量逐年减半,第四、第五年停用,第六年再重新施用,可供参考。

表 6-4 酸性红壤第一年的石灰施用量 $kg \cdot hm^{-2}$

土壤反应	黏土	壤土	砂土
强酸性(pH 4.5～5.0)	2 250	1 500	750～1 050
酸性(pH 5.0～6.0)	1 125～1 875	750～1 125	625～750
微酸性(pH 6.0)	750	625～750	625

(二)施用方法

石灰可做基肥和追肥,不能做种肥。撒施力求均匀,防止局部土壤过碱或未施到位。条播作物可少量条施。番茄、甘蓝和烟草等可在定植时少量穴施。不宜连续大量施用石灰,否则会引起土壤有机质分解过速、腐殖质不易积累,致使土壤结构变坏,还可能在表土层下形成碳酸钙和氢氧化钙胶结物的沉淀层。过量施用石灰会导致铁、锰、硼、锌、铜等养分有效性下降,甚至诱发营养元素缺乏症,还会减少作物对钾的吸收,反而不利于作物生长。石灰肥料不能和铵态氮肥、腐熟的有机肥和水溶性磷肥混合施用,以免引起氮的损失和磷的退化导致肥效降低。

第二节 镁 肥

镁是植物必需的营养元素之一,对动物和人类的健康都有重要意义,已引起动、植物营养学家与农学家的关注。近年来,我国南方出现了由于缺镁引起水稻黄叶造成减产的现象。随着农牧业的发展，施肥水平和高浓度化肥的逐年增长，对镁的要求日趋明显，尤其是在降水量多的酸性沙质土地区。

一、镁肥对作物生长发育的影响

镁通过作为叶绿素组分与多种酶的活化剂，参与作物的光合作用，体内的糖类、蛋白质与脂肪等的代谢，镁肥对作物生长的促进作用，有以下两个方面。

（一）镁促进作物生长，提高作物产量

镁是叶绿素的重要组分。用水稻进行的试验表明，与正常处理相比较，无镁和缺镁处理功能叶的叶绿素含量分别下降 92.4%和 36.7%；光合速率分别下降 37.5%和 20.6%。据报道，大麦叶内镁浓度低于 0.12 $mg \cdot kg^{-1}$（鲜重）时，叶片净同化力等于零。我国粤西地区，在连续刈割引起作物缺镁症状的牧草地上施用镁肥，明显地提高了牧草的产量。

施镁肥增产与土壤交换性镁含量有相当关系。按供试牧草缺镁症状提出地上部干物质含镁（Mg）0.15%作为缺镁参考临界值。牲畜食用含镁量低于 0.2%的牧草，易发生牧草痉挛病。另有报道，在土壤交换性镁小于 44 $mg \cdot kg^{-1}$ 时，交换性镁饱和度（交换性镁占阳离子交换量的百分数）在 5.0%左右，稻株含镁在 0.13%左右时发生水稻缺镁的生理病害黄叶病，施用镁肥能得到矫正，并促进返青，增加有效穗数，提高结实率和千粒重，使水稻平均增产 11.8%。

（二）镁能改善产品品质

镁有利于蛋白质的合成，镁是多种酶的活化剂。镁的催化功能是镁在植物生命活动中的重要作用之一，这些功能关系到糖类、脂肪和蛋白质的物质代谢以及能量转化的许多重要过程。如镁是丙酮酸激酶、腺苷激酶等的组成元素，参加糖酵解和三羧酸循环过程的磷酸己糖激酶等许多酶都是以镁离子作为活化剂，镁胁迫导致上述过程受阻。

在氮素同化中谷氨酰胺合成酶的激活也需要镁，在蛋白质生物合成中，镁的作用是促进核糖体亚单位的结合，镁不足将影响核糖体的正常结构而使蛋白质合成能力降低。故镁有利于蛋白质的合成，还能稳定合成蛋白质构型所必需的核蛋白体。因此，随供镁水平的提高，燕麦苗根系和地上部的蛋白质含量均有增加。缺镁时植物体内可溶性氮化物累积，易引起病害，如水稻的稻瘟病和胡麻叶斑病等。

镁能促进乙酰辅酶 A 的形成，而乙酰辅酶 A 参与脂肪酸的合成反应，故镁有利于脂肪的合成，施镁能提高油料作物种子的含油率。此外，镁能促进维生素 A 和维生素 C 的合成，有利于提高果品的品质。

二、镁肥的种类和性质

含镁肥料的种类、含量和性质列入表 6-5。按其溶解度可分为水溶性和微水溶性两类，$MgCl_2$、$Mg(NO_3)_2$ 及 $MgSO_4$ 等为属水溶性镁肥，可用于叶面喷施。

此外，各类有机肥料也含有镁，含镁量按干重计，厩肥为 0.1%～0.6%，豆科绿肥为 0.2%～1.2%，水稻植株为 0.16%～0.35%等。

表 6-5　含镁肥料的形态、含量与性质

名称	分子式	MgO/%	主要性质
硫酸镁	$MgSO_4 \cdot 7H_2O$	13～16	酸性，溶于水
硝酸镁	$Mg(NO_3)_2 \cdot 6H_2O$	15.7	酸性，溶于水
氯化镁	$MgCl_2$	2.5	酸性，溶于水
含钾硫酸镁	$2MgSO_4 \cdot K_2SO_4$	8	碱性，溶于水
镁螯合物	各种	2.5～4	酸性，溶于水
白云石	$CaCO_3 \cdot MgCO_3$	21.7	碱性，微溶于水
蛇纹石	$H_4Mg_3Si_2O_9$	43.3	中性，微溶于水
氧化镁	MgO	58	碱性，微溶于水
氢氧化镁	$Mg(OH)_2$	33	碱性，微溶于水
磷酸镁	$Mg_3(PO_4)_2$	40.6	碱性，微溶于水
磷酸镁铵	$MgNH_4PO_4 \cdot xH_2O$	16.43～25.95	碱性，微溶于水
光卤石	$KCl, MgCl_2 \cdot H_2O$	14.4	中性，微溶于水
钙镁磷肥	—	5～12	碱性，微溶于水

三、镁肥的施用

镁肥对作物的效应受到多种因素制约，包括土壤交换性镁水平，交换性阳离子比率(K/Mg，Ca/Mg)、作物特性、镁肥种类等。

镁肥应首先施用在缺镁的土壤和需镁较多的作物上。各种镁肥的酸碱性不同，对土壤酸度的影响不一，故在红壤上表现的效果不一致，肥效顺序为：碳酸镁＞硝酸镁＞氯化镁＞硫酸镁。因此，施用不同种类镁肥时，要考虑土壤性质，如果土壤是强酸性的，施用白云石灰、蛇纹石粉、钙镁磷肥等缓效性镁肥做基肥效果好，弱酸性和中性土壤，施用硫酸镁和硫镁矾效果好。

土壤交换性镁的含量能较好地反应土壤供镁状况，对许多植物来说，60 $mg \cdot kg^{-1}$ 为缺镁临界值。土壤交换性镁饱和度（%）也是衡量土壤供镁能力的指标，其数值依作物对镁的需求而异：需镁较多的一些牧草，可能要求 12%～15%之间，对于大多数作物为 6%～10%，豆科作物不小于 6%，一般作物不能低于 4%。镁对多年生牧草、蔬菜、葡萄、烟草、果树及禾谷类作物中的黑麦，小麦等有良好的反应；对甜菜、橡胶，油橄榄、可可等也有效果。

土壤供镁状况还受其他阳离子的影响，当交换性 Ca/Mg 比值大于 20 时，易发生缺镁现象。交换性 K/Mg 比值，一般要求在 0.4～0.5 之间，故钾肥与石灰施用量过大会诱发作物缺镁。NH_4^+ 对 Mg^{2+} 有颉颃作用，而 NO_3^- 能促进作物对 Mg^{2+} 的吸收，如胶树施用硫酸铵后，其镁素含量降低，并加重缺镁症，但镁肥也降低胶树的氮含量。因此，施用的氮肥形态影响镁肥的效果，不良影响程度为：硫酸铵＞尿素＞硝酸铵＞硝酸钙。配合有机肥料、磷肥或硝态氮肥施用，有利于发挥镁肥的效果。

镁肥效应大小也与施用量有关，如橡胶施用过多镁肥时，会导致叶片和胶乳的含镁量过高，引起胶乳早凝，排胶障碍增大，不利于产胶。同时，胶乳的机械稳定性差，影响浓缩胶乳质量。因此，镁肥用量必须要适量。据报道，大豆、甘薯适宜施用量（Mg）为 15～19 $kg \cdot hm^{-2}$。水稻、蜜柚、橡胶也有类似的报道。

镁肥可做基肥、追肥和根外追肥。水溶性镁肥宜做追肥，微水溶性则宜做基肥。用镁量为 15～22.5 $kg \cdot hm^{-2}$。在作物生育早期追施效果好。采用 1%～2%的 $MgSO_4 \cdot 7H_2O$ 溶液叶面喷施矫正缺镁症状见效快，但不持久，应连续喷施多次。为克服苹果病害，可在开始落花前，每隔两周，连续喷 3～5 次 2.0%硫酸镁溶液。由于镁素营养临界期在生长前期，镁肥宜做基肥。对于柑橘等水果类作物，喷施效果也较好。

第三节　硫　　肥

硫是植物必需的营养元素之一，随着作物与饲料的产量不断提高，高浓度化肥的发展，以及清洁能源的使用和大气 SO_2 污染治理取得较大的成功，全世界有关缺硫的报道越来越多。其中，以澳大利亚、新西兰及美洲、非洲、亚洲居多。据计算，中国、印度、印度尼西亚对硫的需要量占亚洲硫总需要量的 80%。我国南方湿热地区红黄壤含硫量较低，福建、江西、浙江、湖北等省农民历来有施用硫肥的习惯。施硫能提高作物产量，改善产品品质。

一、硫肥对作物生长发育的影响

（一）硫能提高作物产量、改善产品品质

由于硫参与蛋白质以及特殊化合物如芥子油、蒜油等的合成，有些作物如十字花科、豆科、百合科的作物吸收硫特别多，施硫能提高产量与改善产品品质。据报道，在缺硫的土壤上施用硫肥使大豆增产 5.7%～16.5%；小麦、油菜、紫云英、水稻等增产幅度分别为 5.0%～38.1%、5.0%～39.1%（$n=8$）、7.9%～20.9%（$n=8$）、5.0%～57.0%（$n=95$）。

施硫不仅能提高作物蛋白质含量，还能改变其组分，如夏油菜施硫的盆栽试验表明，其籽粒中粗蛋白质、胱氨酸和蛋氨酸的含量分别增加 22%～34%、21%～106%和 2%～30%。有资料报道，施硫使禾谷类与花生籽粒中蛋白质含量分别增加 0.5%～1.6%与 8.4%，半胱氨酸和蛋氨酸含量也有所提高。小麦籽粒中的麦胶蛋白和谷蛋白及面粉拉力都有改善，从体积、颜色、松软等方面提高了面包的烘烤程度，经济效益随之提高。

（二）硫能提高豆科作物的固氮，提高饲料的营养价值

生物固氮体系中钼铁蛋白，铁蛋白与铁氧还蛋白中都含有硫，施用硫肥能提高根瘤菌的着生量，增强豆科牧草的固氮能力，提高其固氮量，从而改善混合牧草地的牧草产量（表 6-6）。

表 6-6　施硫肥对豆科牧草生长和固氮的影响

硫肥用量/($kg \cdot hm^{-2}$)	固氮/($kg \cdot hm^{-2}$)	混合草地中豆科作物的比例/%
0	97	3
5.6	168	36
16.7	198	48

硫能影响饲料的营养价值，植株中的 N/S 比值常作为鉴定饲料对反刍动物适宜性的指标，最适比值为（10～15）∶1，大于 20∶1 则认为是硫素营养不足，致使动物不能有效利用饲料中的氮。但也有人认为，反刍动物饲料的 N/S 最好大于 20，否则会降低饲料消化率。又有报道，澳大利亚的牧场上施用硫肥后，羊更爱食用，且饲料的消化率可从 55%提高到 90%。可见，用好硫肥对发展农牧业都有重要意义。

（三）硫能提高作物的耐寒、抗旱能力

据资料报道，施硫能增加原生质中“—SH”数量，有利于维持膜的弹性和稳定性，明显增强作物的抗寒、抗旱能力。如施用硫磺或石膏的苜蓿，其抗寒性提高，存活率提高 101%～172%。

此外，硫还是维生素 H($C_{10}H_{16}N_2S$)，维生素 Bi($Cl_2H17O4Cl_2S$)，二硫辛酰焦磷酸硫胺素，辅酶 A 和乙酰辅酶 A 等生理活性物质的成分，对呼吸作用和脂肪代谢等均有影响。科学施用硫肥，还有利于油料作物含油率的提高。

二、硫肥的作用

硫肥的作用，除直接供应作物硫素营养外，由于含硫肥料还含有其他成分，还能为作物提供钙、镁、磷和铁等营养元素。此外，石膏是碱土的化学改良剂。

碱土呈强碱性，土壤溶液中含有较多的碳酸钠和碳酸氢钠。以钠胶体为主的土壤，土粒分散，通透性差，干时板结，湿时泥泞，严重影响作物的生长发育。碱土施用适量石膏，可改善土壤胶体与土壤溶液的组分，使碱土得到改良，其化学反应如下：

$$Na_2CO_3 + CaSO_4 \longrightarrow CaCO_3 + Na_2SO_4$$

$$2NaHCO_3 + CaSO_4 \longrightarrow Ca(HCO_3)_2 + Na_2SO_4$$

$$Na-[\text{土壤胶体}]-Na + CaSO_4 \longrightarrow [\text{土壤胶体}]=Ca + Na_2SO_4$$

形成的 Na_2SO_4，易溶于水，可随水排出土体。钙胶体的形成，克服了土壤的分散性，加强了团聚性，使土壤理化性质得到了改善。

改良碱性土壤石膏用量的确定：根据土壤胶体上交换性钠的含量和土壤总碱度（即 Na_2CO_3 与 $NaHCO_3$ 总量，通常用 HCO_3 表示）。当交换性钠占阳离子交换总量 5%以下时，一般不需施用石膏；10%～20%时，需施适量石膏；大于 20%时，必须施用石膏。

三、硫肥的种类和性质

常用的硫肥列入表 6-7。现有硫肥可分为两类：一类为氧化型，如硫酸铵、硫酸钾、硫酸钙等；另一类为还原型，如硫磺、硫包尿素等。农用石膏可分为石膏、熟石膏、磷石膏 3 种。

表 6-7 含硫肥料的成分

名称	S/%	主要成分
生石膏	18.6	$CaSO_4 \cdot 2H_2O$
硫磺	95～99	S
硫酸铵	24.2	$(NH_4)_2SO_4$
硫酸钾	17.6	K_2SO_4
硫酸镁(水镁矾)	13.0	$MgSO_4$
硫硝酸铵	12.1	$(NH_4)_2SO_4 \cdot 2NH_4NO_3$
普通过磷酸钙	13.9	$Ca(H_2PO_4)_2 \cdot H_2O$,$CaSO_4$
硫酸锌	17.8	$ZnSO_4$
青矾	11.5	$FeSO_4 \cdot 7H_2O$

(一)生石膏

即普通石膏,俗称白石膏。它由石膏矿直接粉碎而成,呈粉末状,主要成分为$CaSO_4 \cdot 2H_2O$。微溶于水,粒细有利于溶解,供硫能力和改土效果也较高,通常以通过60号筛孔的为宜。

还有一种天然的青石膏矿石,俗称青石膏,粉碎过90号筛即可用。含$CaSO_4 \cdot 2H_2O \geqslant 55\%$,CaO为20.7%～21.9%,还含有铁、铝、镁、钾及锌、铜、锰、钼等,可用作水稻肥料。

(二)熟石膏

它由生石膏加热脱水而成。其主要成分为$CaSO_4 \cdot 1/2\ H_2O$,含硫(S)20.7%。吸湿性强,吸水后又变为生石膏,物理性质变差,施用不便,宜贮存在干燥处。

(三)磷石膏

磷石膏是硫酸分解磷矿石制取磷酸后的残渣,是生产磷铵的副产品,主要成分为$CaSO_4 \cdot 2H_2O$,约占64%。其成分因产地而异,一般含硫(S)11.9%,磷(P_2O_5)为0.7%～4.6%,可代替石膏使用。

四、硫肥的施用

(一)施用硫肥应考虑的因素

硫肥的有效施用条件取决于很多因素,土壤中有效硫的含量是最重要的一个影响因素。其他因素还包括降水和灌溉水中硫的含量,硫肥品种和用量、施用方法和时间、水分管理、作物品种和产量等都影响硫肥的肥效。

1. 土壤条件　作物施硫是否有效取决于土壤中有效硫的数量。通常认为，土壤有效硫含量小于 10～16 mg·kg^{-1} 时，作物可能缺硫。土壤缺硫临界值与测定方法和作物种类有关(表 6-8)。我国缺少有效硫的土壤有 3 种：①全硫和有效硫含量皆低的由质地较粗的花岗岩、砂岩和河流冲积物等母质发育的质地较轻的土壤；②全硫含量并不低，但由于低温和长期淹水的环境，影响土壤硫的有效性，使土壤有效硫含量低的丘陵，山区的冷浸田；③山区和边远地区，因交通不便，施用化肥较少或只施氮肥，由于长期或近期未施用含硫肥料引起缺硫。

土壤 pH 影响土壤中有效硫的含量。酸性土中，铁、铝氧化物对 SO_4^{2-} 的吸附能力较强，随 pH 的升高吸附性下降，故在酸性土上施用石灰，有效硫量增加。

土壤通气性也影响到土壤硫的有效性。土壤通气良好，硫以 SO_4^{2-}；形式存在，排水不良的沤水田中，SO_4^{2-} 被还原为 H_2S，对作物会产生危害。H_2S 的毒害可由产生 FeS 而消除。

表 6-8　土壤有效硫的临界值

提取剂	作物	临界值/(mg·kg^{-1})	资料来源
$Ca(H_2PO_4)_2$	玉米	8	Fox 等，1964
	紫苜蓿	10	Fox 等，1964
	玉米、小粒谷类作物	7	Grava，1971
	紫苜蓿，三叶草	12	
KH_2PO_4 或 $Ca(H_2PO_4)_2$	水稻	8～10	Grava，1971
NH_4OAc	谷子	6～7	McClung 等，1959
$NaHCO_3$	棉花	10	Kilmer 等，1960
Na_2HPO_4+HOAc	牧草	10	Cooper，1969
$Ca(H_2PO_4)_2+HOAc$	紫苜蓿	9	Hoeft 等，1972

2. 作物的种类　不同作物对硫的反应不一，它们对硫的需要量相差较大。结球甘蓝、花椰菜、饲用芜菁、四季萝卜以及大葱等需要大量的硫。豆科作物、棉花、烟草等需硫量中等。油菜、甘蔗、花生、大豆和菜豆等对缺硫比较敏感，施用硫肥有较好的反应。

有人建议用植物体内的硫浓度作为硫素营养状况的指标，临界值(表 6-9)以下者，必须施用硫肥。作物体内氮和硫均按一定比例存在于蛋白质中，而且各种作物的 N/S 比值不相同,故也有人建议用 N/S 比值(如禾本科作物以 14∶1,豆科作物以 17∶1)作为诊数据的临界值。

表 6-9　不同植物植株中含硫量的临界值　%

植物	全硫		硫酸盐硫	
	临界值	分析部位	临界值	分析部位
地中海三叶草			0.017	地上部分
白三叶草	0.26	全株		
紫苜蓿(温室)			0.015	第一片完全叶
紫苜蓿	0.22	全株	0.05～0.07	全株
禾本科牧草			0.020	
混合牧草	0.26	全株	0.032	全株(多年生黑麦草)
多年生毒麦			0.032	
油菜			0.020	地上部
糖甜菜			0.025	叶片
苹果、梨、桃			0.01	叶片
椰子	0.16	全株	0.015	9～14 叶片
咖啡		叶与叶柄	0.020	叶片
棉花(初蕾期)	0.15	全株		
棉花(盛蕾期)	0.20	叶与叶柄		
水稻(分蘖期)	0.16	叶片		

3.降水和灌溉水中的硫　降水和灌溉水中的硫可补充土壤有效硫的不足。工矿企业和生活燃料排放出的废气含有数量不等的二氧化硫,可随降雨进入土壤,通常认为每年随降雨带至土壤的硫(S)大于 10 kg·hm^{-2},时,一般作物不易缺硫。但由于 SO_2 比空气重 1.2 倍,其扩散范围不大,故近工业中心附近的大气含硫量高于农村。有报道,工业区附近每年由雨水带入土壤中的硫为 11.25 kg·hm^{-2},农村仅为 1.13 kg·hm^{-2}。故在工业区附近有可能造成环境污染。我国的浙江、江西、云南、福建等省降雨中的硫,每年分别为 13.1～29.9、22.5、14.6～23.2 和 28.4 kg·hm^{-2}。

世界河水中平均含硫 3.74 mg·kg^{-1},我国南方 6 省河水含硫 1.67 mg·

kg^{-1}(n=650),当灌溉水含硫 6.0 mg·kg^{-1} 时.即可满足水稻生长的需要,因此,在水田和有灌溉条件的地区,若灌溉水中含硫较多,可适当减少硫肥用量。

沿海地区大气中含有来自海水浪花中的硫酸盐,随雨水带入土壤的硫较多,如爱尔兰沿海地区,每年随雨水带入土壤的硫为 18 kg·hm^{-2},内陆地区只有 9~10 kg·hm^{-2}。一般认为,每年从雨水带入土壤中的硫达 9.75 kg·hm^{-2} 时,一般作物则不会缺硫。

4.硫肥的品种及施用的时间方法等　硫肥施入土壤后,其形态往往会发生各种转化。在淹水稻田土壤中,转化过程主要是硫酸盐的还原作用和硫化氢的挥发,但在水层与土表交界处以及水稻根际圈,主要的转化则是硫化物的氧化作用。此外,施用的无机态硫肥常被微生物同化固定为有机态硫。上述这些形态的转化,不仅关系到硫肥本身的有效性,而且影响其他养分的有效性,一般认为,水稻只能吸收氧化态的 SO_4^{2-}。土壤中的有机硫或还原态硫化物需经矿化或氧化为 SO_4^{2-} 才能被水稻吸收利用。如果还原态的 H_2S 在土壤中积累过多,则对水稻根系产生毒害作用。另外,H_2S 还可与 Fe^{2+}、Zn^{2+} 和 Cu^{2+} 等起反应,降低这些养分的有效性。

不同硫肥品种的肥效,很难进行严格比较。一般含 SO_4^{2-} 的不同硫肥品种其效果基本相当。元素硫(硫磺)在碱性、钙质土壤中是一种很有效的硫肥,在这类土壤中其效果优于含 SO_4^{2-} 肥料,其原因是土壤高 pH 对元素硫的氧化作用,元素硫的氧化可导致磷和微量元素有效性的改善,并可减轻作物的失绿症状,增加硫的供给,施用黄铁矿(二硫化铁)也有类似作用。

不同的硫肥品种对土壤的酸化作用有显著的差异。从现有的硫肥来看,石膏无酸化作用,而硫铵有很强的潜在酸化作用。元素硫通过硫杆菌被氧化成硫酸,有H+生成。长期施用各种硫肥对 pH 的影响:硫铵>元素硫>石膏。

和磷肥一样,硫肥宜做基肥早施,Mamaril 报道,在水稻上施用硫肥的最佳时间是插秧后的 15 d 左右。表施硫肥(尤其是元素硫)的肥效高于深施。

土壤及肥料中硫的有效性受到 Eh 的影响。在强还原条件下,SO_4^{2-} 转化为硫化物(S^{2-}),不易为作物利用,但当采用烤田或水旱轮作等措施时,排除田面淹水,氧气进入耕层,使作物不能吸收利用的硫化物转变为硫酸盐,因而大大改善了土壤硫的供应状况。

(二)硫肥施用技术

1.以提供硫素营养为目的的石膏施用技术　石膏可做基肥、追肥和种肥。旱地做基肥,一般用量为 225~375 kg·hm^{-2},将石膏粉碎后撒于地面,结合耕作施入土中。花生是需钙和硫均较多的作物,可在果针入土后 15~30 d 施用石膏,通常用量为 225～375 kg·hm^{-2}。稻田施用石膏，可结合耕地施用，也可于栽秧后撒施或塞秧根，一般用量为 75～150 kg·hm^{-2}。若用量较少，可用作蘸秧根。

2. 以改良土壤为目的的石膏施用技术　施用石膏必须与灌排工程相结合。重碱地施用石膏应采取全层施用法，在雨前或灌水前将石膏均匀施于地面，并耕翻入土，使之与土混匀，与土壤中的交换性钠起交换作用，形成 Na_2SO_4，通过雨水或灌溉水，冲洗排碱。若为花碱地，其碱斑面积在 15%以下者，可将石膏直接施于碱斑上。洼碱地宜在春、秋季节平整地，然后耕地，再将石膏均匀施在犁垡上，通过耙地，使之与土混匀，再进行播种。

第四节　硅　　肥

自 1926 年美国学者 Sommer 提出硅对水稻生长有益后，逐步引起了各国学者的重视，现在硅肥已成为日本和朝鲜水稻生产中的大宗肥料之一，东南亚主产水稻的国家已将硅列入增产的第四个主要营养元素，即氮、磷、钾、硅。我国台湾省稻田施硅的增产效果已超过磷钾肥，目前中国大陆的硅肥推广面积已达 66 万 hm^2。此外，硅对大麦、甜菜、甘蔗、黄瓜、番茄等也有良好的反应，随着农业和蔬菜生产的不断发展，硅肥的作用已日益突出。

一、硅肥对作物生长发育的影响

(一)硅肥能提高水稻根系的活力

缺硅的土壤上施用硅肥，水稻根系生长良好，根量增加，根系氧化力和呼吸率明显提高。产生的 ATP 增多，施硅的根中为 48.0×10^{-11} mol(L·g·FW)$^{-1}$，不施硅的为 38.5×10^{-11} mol(L·g·FW)$^{-1}$；叶中分别为 354.9×10^{-11} mol(L·g·FW)$^{-1}$ 和 206.4×10^{-11} mol(L·g·FW)$^{-1}$，为新陈代谢提供了较多的能量。

(二)硅肥能提高水稻同化 CO_2 的能力，使水稻增产

吸入水稻体内的硅，大部分累积在角质层下面的表皮细胞中，形成"角质—硅质双层"(表皮细胞的硅化)，使茎硬叶挺，开展度小，光透射比率增大，叶片的厚度增加，寿命延长，从而提高了同化 CO_2 的能力，尤其是下部叶片。光合生产率提高，导致水稻产量增加 5.3%～13.4%。

施硅时期对增产效果影响较大，一般是营养生长阶段对硅的需求比生殖生长阶段小得多，生育后期施用硅肥增产显著。据水稻营养液试验结果报道，与对照相比，在幼穗形成前期施硅肥，其地上部单株干重和糙米产量分别增长 12.3%与

26.5%;而幼穗形成后期施硅肥则单株干重和糙米产量分别增长 31.4%与 96.2%;前期和后期都施用硅肥的处理可分别增长 42.4%与 106.6%。

(三)硅能减轻 Fe^{2+}、Mn^{2+} 以及一些重金属的毒害

硅肥能增强水稻体内通气的组织,有较多的氧输送到根部,提高根系氧化力,使 Fe^{2+}、Mn^{2+} 被氧化并沉积在根系表面,降低了根际土壤溶液中 Fe^{2+}、Mn^{2+} 的浓度,从而降低水稻对 Fe^{2+}、Mn^{2+} 的吸收,在高锰浓度下,尤为明显。同时,硅能促使锰在叶片中分布均匀,防止其局部过浓而引起氧化锰(MnO_2)的褐色斑点,或是硅与重金属在植物体内形成"硅-重金属"共沉淀,从而增强植物组织内部耐过量锰或重金属的能力。大豆施硅肥也有类似的效果。

有研究表明,施用熔渣硅肥对水稻的生物学产量和稻米产量并无显著影响,但稻草、稻米中镉的含量显著下降,分别为对照的 4.6%～6.3%和 7.7%～8.5%,与石灰相比,水稻茎叶、稻米镉含量降低 6～8 倍;用小麦做的试验也有类似的趋势。

(四)硅肥能改善作物磷素营养,提高作物产量

通过对铁、锰沉淀,与钙的结合以及与磷酸根竞争阴离子吸附位点,施硅能降低土壤对磷的固定,从而提高生物有效性磷的含量。有资料报道,增施硅后,大麦和饲用蚕豆中的含磷量分别增加 29%和 38%,同时还能促进吸入体内的磷向籽粒转移。据英国洛桑试验站百年的试验结果表明:施硅,尤其在不施磷处理中作物增产明显。

(五)提高植物的抗倒伏与抗病害等能力

由于硅能促进细胞硅化,使茎秆变硬,从而增强了抗倒伏能力,尤其是施用较多氮肥时的效果更为明显,故在高产栽培中更应重视硅肥的施用。作物吸收硅肥后,在作物体内形成硅化细胞,使茎、叶表层细胞壁加厚,角质层增加,从而提高防虫抗病能力。特别是对稻瘟病、叶斑病、茎腐病、小黏菌核病、白叶枯病及螟虫;小麦白粉病、锈病、麦蝇、棉铃虫等抗病虫害能力强。

此外,施硅肥能促进黄瓜的生长和花粉生育力,结瓜数增多,产量提高。

二、硅肥的种类和性质

常用的含硅肥料有:

(一)硅酸盐类

如硅酸钠(Na_2SiO_3)含硅 23%,硅酸钙($CaSiO_3$)含硅 31%等,硅酸钠易溶于水,为速效硅肥。南京农业大学与南京无机化工厂共同开发,以水玻璃(Na_2SiO_3)

为原料，经真空喷雾干燥而得的高效硅肥，主要成分为硅酸钠和偏硅酸钠的混合物，呈白色粉状结晶，含水溶性 SiO2 为 55%～60%。水稻用 90～105 kg·hm^{-2} 即可。

（二）炉渣类硅钙肥

如钢铁工业炉渣，为块状或蜂窝状或小粒状固体，呈碱性，灰色至黑色。主要化学成分是二氧化硅和氧化钙，还含有铁、铝、镁、锰、磷、硫及铜、钼、硼，锌等，成分复杂且不稳定，因产地、冶炼和冷却条件等而异，一般成分和含量列入表 6-10。目前，农用的硅肥大多为此类炉渣经加工而成。

钢渣的颜色深于铁渣，其中的硅 50%以上为弱酸溶性，易为植物吸收。钢铁炉渣宜用于酸性土上，其有效成分与细度有关，颗粒细则有效成分和肥效都较高，以过 60～80 目筛为宜。

表 6-10 钢铁炉渣成分含量

炉渣名称	分析样品数	SiO_2	CaO	MgO	MnO	Fe_2O_3	Al_2O_3	P_2O_5	S	Cu	B	Mg	pH
		%							mg·kg^{-1}				
高炉渣	30	40.7	36.1	5.4	0.48	3.19	2.70	0.30	0.18	29	161	58	9.8
平炉渣	9	24.5	29.8	11.5	2.33	23.60	3.40	1.79	0.18	140	95	54	10.6
转炉渣	3	28.9	5.1	6.1	2.38	6.25	4.10	1.13	0.19	85	59	13	11.8
电炉渣	4	27.3	28.7	10.3	2.20	16.30	3.90	0.69	0.15	52	33	60	11.0
平、转、电炉渣平均	16	26.2	34.5	93	2.30	15.38	3.80	1.20	0.17	92	62	42	11.1

粉煤灰（瓦斯灰）和煤灰渣也可作为硅肥使用。有资料报道，日本用碳酸钾和粉煤灰，加适当的调理剂造粒，经高温熔融后，制得缓释硅酸钾肥。

三、硅肥的施用

（一）合理施用硅肥应考虑的因素

1. 土壤条件　土壤有效硅含量决定着土壤的供硅能力。土壤溶液中的硅主要以单硅酸[$Si(OH)_4$]的形态存在，有效硅的平均浓度在 7～80 mg·kg^{-1} 之间。威惠林(1983)按分析结果，将我国南方水稻土的供硅能力划分为低、中、高三类(表 6-11)。

表 6-11 我国南方水稻土供硅能力的划分

供 Si 能力	土壤类型	分布	pH	土壤有效 Si/($mg \cdot kg^{-1}$)	稻草含 SiO_2/%
低	红砂岩发育的沙壤土	浙赣湘	5.2～6.2	28.5±9.8(25)	3.56±0.82(13)
	花岗岩片麻岩发育的粉沙壤土	闽赣粤	5.0～6.0	25.2±13.6(51)	4.09±0.23(9)
	轻质第四纪红色黏土发育的黏壤土	浙	5.2～5.6	24.8±4.2(13)	3.67±0.28(12)
	浅海沉积物发育的沙壤土	粤	5.2～6.0	29.4±18.7(2)	3.60±1.10(10)
中	黏质第四纪红色黏土发育的黏壤土	浙赣湘	5.2～6.5	58.4±18.2(30)	5.25±1.33(12)
高	玄武岩发育的黏质土	粤	4.5～5.5	140.7±41.1(22)	6.32±1.28(19)
	江湖沉积物发育的黏壤土	苏	6.3～7.5	.95.8±40.7(48)	6.31±0.19(8)
	江河下游三角洲沉积的黏壤土	粤闽	5.5～6.5	119.7±15.4(12)	6.68+0.72(12)
	紫色页岩发育的黏壤土	浙闽	6.5～7.5	115.0±58.4(16)	5.73±0.63(10)

注:括号内数字为样品数。

第一类的土壤施硅有明显效果;第二类的土壤分布在红壤丘陵谷地下缘,新开垦的黄泥土,长江以南黄土母质发育的丘陵白土等。氮肥用量高时,硅肥有效;第三类土壤,施用硅肥一般无效。此外,东北地区的白浆土、草甸黑土有效硅含量低,施硅肥有效。江苏省宁镇丘陵地区的一些水稻土和苏州地区的青紫泥,有效硅含量低于临界值,即 105 $mg \cdot kg^{-1}$。生长在上述土壤上的水稻茎叶中的含硅量约为 8.5%,也在临界值 11%以下(表 6-12)。

表 6-12 水稻需要硅肥的诊断标准

稻草中全硅量/%	土壤中可给态 SiO_2 含量/($mg \cdot kg^{-1}$)	硅酸肥料效果
<11	<105	预期显著
11～13	105～130	预期有效
>13	>130	预期无效

在缺硅的土壤上施用硅肥,对水稻有良好的效应,其增产效果随土壤有效硅含量的提高而降低。试验结果汇总:土壤有效硅含量 $mg \cdot kg^{-1}$ 分别为<40, 41～60,61～80,81～100 以及>100 的土壤上,水稻平均增产率(%)相应为 19.1(n=5),12.0(n=38),7.6(n=18),7.4(n=7),4.0(n=10)。

土壤质地影响有效硅的含量。粒级越细,有效硅含量越高。土壤酸碱度也影响到有效硅的数量。土壤 pH 高,有效硅增加,例如,发育于第四纪红色黏土的水稻土,其 pH 位从 5.8 上升到 8.1 时,有效硅含量从 62.6 增加到 103.8 $mg \cdot kg^{-1}$。此外,土壤淹水时,有效硅增加,但再风干时,有效硅明显降低。

评价土壤供硅水平的临界值指标,依提取测定方法而异,中、酸性的土壤,宜采用 pH 4.0 醋酸缓冲液提取测定,其缺硅临界值在 100 $mg \cdot kg^{-1}$ 左右。

2.作物种类　不同作物对硅的反应不同,水稻、甘蔗、大豆、油菜、番茄、黄瓜、甜菜、绿肥等,对硅肥反应良好;玉米、高粱、谷子、小麦等有一定的效果。种植上述作物时,宜根据土壤中有效硅水平,酌情施用硅肥。

(二)施用技术

水溶性硅酸盐施用量为 50～200 $kg \cdot hm^{-2}$,可做基肥或追肥使用,一般在水稻的分蘖至拔节前施用;结合作物种类和栽培方式,可以撒施、条施或穴施,但不能和种子直接接触,以免影响发芽。工业炉渣与热电厂的粉煤灰等所含硅的溶解性差,应做基肥,施用量为 1 500 $kg \cdot hm^{-2}$。为充分发挥这类肥料的作用,宜配合有机肥料施用。

第五节　稀土农用制品

稀土元素简称 RE,为化学元素周期表中第三副族的钪、钇和镧系元素,包括镧(La),铈(Ce),镨(Pr),钕(Nd),钷(Pm),钐(Sm),铕(Eu),钆(Gd),铽(Tb),镝(Dy),钬(Ho),铒(Er),铥(Tm),镱(Yb),镥(Lu),钪(SC),钇(Y)等 17 个元素。前 7 个为轻稀土元素,又称铈组,后 10 个为重稀土元素,又称钇组。我国稀土资源储量占全球总贮量的 50%以上,主要分布在内蒙古、江西、湖南、广东等 18 个省市。

我国于 1972 年开始稀土农用的研究,但稀土元素并未被正式承认为肥料,故称其为稀土农用制品,简称稀土。现已初步明确,在一定施用条件下,稀土元素对粮食、油料、果蔬等部分作物的生长有一定的促进作用,至今已有较大面积的推广应用。但其作用机理,有效施用条件及对环境的影响等诸多问题尚不甚了解,对单个稀土元素的利弊效应则更不清楚,这都有待于深入研究。在生产实践上,应视实情慎用。

一、稀土元素的肥效与作用机理

稀土元素的肥效主要表现在促进作物生长、提高作物产量,改善产品品质和加强作物抗逆能力 3 个方面。如浸种可提高玉米出苗率 2.9%～3.9%,施用稀土后使水稻、小麦、油菜及蔬菜果树等作物增产5%～20%，黄花菜的叶斑病、叶枯病与锈病的发病率大幅降低等。

稀土元素的作用机理还不清楚，但可能与以下因素有关：①增强作物根系活力，如提高根系的α-萘胺氧化力和伤流量，从而提高养分吸收量，为作物生长提供了良好的条件；②激活作物体内某些酶或影响质膜性质，如稀土元素对多酚氧化酶、固氮酶、硝酸还原酶、过氧化氢酶、酯酶和脱氢酶等均有非专性的激活作用，从而提高作物的同化效率或增强作物抗热、寒、盐的能力；③通过影响土壤中的脲酶、蛋白酶、转化酶、中性磷酸酶及过氧化氢酶的活性，在一定程度上，促进土壤中养分的转化与循环，间接影响作物的生长。

二、稀土农用制品的种类和施用

(一)稀土农用制品的种类

稀土农用制品，多数含有混合的稀土元素，是稀土工业的中间产物或由稀土矿渣经用盐酸、硝酸或硫酸浸提后制成的氯化物、硝酸盐或硫酸盐。有混合稀土或单一稀土的氯化物，还有稀土元素与微量营养元素的复盐，或稀土元素与大量元素肥料，如尿素、碳铵或微肥的复合肥料。为确保稀土制品的质量，国家技术监督局发布了农用稀土的国家标准(表6-13)。

表6-13　农用稀土的国家标准(GB 9968—1988)

牌号	RE_xO_y 不小于	杂质不大于							
		As	Hg	Cd	Cr	Pb	Ti	Cl^-	水不溶物
NREG-1/%	38	5×10^{-4}	5×10^{-4}	1×10^{-3}	1×10^{-3}	5×10^{-3}	1×10^{-3}	1	0.5
NREY-1/($g\cdot L^{-1}$)	380	5×10^{-3}	5×10^{-3}	1×10^{-2}	1×10^{-2}	5×10^{-2}	1×10^{-2}	10	5

并规定固体产品的粒度不大于3 mm，液态产品的pH为4～5，总α比活度不大于800 Bq/kg(L)。

目前，我国定点生产和使用的稀土农用制品称为"农乐"益植素NL系列，简称"农乐"或"常乐"，是混合稀土元素的硝酸盐，主要成分为硝酸镧和硝酸铈，含稀土元素氧化物(RE_xO_y)37%～38%，其组分有La_2O_3为25%～28%，CeO_2为49%～51%，Pr_6O_{11}为5%～6%，Nd_2O_3为14%～16%，其他稀土元素小于1%。含As、Hg、Cd、Cr、Pb等重金属的总量小于50 $mg\cdot kg^{-1}$，呈酸性，易溶于水并潮解，潮解后仍可施用。有固体和液体两种剂型，固体为结晶，呈粉末或块状，一般采用小包装，每袋100或5 00 g。液体有时带乳白色，每升含RE_xO_y 380 g，比重1.6，不用时要密封。当水溶液pH>6时稀土元素全部沉淀。

稀土农用制品还含有钙、镁和微量元素，在评价稀土农用制品的作用时，应考虑这方面因素。此外还有林业、畜牧和水产用的稀土制品。

（二）稀土的施用方法

土壤的稀土含量，自南向北有逐步降低的趋势，可溶性稀土元素含量较低的土壤主要分布在东北、华北和西南。据刘铮等报道，当 pH 为 4.8 的醋酸-醋酸钠提取的稀土含量小于 10 $mg \cdot kg^{-1}$ 时，施用稀土对作物有显著的增产效果。稀土元素的有效性与 pH 呈负相关，土壤中的 Ca^{2+}、Na^{+}、Al^{3+}、CO_3^{2-}、PO_4^{3-} 能与稀土元素生成复盐沉淀而降低稀土的有效性，影响施用效果。此外，作物的状况、土壤质地、有机质含量、土壤吸附能力、土壤 Eh 等都会影响稀土的施用效果。施用稀土时应注意考虑这些因素。

稀土农用制品的施用方法：一般采用拌种、浸种、喷施、蘸秧根等，用量为 450～1 500 $g \cdot hm^{-2}$。在配制稀土溶液时不能用 pH＞6.5 或含碳酸氢根离子或有磷酸盐类的水配制。注意要根据作物种类和种植方式，掌握好施用浓度和时间。

拌种：力求拌种均匀，稀土用量和溶液浓度，依作物种类而异。按资料报道量折算如下：每千克花生仁，小麦、玉米种子分别用 4%～5%稀土液 40～50 g；10.6%的“农乐”液 35 g 和 15%稀土液 20 g 喷拌；甜菜种子 1.3～1.5 kg 用 20%的“农乐”液 200 g 喷拌。

浸种：注意选择适合的浸种液浓度与时间，阴干后立即播种，以免灼伤幼根幼芽。甜菜种子用 0.12%的农乐液，浸种 24 h，以“农乐”、水和种子之间的比为 1∶80∶60 为佳；小麦用 0.1%液浸种 20 h；玉米用 0.08%液浸种 16 h；甘蔗用 0.01%液浸种 6 h；水仙花用 0.03%液浸种 6 h 后再刻割。

蘸秧根：它可代替水稻在秧田或分蘖始期的喷施，一般用稀土 15～25 g，加泥浆水 40 kg 左右，溶解后供用。

喷施：喷施浓度与喷施时期依作物种类而异。喷施浓度(按稀土氧化物计)甜菜用 0.08%在生长初期到中期进行；甘蔗用 0.03%，于五叶期至伸长期喷施，但以分蘖期较为理想；花生用 0.01%～0.05%，在苗期和初花期为好；春小麦用 0.07%从三叶期至拔节期，以分蘖至拔节最宜；水稻秧田用 0.01%在移栽前 7～10 d 喷施，分蘖初期和孕穗至始穗时，分别用 0.01%和 0.03%的溶液喷施；西瓜用 0.06%，在团棵期和坐果期施用；苹果用 0.05%～0.1%在盛花期和果实膨大期喷施；葡萄用 0.05%～0.1%可在花前期、生理落花期和果实迅速膨大期进行等。

（三）施用稀土农用制品需注意可能出现的问题

我国稀土资源丰富，且数十年来的研究与实践反映出，稀土微量对农用在农副产品的增产、优质上有一定的潜力，推广应用面积正逐步扩大，但就其机理、毒理和施用条件等方面亟待进一步探索的内容还很多，且本节所述内容，都是以稀土作为整体进行讨论的。有报道清楚表明，稀土在作物-土壤系统移动过程中出现明显的分异现象，单个稀土元素对生物、生态的利弊效应仍不十分清楚，所以对稀土元素可能给人与环境可能造成何种影响应予以极大的关注。

轻稀土组元素在共生矿中多伴随有钍，重稀土组多伴随有铀，故稀土农用制品含有一定的放射性(平均比放为 54.9 Bq·kg^{-1})，即有一定的毒性。稀土元素的毒性以钇组较强，并以钇的毒性最大；铈组毒性较低，其中以镨的毒性最大。虽有报道说它们在人体内不易被吸收，但施用时仍应注意不同制剂的稀土元素种类与用量。

为保证人类的安全和推动稀土农用的健康发展，卫生部门已制定了部分绿色食品中稀土限量标准，按氧化物计的数量(mg·kg^{-1})如下：以原料计的粮食为≤2.0。以鲜重计的蔬菜为≤0.7。以鲜样计的水果类为≤0.540 花生、马铃薯和绿豆为≤1.0。茶叶为≤2.0。

虽然有资料报道，在目前施用量少的情况下，土壤中稀土残留变化仍波动在自然本底值范围内，一些农作物、畜禽鱼产品中的稀土含量也低于标准，目前还不至于大量蓄积对人与环境产生危害。但必须指出，土壤污染是逐步累积的过程，具有长期性、潜在性与缓效性，对长期农用的残留，蓄积产生的后果切不可过分乐观，掉以轻心。

总而言之，对稀土的开采，直至农业利用，还须继续深入研究，有关单位应及早制定相应的法规与标准，加以科学的管理。

思　考　题

1. 施用钙、镁、硫、硅肥和稀土农用制品对作物的生长有哪些作用？

2. 有哪些作物是喜钙、硫和硅肥的，作物缺钙、镁、硫后有些什么症状？

3. 哪些物质可用作钙、镁、硫、硅肥和稀土农用制品，它们的作用特点是怎样的？

4. 如何正确使用钙、镁、硫、硅肥和稀土农用制品？施用时应考虑些什么因素？

第七章 复混肥料

世界化肥生产变化的总趋势是向浓缩化、复合化、液体化和缓效化方向发展，尤其以高浓度肥料的生产为主流。目前世界各国都在大力发展复混肥料，它在化肥生产和消费（施用）中占有比例越来越大。这不仅是实现农业现代化的需要，也是反映科学技术进步的标志。1996 年世界复混肥料的比例达 30%，氮肥的 15%，磷、钾肥的 55%被加工成复混肥再使用；一些发达国家占到 70%～80%，氮肥的 50%，磷、钾肥的 85%被加工成复混肥使用。而我国复混肥料的发展起步较晚，近年来，虽然已得到重视，然而据《中国农业年鉴》数据，1997 年复混肥消费量（国产加进口）仅占化肥总消耗量的 20%，加快我国复混肥料工业的发展与农业上的施用已势在必行。

第一节 复混肥料概述

一、基本概念

凡是肥料成分中同时含有氮、磷、钾三要素或其中任何两种养分的化学肥料，称为复混肥料。含两种养分的叫二元复混肥料，如氮磷二元复混肥料；含 3 种养分的叫氮磷钾三元复混肥料。除 3 种养分外，同时还含有微量营养元素的叫多元复混肥料。除养分外，还有农药或生长素类物质的叫多功能复混肥料。

在我国复混肥料为复合肥料和混合肥料（或配合肥料）的统称，复合肥料的原材料主要是矿石或化工产品，生产工艺流程中有明显的化学反应过程，产品成分和养分浓度一般比较固定。混合肥料的原材料主要是单质化肥或复合肥料等基础肥料，生产工艺以简单的物理方法为主的二次加工，配方可根据需要在一定幅度内加以调整，产品的成分和养分比例随配方而相应变化。

混合工艺又可分为：配混和掺混。配混是以相对固定的配方在化肥生产厂进行，我国目前多属于这一种。掺混是以表现相对密度相似的粒状基础肥料进行掺合，配方可灵活变换，就近散装掺混。在国外这种混合方式很流行，尤其在美国，早在 1991 年，掺混肥料就占到肥料总消耗量的 46%。按用途，复混肥料分通用型（或称广谱型）和专用型，通用型使用的地区，土壤、作物的适宜范围比较广；专用型是针对某一地区、某种或某专型作物或某种土壤所需，以求最大经济，环境效益。因此，专用型掺混肥料的生产和施用是复混肥料发展的趋势。

为了便于施用，通常在复混肥料的包装上标明肥料分析式是指肥料中 N-P_2O_5-K_2O 的含量百分率，例如，N，P_2O_5，K_2O 百分含量均为 10%的三元复混肥料，其肥料分析式为 10-10-10；如果分析式是 25-10-0，则表示该肥料是含氮（N）为 25%，磷（P_2O_5）为 10%，不含钾的二元复合肥料；如果是多元复混肥料，则将表示微量元素含量放在最后，并注明元素符号，例如，分析式为 20-20-15-2（B）表示是一种含硼 2%的氮、磷、钾、硼的多元复混肥料；若分析式为 15-8-12（S）表示肥料中的钾用硫酸钾做原料，不含氯元素，适用于烟草、西瓜等忌氯作物施用。

二、国家标准

为适应我国复混肥料生产发展的形势，我国颁布了复混肥料国家标准（表 7-1）于 2002 年 1 月 1 日实施。对于高、中、低浓度三类复混肥料的总养分含量，水溶性磷百分率、水分含量、颗粒粒度等项指标都做出了具体规定，各级肥料厂必须严格执行国家标准进行复混肥料的生产。

表 7-1 复混肥料国家标准（GB 15063—2001） %

项目		指标		
		高浓度	中浓度	低浓度
总养分（N+P_2O_5+K_2O）	≥	40.0	30.0	25.0
水溶性磷占有效磷百分率	≥	70	50	40
水分（H_2O）	≤	2.0	2.5	5.0
粒度（1.00～4.75 mm 或者 3.35～5.60 mm）	≥	90	90	80
氯离子（Cl^-）	≤		3.0	

注：1. 组成产品的单一养分量不得低于 4.0%，且单一养分测定值与标明值负偏差不得大于 1.5%。

2. 以钙磷肥等枸溶性磷肥为基础磷肥并在包装上注明为“枸溶性磷”可不控制“水溶性磷百分率”指标。若为氮、钾二元肥料，也不控制该指标。

3. 如产品氯离子含量大于 3.0%，并在包装上标明“含量”，可不检验该项目；反之，必须检验氯离子含量。

三、复混肥料的优点和不足

（一）优点

（1）一次施用能供应作物所需的全部或大部分养分，施用合理一般不会对土壤产生不良影响。

（2）养分浓度高，副成分少，同等养分的肥料体积小，包装贮运成本较低，施用方便。

（3）一般都经过造粒，物理性状好，吸湿性小，不易结块，颗粒均匀，抗压强度较高，能施用均匀，尤其适合机械化作业。

（二）不足

（1）复合肥料养分比例固定，不能适用于各种土壤和作物对养分的需求，一般要配合单质肥料施用，是生产混合肥料的基础肥料。

（2）难以同时满足施肥技术的需求，不能充分发挥所含各养分的最佳施肥效果。

第二节　复混肥料的种类和性质

一、复合肥料

复合肥料是指通过化合（化学）作用或氨化造粒过程制成的，有明显的化学反应，也称为化成复合肥料。

在发达国家，一般以磷酸铵和硝酸磷肥为基础，采用料浆或熔（融）料造成粒工艺生产复合肥料。料浆造粒法是进入造粒系统的全部或大部分物料呈浆形式，料浆是硝酸、磷酸或某种混合酸与氨反应的生成物，有时是酸与磷矿粉反应的产物，其中为磷酸一铵。磷酸铵、硫磷酸铵（16-20-0）、尿素磷铵（28-28-0、20-20-0）、氧磷酸铵（18-20-0）、硝酸磷肥的生产方法多属于这类工艺。在生产过程中可以把固体钾盐（氯化钾或硫酸钾）混入到料浆中或直接加入到造粒机内，制成氮、磷、钾三元复合肥料。料浆造粒设备有转鼓造粒机或转鼓氨化造粒机，喷浆造粒干燥机有时也用于这类工艺。

熔（融）料造粒法是将全部或大部分物料加热熔成融体，喷洒在空气流或油流中冷却固化成颗粒。该工艺已广泛用于生产磷酸一铵、硝酸磷铵和尿素磷铵等，在生产过程中加入钾盐或其他固体肥料，可配制成氮、磷、钾三元复合肥料。

（一）磷酸铵

磷酸铵类肥料包括磷酸一铵、磷酸二铵和多磷酸铵，属氮磷二元复合肥料。

磷酸铵肥料的原料是无水液氨和磷酸[含水量磷为(P_2O_5)52%～54%]。磷酸和氨的反应分两步进行。

$$NH_3 + H_3PO_4 \longrightarrow NH_4H_2PO_4$$

$$NH_4H_2PO_4 + NH_3 \longrightarrow (NH_4)_2HPO_4$$

上述中和反应只产生一铵盐或二铵盐，不能产生三铵盐[$(NH_4)_3PO_4$]。因为三铵盐不稳定，在常温下自动分解。磷酸铵的制造工艺采用料浆造粒法，基本流程为：磷酸和氨预中和→热料浆→转鼓造粒→湿粒→干燥→干粒→过筛→成品。磷酸铵类肥料的名称、组分和养分浓度见表 7-2。

表 7-2　磷酸铵类肥料品种、名称和组分　%

品种名称	组分	N-P_2O_5-K_2O	临界相对湿度
磷酸一铵	$NH_4H_2PO_4$	12-52-0	91.6
		10-50-0	
磷酸二铵	$(NH_4)_2HPO_4$	18-46-0	82.0
	$NH_4H_2PO_4+(NH_4)_2HPO_4$	16-48-0	78.0
多磷酸铵	$(NH_4,H)_{n+2}P_nO_{3n+1}$；$NH_4H_2PO_4$	15-62-0	
	$(NH_4)_2HPO_4$	12-58-0	
液体多磷酸铵	$(NH_4,H)_{n+2}P_nO_{3n+1}$；$NH_4H_2PO_4$	10-34-0	
	$(NH_4)_2HPO_4$，H_2O	11-37-0	
偏磷酸铵	NH_4PO_3	14-73-0	

磷酸一铵是无色四面体结晶，水溶液的 pH 为 4～4.4，在 10℃、25℃和 50℃时，每 100 mL 水可分别溶解 29 g·40 g 和 68 g。磷酸一铵性质最稳定，氨不易挥发。

磷酸二铵是无色单斜晶体，水溶液的 pH 为 7.8～8.0，在 10℃、25℃和 50℃时，每 100 mL 水可分别溶解 63 g，71 g 和 89 g。磷酸二铵性质不很稳定，在湿热条件下，氨易挥发。

当前国产磷酸铵是一铵盐和二铵盐的混合物，养分总浓度为 60%～68%，其中氮(N)为 14%～18%，磷(P_2O_5)为 46%～50%。通常加防潮剂制成颗粒肥出售，性质较稳定。

磷酸铵类肥料在国内外均是发展最快的复合肥料品种。它是一种以磷为主的，高浓度氮磷二元复合肥料。其主要优点是：有效养分全部是水溶性的；适用于各种土壤和作物；适合与单质氮、钾肥配合，经二次加工制成各类中、高浓度的混合肥料。磷酸铵类肥料的生产过程是磷肥生产与氮肥生产中氨加工过程的结合，工艺流程合理，可节省能源，降低生产成本。

偏磷酸铵，为高浓度的二元复合肥料，工业产品中氮（N）为 11%～12%，磷（P_2O_5）为 58%～62%。磷为枸溶性形态，稍有吸湿性，但不结块。

（二）硝酸磷肥

硝酸磷肥是用硝酸分解磷矿石制得的氮磷二元复合肥料。硝酸既可用来分解矿石，又能为产品提供氮源。这是硝酸磷肥经济上的优点。此外，硝酸磷肥不消耗硫酸，对于缺乏硫资源的地区或国家来说尤为合适。欧洲是世界上硝酸磷肥的集中产区。我国硫资源并不丰富，从 20 世纪 50 年代后期就开始着手研究和开发这类肥料，目前已建成一批大、中型硝酸磷肥生产厂。

硝酸磷肥生产有 3 个步骤。即首先用 50%～60%的硝酸分解磷矿，生产出磷酸和硝酸钙的混合液，其反应式如下：

$$Ca(PO_4)_3 \cdot F + 10HNO_3 \longrightarrow 3H_3PO_4 + 5Ca(NO_3)_2 + HF\uparrow$$

随后，采用不同工艺流程，除去溶液中过多的钙。由于除钙工艺不同，产品的组分也有差异。最后，用氨中和母液，蒸发脱水，造粒干燥。第二步除钙工艺主要有 3 种方法：

(1)冷冻法，其反应式如下：

$$3H_3PO_4 + Ca(NO_3)_2 + 4NH_3 + 2H_2O \longrightarrow CaHPO_4 \cdot 2H_2O + 2NH_4H_2PO_4 + 2NH_4NO_3$$

(2)混酸法，其反应式如下：

$$2Ca(PO_4)_3 \cdot F + 12HNO_3 + 4H_2SO_4 \longrightarrow 6H_3PO_4 + 6Ca(NO_3)_2 + 4CaSO_4 + 2HF\uparrow$$

$$6H_3PO_4 + 5Ca(NO_3)_2 + 11NH_3 \longrightarrow 5CaHPO_4 + 10NH_4NO_3 + NH_4H_2PO_4$$

(3)碳化法，其反应式如下：

$$3H_3PO_4 + 5Ca(NO_3)_2 + 10NH_3 + 2CO_2 + 8H_2O \longrightarrow 3CaHPO_4 \cdot 2H_2O + 10NH_4NO_3 + 2CaCO_3\downarrow$$

硝酸磷肥产品是含多种化合物的混合体，主要成分是磷酸二钙、硝酸铵、磷酸一铵，次要成分有硝酸钙、磷酸二铵和石膏等。氮素形态包括铵态和硝态，两者大约各占50%。磷的形态和养分浓度则因生产工艺不同而有差别（表7-3）。

表7-3　不同制法硝酸磷肥的成分

制造方法	氮(N)/%	磷(P_2O_5)/%	水溶性磷占全磷/%	N∶P_2O_5
冷冻法	20	20	75	1∶1
碳化法	18～19	12～13	0	1∶0.67
混酸法	12～14	12～14	30～50	1∶1

冷冻法硝酸磷肥的有效磷75%为水溶性磷，25%为弱酸溶性磷，养分总浓度为40%；混酸法硝酸磷肥中水溶性磷含量低于弱酸溶性磷；碳化法硝酸磷肥中有效磷全部为弱酸溶性磷。后两种硝酸磷肥的养分总浓度都比冷冻法产品低。第一、三类硝酸磷肥中氮、磷两种养分的比例近于1∶1。

硝酸磷肥的临界相对温度较低（55%～60%），易吸湿结块，产品通常制成粒径为2.4～2.8 mm的颗粒，但是在贮存、运输、施用过程中仍需注意防潮。

硝酸磷肥含有一定的硝酸铵，热稳定性差，易燃、易爆。当遇热分解时产生大量热量，可能引起火灾，并有红褐色有害气体产生。因此，贮运时要注意安全，防止高温并远离火源。

（三）硝酸钾

硝酸钾除少数由天然矿物直接开采，或由土硝熬制外，大多数用合成法或复分解法制取。合成法是将氯化钾与65%浓度的硝酸，在75℃下反应制成硝酸钾，氯气和亚硝酰氯可回收利用。其反应式如下：

$$3KCl+4HNO_3 \longrightarrow 3KNO_3+Cl_2+NOCl+2H_2O$$

复分解法是用硝酸钠与氯化钾反应，生成硝酸钾和氯化钠，以后在不同温度下分别析出和结晶。

硝酸钾为斜方或菱形无色结晶，含氮(N)为12%～15%，钾(K_2O)为45%～46%，不含副成分，吸湿性小于一般的硝酸盐类肥料。硝酸钾是含水量钾多含氮少的肥料，最适用于烟草、甜菜、马铃薯等喜钾作物。烟草和甜菜对硝态氮反应优于铵态氮，施用硝酸钾尤为适合。硝酸钾适于做追肥，不宜用于水田。

硝酸钾易燃、易爆。在运输、储藏和施用时注意防高温，切忌与易燃物接触。

(四)磷酸二氢钾

磷酸二氢钾是磷钾二元复合肥料,含 P_2O_5 和 K_2O 分别为52%和35%。纯净的磷酸二氢钾为灰白色粉末,吸湿性小,物理性状好,易溶于水,20℃时溶解度为23%。水溶液的pH为3~4。

由于磷酸二氢钾价格昂贵,目前多用于根外追肥或浸种。一般喷施浓度为0.1%~0.2%,连续喷2或3次,可取得良好的增产效果。水稻、小麦在拔节-孕穗期,棉花在花蕾期喷施最好。此外,用浓度0.2%的磷酸二氢钾溶液浸种 20 min,晾干后播种,也有较好的增产效果。

二、混合肥料

混合肥料是将两种或两种以上的单质化肥,或用一种复合肥料与一两种单质化肥,通过机械混合的方法制得不同养分配比的肥料。生产工艺流程以物理过程为主。根据土壤供肥特性和植物的营养特点,生产不同的依养分配比的肥料品种,以适应农业生产中的不同需求,尤其适合于生产专用肥料。混合过程中必须注意所选物料的相配性和物理性状,以免影响产品的品质。

按照生产工艺不同,可将混合肥料分为:粉状混合肥料、粒状混合肥料、掺合肥料、液体混合肥料和专用型复混肥料。

(一)粉状混合肥料

采用干粉混合,加工方法简单,生产成本低。主要设备为混合器。主要配料成分有粉状过磷酸钙、重过磷酸钙、硝酸铵、硫酸铵、氯化钾等。这种肥料的缺点是物理性状差,易吸湿结块,施用不便,尤其不适于机械化施肥。

在加工中加入适量的棉籽壳粉、稻壳粉、蛭石粉、硅藻土等物料,可以减少结块现象。也可先将混合成的物料堆置几周,让配料组分之间的反应趋于完全,这个过程称为熟化。熟化后的物料在包装前用6目筛子过筛。

(二)粒状混合肥料

生产粒状混合肥料的主要工艺流程包括:固体物料破碎、过筛、称量、混合造粒、干燥、冷却、筛分等。用于造粒的机械有转鼓造粒机、圆盘造粒机或挤压造粒机。由于挤压造粒具有成料率高、返料少、配方灵活等特点,可以代替圆盘或转鼓造粒机,适合于中小型肥料厂应用。

用于生产粒状混合肥料的基础肥料种类较多,但一般来说,加入的磷肥品种决定其养分总含有量的高低,如用硝酸磷肥、重过磷酸钙、磷酸铵作为磷源,则制得高浓度混合肥料;用过磷酸钙、钙镁磷肥只能制成中、低浓度的混合肥料。目前我国高浓度磷肥品种还显不足，因此，生产的混合肥料以中、低浓度为主，代表品种有尿素一普钙系列、尿素一钙镁磷肥系列及氯铵一普钙系列等。近年来，我国研制开发的混合肥料主要产品价格，见表 7-4。

表 7-4 我国混合肥料代表产品 ($N-P_2O_5-K_2O$)/%

养分浓度	三元复混肥料				二元复混肥料
	高磷高钾	高磷低钾	低磷高钾	低磷低钾	
低浓度	11-7-7	13-8-4	14-6-8	15-5-5	12-8-0
≥25%	9-9-7	11-10-4	10-5-10		10-0-10
	11-8-6				
中浓度	5-15-12	16-10-4	16-4-10	16-7-7	15-10-0
≥30%	8-8-16	18-8-4	18-4-8	18-8-8	12-0-18
	10-8-20				
高浓度	15-15-15	22-12-16	18-8-18	20-10-9	23-12-0
≥40%	12-12-24		20-9-13		10-40-0
					13-32-0

注：①P_2O_5/N 或 K_2O/N 比值>0.5 为高，<0.5 为低。
②二元与三元复混肥料养分含量分级相应减少 5%。

粒状混合肥料的优点是颗粒中养分分布比较均匀，物理性状好，施用方便。这类肥料是我国目前主要的复混肥料品种，发展前景广阔。

(三)掺合肥料

掺合肥料简称 BB 肥(bulk blending fertilizer)，是用两种或两种以上粒度相对一致的单质可复合肥料为原料，经机械混合而成的肥料。成品可散装或袋装，但以散装居多。在美国，20 世纪 50 年代开始兴起掺合肥料，是世界上散装掺合肥料发展最快，施用最多的国家。并且已将大型化肥企业-农业销售服务中心-二次加工厂-农户科学施肥(包括机械化)4 个环节有机结合起来，既满足了农户的需求，又促进了美国农业的发展。掺合肥料对基础肥料的要求比混合肥料要高，在美国已具备了充分发展掺合的优越条件。在我国掺合肥料的生产起步较晚，现在已有一定的发展，但还以进口的大粒尿素、大粒氯化钾和国产磷酸一铵、二铵掺合肥料为主。

掺合肥料具有生产设备简单，能源消耗少，加工费用低廉，生产环境好，可散装运输、节省包装费用；随混随用，不改考虑贮存中的变化；农民从肥料中能明显地看到氮、磷、钾的肥料颗粒，不易因造假而受到损失；适合小批量生产，可根据当地的土壤和作物特点，灵活改变配方等优点。其缺点是如果各组分的粒径和比例相差较大，则在运输、贮存和施用中会出现程度不同的颗粒分离现象，影响产品质量与施肥效果。为避免出现这种现象，一要注意干施，随混随施，掺混操作和田间施用最好在同一天内完成；二要强调配料的颗粒大小要相对一致，以防止产品运输和施用中不同粒级基础肥料出现分离，而导致施肥不匀，例如，磷酸铵、尿素和氯化钾三者是适合掺混的，但市场出售的颗粒粒径分别有：2～4 mm、1～2 mm 和 0.8 mm。这些不同粒径肥料就不适合掺混，为此需要增加成本，专门生产适合掺混的专用基础肥料，如大粒尿素、大粒氯化钾等。据报道，我国山东、河南、广东、海南、江苏等地已经有 BB 肥上市，郑州工业大学磷肥与复肥研究所已开发了缓解包裹尿素和包裹型复混肥料作为 BB 肥的基础肥料。

常用的基础肥料有：磷酸一铵、磷酸二铵、重过磷酸钙、聚磷酸盐、尿素、硫铵和氯化钾，一般不用硝酸铵、硫酸钾、普钙等。

（四）液态混合肥料

液态混合肥料包括：清液型和含有悬浮颗粒的悬浮型两类。典型工艺是氨化磷酸或聚磷酸作为液态肥，再加入高浓度氮肥和钾肥，配制成各种规格的肥料（表 7-5），还可在液态肥中加入适量微量元素或农药，制成多元混合肥料或多功能混合肥料。近年来聚磷酸铵有代替正磷酸铵的趋势，因它对金属离子有较强的螯合功能。在含聚磷酸铵的液态混合肥料中，可以加入较多量的锌、铁、铜等盐类或氧化物，其稳定天数较长（表 7-6）。

表 7-5 几种液态复混肥料的规格、配料和析盐温度

规格/% $N-P_2O_5-K_2O$	配料/($kg \cdot t^{-1}$)					析盐温度/℃
	液态聚磷酸铵 (10-34-0)	尿素-硝铵 (N 为 32%)	尿素 (N 为 46%)	氯化钾 (K_2O 为 62%)	H_2O	
16-16-0	470	353	—	—	177	−3.3
7-21-7	618	25	—	113	244	11.1
10-15-5	441	175	—	80	304	−5.0
18-6-0	177	—	353	—	470	−3.0
5-10-10	294	—	45	162	500	−13.0
9-9-9	265	—	134	145	452	−8.0

表 7-6　液态聚磷酸铵和正磷酸铵中微量元素的溶解

添加材料	稳定天数	微量营养元素(B,Zn,Mn,Fe,Cu)/%	
		溶于聚磷酸铵溶液(11-37-0)	溶于正磷酸铵溶液(8-24-0)
$Na_2B_4O_7 \cdot 10H_2O$	>30	0.9	0.9
ZnO	90	2.1	0.05
$ZnSO_4$	3	2.3	0.06
Mn_3SO_4	>30	0.2	—
$MnSO_4 \cdot H_2O$	0	<0.08	<0.08
$Fe_2(SO_4)_3 \cdot 9H_2O$	>30	1.0	0.08
CuO	>30	0.7	—
$CuSO_4 \cdot 5H_2O$	>30	1.5	0.13

为了阻止液态混合肥料中悬浮固体物的沉降，延长悬浮的稳定天数，可以选用一些助悬浮剂，主要是一些高度分散的黏土矿物。助悬浮剂的添加量为溶液量的1%～2%。悬浮型液肥的养分浓度可相应提高，所选原料可用不完全溶解的粗制品。

液态混合肥料的优点：在肥料二次加工中不需要蒸发和干燥，不产生粉尘和烟雾；产品无吸湿和结块问题；贮存、运输和装卸较为方便；可以叶面喷施、滴灌或结合灌溉施用，也可作为营养液进行无土栽培；制成多功能混合肥料较为方便等。

主要缺点：需要有特殊的装运、贮存、分配及施用系统和机具，这在发展中国家当前较难推行。液态混合肥料在低温下可能发生析盐，因而在寒冷地区，施用受到一定限制。美国是世界上液态混合肥料施用最多的国家，据 1978 年统计，这类肥料已占当年全国销售复混肥料总量的 18%。

(五)专用型复混肥料

随着农业生产的集约化、专业化、机械化、科学化和持续发展的要求，专用型复混肥料的生产与施用已日益盛行，近二三十年来，世界各国，尤其在欧美及日本等国家专用型复肥发展很快，从单质化肥-复混肥-专用复混肥的发展是化肥工业的前进，也是农业生产发展的结果，通用型与专用型复混肥两者是相辅相成的，不应是相互对立的，应该说，生产与施用专用型复混肥料有它更深一层的作用与意义。首先，专用型复肥是与农化服务密切结合的，把肥料和施肥的科学知识和先进技术一并直接推广到农户中，起到了现代农业化学科学技术的普及和教育效果。专用型复混肥的施用表明施肥环节已逐步从单一的“归还”“补足”，甚至“矫正”阶段进入到要求有针对性、平衡、永续的新的更高的阶段。经过相当长时期大量施用化肥，土壤中营养成分在量上已较充足，甚至有积累，施肥增产，高产已趋于相对稳定，农业生产上更高更特殊的需求，促进了施肥更科学化、高效化。故专用复混肥首先在经济与农业发达的国家，如美国出现，当时主要在特种作物与经济作物种植区使用，随后，在发展中国家的经济作物种植区也开始施用。

中国近年来专用型复混肥的生产与施用有一定的发展，除了进口与合资企业提供的产品，如中国-阿拉伯化肥公司销售的撒可富系列专用型复混肥等外，我国一些大型化肥企业、科研单位或高等院校等都分别进行了专用型复混肥的研制与生产销售，如我国最早的化肥基地，南京化工公司已先后生产了各种专用肥，如：

烟草专用肥 1 号(7-7-21)、2 号(15-10-15)、3 号(5-10-20)，已在湖北、江苏、安徽、云南等地推广使用。

草莓专用肥(7-11-7＋Zn)、水稻多功能专用肥(14-6-8＋SiO_2)、(13-6-9＋Zn＋SiO_2＋除草剂)，以及果树专用肥、棉花专用肥、荷藕专用肥、芦席专用肥等都分别获得好评。

又如合肥化肥厂已研制开发了“红四方”牌系列专用型复混肥，包括稻棉油果蔬菜等八大作物。

可见在我国的具体条件下，是从经济作物生产的需求开始发展专用型复混肥。

专用型复混肥开发区的关键配方，中至少包括 3 项技术内容：①养分含量，种类，比例，形态等；②基础肥源和合理的加工工艺；③相应的施用技术。配方的制定有一个周密的过程，从以某特定作物或某一类型作物的营养要求做依据，经过参考所用地区土壤，肥源，气候等因子的矫正，最后对所得的产品，必须有生物试验的验证和评价，才能推广销售。配方设计时，可以借用国内外同类的现成配方，全国化肥试验网的资料，更重要的是充分利用多年多点田间肥效试验的结果，加上应用微机进行处理(图 7-1)。

最后还应强调，专用型复混肥品种，一旦形成，并不是永久性的，经过生产和使用一段时间后，要视其肥效和条件做必要的修正，使其不断为作物高产、优质和土壤生产力永续使用服务。

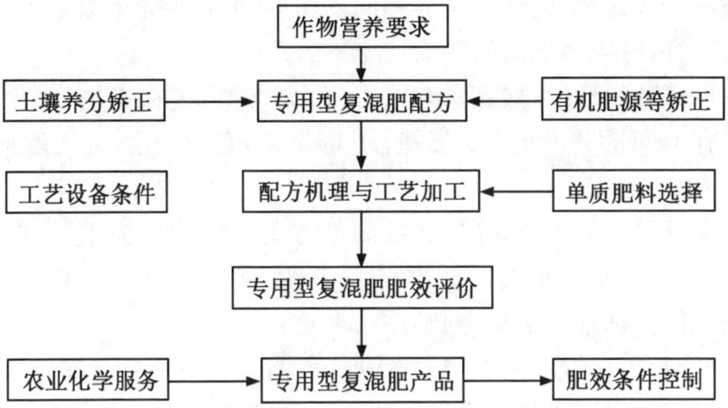

图 7-1　专用型复肥配方设计

第三节　复混肥料的肥效和施用

一、复混肥料的肥效

我国自 1959 年开始施用复混肥料以来，一直关注着复混肥料在各地的肥效，并进行了应用技术与有关作用机理的研究。先后有 4 次相当规模的全国性试验，大量的试验研究表明，无论复混肥料或单质肥料，只要养分形态、用量比例和种植条件一致，等养分条件下肥效基本相当，产量增减差异均未超过 5%。在我国常用复混肥料品种之间肥效比较，尿磷铵肥效稳定，硝酸磷肥肥效不稳定，在水田与茶园施用肥效差，所含磷的当季肥效更受土壤类型和作物种类的影响。氯磷铵肥效变化较大，较适于中性和石灰性土壤上。除含高枸溶性磷的以外，生产工艺不同对复混肥料肥效影响不大，为此，在选择二次加工工艺时，在力争养分含量高的原则下，主要考虑加工成本低廉，产品贮存、运输和施用方便等因素。至于进口复混肥料与我国产品的肥效比较，经过大量的田间试验与大面积农作物种植实践表明在氮磷钾施用量相同的情况下，国产磷铵与进口产品，国产三元复肥与进口产品的复混肥肥效基本一致，而进口产品除了具有进口牌的优势外，且有肥料颗粒均匀光滑，抗压强度大，不结块等质量优势。

二、复混肥料的合理施用

复混肥料有其优点，一次施用可以同时提供多种营养元素。然而不同的复混肥料所含营养成分、含量、配比等不尽相同。因此，同样要求有针对性，才能发挥其优点与作用。施用时应考虑的问题简述于下：

(1)含各种养分的形态，如氮素有铵态氮，硝态氮，酰铵态氮；磷素有水溶性与枸溶性；钾素有不同的化合物，含硫基，还是氯基，若含有添加其他成分的，也应注意。

(2)土壤中所养分的丰缺状况，如我国南方土壤以缺钾为主，宜施高氮、高钾、低磷的三元复混肥。北方土壤以缺磷居多，宜施氮磷二元复混肥，而瓜果、茶、烟草、果树等经济作物宜施三元复合肥。

(3)作物类型，要根据不同作物的营养特性与人类对所栽种作物在产量与品质上的需求来选择肥料品种，如是喜磷作物，还是喜钾作物等。

(4)作物轮作方式、茬口安排和施肥习惯，如南方稻稻轮作中，磷肥效果是早稻好于晚稻，钾肥效果则是晚稻好于早稻。北方小麦和玉米轮作中，小麦对缺磷敏感，考虑选用高磷复肥，而夏玉米由于有前茬后效，则可选用低磷复肥。

(5)施用量、时期和位置，复混肥料通常做基肥施用，再配以适量单质氮肥为追肥。做基肥时，应以适合当地土壤条件的磷、钾用量为依据，确定复混肥料的用量。稻田可耕田深施，旱地采用全层深施、条施或穴施。在土壤肥力较高或配以有机肥料时，3 种施用方法的肥效差异不大，但在土壤瘠薄地区则以集中施用为好。做种肥时，要避免与种子直接接触，以免影响出苗。各类肥料对小麦种子发芽率的影响程度为：氯磷铵＞硝酸磷肥＞尿素＞尿磷铵。

思 考 题

1.什么是复混肥料？它优于单质肥料之处是什么？主要有哪些常用品种？

2.复混肥料发展趋势如何？

3.为什么说专用型复混肥料生产反映了化肥工业的进步？

4.如何合理施用复混肥料？

第八章　绿　　肥

直接或经堆沤后施入土壤做肥料用的栽培或野生绿色植物体统称之为绿肥(green manure)。专门栽培做绿肥用的作物称之为绿肥作物。绿肥还具有培肥改土、作饲料、水土保持和荒坡废地修复等多种功能。

第一节　绿肥在持续农业中的作用

一、提供多种养分及优质有机肥

(一)为作物提供养分

绿肥含有各种营养成分,其中氮、钾含量较高,磷相对较低,且含有一定量的微量营养元素等。绿肥鲜草含氮量为0.3%～0.6%,一般翻埋1 000 kg豆科绿肥鲜草所提供的N∶P_2O_5∶K_2O约为5∶1∶4左右,施用15 t·hm^{-2}绿肥可为后季作物提供30%～60%所需施氮量。绿肥的养分含量依绿肥种类、栽培条件、生育期等不同而异,表8-1列举主要绿肥作物在收割期鲜草中氮、磷、钾含量。

表8-1　主要绿肥作物养分含量　　%

种类	鲜草成分(占绿色体的比例)				干草成分(占绿色体的比例)		
	水分	N	P_2O_5	K_2O	N	P_2O_5	K_2O
紫云英	88.0	0.33	0.08	0.23	2.75	0.66	1.91
光叶紫花苕子	84.4	0.50	0.13	0.42	3.12	0.83	2.60
毛叶苕子	—	0.47	0.09	0.45	2.35	0.48	2.25
箭筈豌豆	—	0.54	0.06	0.32	—	—	—
黄花苜蓿	83.3	0.54	0.14	0.40	3.23	0.81	2.38
草木樨	80.0	0.48	0.13	0.44	2.32	0.92	2.40
肥田萝卜	90.8	0.27	0.06	0.34	2.89	0.64	3.66

续表 8-1

种类	鲜草成分(占绿色体的比例)				干草成分(占绿色体的比例)		
	水分	N	P_2O_5	K_2O	N	P_2O_5	K_2O
油菜	82.8	0.43	0.26	0.44	2.52	0.53	2.57
田菁	80.0	0.52	0.07	0.15	2.60	0.54	1.68
柽麻	82.7	0.56	0.11	0.17	2.71	0.31	0.82
紫花苜蓿	—	0.56	0.18	0.31	2.16	0.53	1.49
紫穗槐	—	1.32	0.36	0.79	3.02	0.68	1.81
沙打旺	—	—	—	—	2.80	0.22	2.53
细绿萍	—	—	—	—	3.8～4.5	1.10	3.97
水花生	—	0.15	0.09	0.57	—	—	—
水葫芦	—	0.24	0.07	0.11	—	—	—
水浮莲	—	0.22	0.06	0.10	—	—	—
红三叶	73.0	0.36	0.06	0.24	2.10	0.34	2.53

豆科绿肥作物含氮量高于非豆科。豆科绿肥作物(靠共生根瘤菌)和绿萍(靠共生固氮蓝藻)体内的氮有 2/3 来自共生固氮。这是一种在常温常压不污染环境的条件下,将大气中游离氮固定并转入生物体内参与生物小循环的自然现象,故充分开发利用绿肥的共生固氮,从生态、环境、社会、经济各方面的意义和价值都远超过化学合成氮肥和有机废弃物的利用。再者,绿肥氮的总利用率(当季作物回收率＋土壤残留率)高达 85％～90％,远高于化学氮肥的总利用率(50％～60％)。

绿肥作物凭借其发达根系,能吸收利用土壤较深层的养分以及难溶性养分(如磷矿石中磷、蛇纹石中镁、钾长石中钾等)并将之富集于耕作层供农作物吸收。绿萍、水花生等水生绿肥能从水体中富集钾供农作物利用。商陆科的商陆作物为富钾绿肥作物,其干物质含钾量可达 8％左右。

(二)促进土壤有机质的积累和更新

施入土壤的新鲜绿肥能补充土壤有机物质,有利于土壤有机质的积累,而且能促进土壤原有有机质的矿化与更新。土壤有机质累积量大小与绿肥的化学组成、C/N、施入量、土壤肥力、气候条件和土壤质地等都有关。据报道,土壤有机质积累率约为压入量的 10％,施用量大,积累就多;木质素含量高,C/N 大的禾本科绿肥较 C/N 小的豆科绿肥对土壤有机质增加作用显著;低温条件下,水田黏性土壤中有机物质矿化慢，积累量就大。有报道，用^{14}C标记的紫云英，以2%用量加入几种不同类型土壤，恒温培养249 d后测定结果：土壤中积累的紫云英C量为2.74～3.60 g·kg^{-1}，激发损失C量为0.27～1.07 g·kg^{-1}，紫云英净积累C量为2.21～3.17 g·kg^{-1}，减去各种土壤相应的土壤矿化C量后的土壤积累C量均得到正值，表明施入土的绿肥不但能更新还能提高土壤的有机质，还发现，上述的激发和积累效应，在同类土壤上，肥力低的比肥力高的更显著。

二、培肥土壤，改良低产土壤，扩大耕地资源

(一)改善土壤理化性状

翻埋的绿肥腐解后形成的腐殖质等能增加土壤的有机无机复合体，加之绿肥作物强大根系的穿透、挤压和团聚作用，使土壤形成较多的水稳性团聚体。连续多年施用较大量绿肥后土壤理化性状明显改善，容重下降，通透性、持水性增强，土壤气、液、固三相比得到更好的协调。另有报道，施用木质素含量高的绿肥不仅使土壤有机无机复合体量增加还使其中的稳结态尤其是紧结态有机质增加，表明土壤熟化度提高；耕性、保肥性都有改善。

据山东省滨海盐土上连续3年试验结果报道，翻埋田菁15.75 t·hm^{-1}，土壤容重由1.36 g·cm^{-3}降至1.2 g·cm^{-3}、总空隙率由48.7%提高到54.7%。土壤渗透系数由0.72增加到1.37 mm·min^{-1}，每米土层脱盐率由18.4%明显提高到40.6。

(二)提高土壤微生物和土壤酶的活动

翻埋绿肥以及种植绿肥作物根系的胞外分泌物不仅直接增加了土壤有关酶类，还提供了多种易为根际微生物利用的营养和能源物质。加深了土壤微生物和酶类的活性。一般C/N小，木质素含量低的绿肥更有利于激发土壤的生物活性。据广西资料报道，在潮砂泥田上种冬绿肥比对照分别提高了土壤耕层中脲酶(18.2%)、蛋白质酶(18.8%)和转化酶(18.7%)等的活性。

(三)改良低产土壤

大多数绿肥作物具有某些方面较强的抗逆能力，如耐瘠、耐盐、耐酸、耐碱、耐旱、耐寒、抗风沙等，是改良低产土壤如盐碱地、低产红黄壤、风沙土等的"先锋作物"连续种植与翻埋绿肥，配合相应的其他改良措施，能达到加速改土培肥后作为农用的效果。这类实际范例很多。如前述的盐碱土上种翻田菁能起到加速耕作层脱盐，土壤肥力也明显提高。又如南方一些瘦、黏、板、酸的红黄壤荒坡地上选择肥田萝卜、猪屎豆、乌豇豆、葛藤等适当品种，实行多品种、多形式的栽种。保持"四季长青"快速覆盖地面，达到控制水土流失，提高土壤肥力。又如西北与北方地区土

壤干旱，风沙严重，种植抗旱、耐瘠、固沙力强的多年生绿肥，如紫苜蓿、沙打旺、紫穗槐、草木樨等，能形成地面覆盖，起到防风、固沙、改土培肥效果，对防治“沙尘暴”也有很大作用。

三、防止水土流失，修复荒坡废地，净化生态环境

（一）防止水土流失，修复荒坡废地

绿肥作物株从密集，枝叶茂盛，能较快地覆盖裸露地面，防止暴雨打击，拦截雨水，降低地表流速，减少径流，有利于水分下渗，具有明显的蓄水保土，防止土壤侵蚀，固土护坡的效果。据内蒙古埴子口试验站观测报道。草木樨地比裸露地减少地表径流 43.8%～61.5%，降低土壤冲刷量 89%。种植紫穗槐能使年径流次数下降 70%，减少径流量 73.5%，冲刷量 62.7%。可见，利用绿肥对治理荒坡废地，沟壑等地区的水土流失是一项重要的生物措施。加之，绿肥能改善的理化、生物学性状，恢复土壤生产力。在交通，矿山建设的荒坡废地修复工程中，种植绿肥也是一条经济又行之有效的修复途径。

（二）净化生态环境

种植绿肥作物在一定程度上起到蓄水固土，防沙护坡，类似植树造林的效果，从而减少了土壤氮磷的流失。有利于控制面源污染。另有报道，种植夏绿肥田块，耕作层土壤硝酸盐的淋失量仅为休闲田的 1/10～1/5。可见，种植绿肥可保护和净化生态环境。很多水生绿肥能净化水环境，尤其是水葫芦。辽宁省的试验结果是：在污水中放养水葫芦 5～10 d，使静态水的 COD 下降 75%、BOD_5 下降 90%、铵态氮下降 70%、磷和钾去除率分别为 38.6%和 64.8%、铅去除率 10.7%、铜去除率 30%、锌去除率 70%。可见，污水放养水生绿肥是一项治理和利用相结合的生物治理途径，成本低、收效快。要注意的是，所放养的水生绿肥必须及时收捞、利用才能真正收益。

四、农牧结合，发展多种经营

（一）肥饲兼用，发展畜牧业

农牧结合是农业现代化的重要标志。绿肥尤其是豆科绿肥，营养成分丰富。富含粗脂肪、粗蛋白、粗纤维、各种氨基酸及铁、铜、锌、锰等各种微量营养元素，是优质青饲料。可以直接饲喂，也可以打浆、做糖化饲料、青贮发酵、制成干草粉、干草砖，也可进一步加工成颗粒饲料。做饲料的价值比粮食作物的价值还高。

种草肥田，割草养畜，畜粪还田的绿肥利用方式比绿肥直接翻埋做肥料，其能量和物质效益更为经济合理。绿肥作饲料被牲畜取食，所含的化学潜能中有

16%～29%转化为畜产品，33%用以维持家畜的生命活动，38%～51%随粪排出。如用紫云英鲜草饲喂猪，排出的氮、磷、钾分别占鲜草中氮磷钾 75.6%、86.2%和 77.8%。绿肥过腹还田即肥畜又肥田。据研究用 1 250 kg 的紫云英直接埋青，增产稻谷 39kg，制成 100 kg 干草粉饲育肥猪，两周增重 26 kg，将猪排泄物用于水稻，增产 27kg，虽然稻谷增重比直接埋青少 12 kg，但生猪活体增重 26 kg，总体经济效益高。试验结果表明，绿肥过腹还田，猪体和稻谷共回收饲料绿肥 ^{15}N 30.2%，比绿肥直接还田的稻谷回收绿肥 ^{15}N 高 33.0%。说明绿肥喂猪，其含氮化合物转化为经济产品的比例显著高于绿肥直接还田。

将绿肥制成干草粉，出口国外增加外汇收入。日本、韩国每年需进口大量紫花苜蓿干草粉。过去从美国、加拿大进口，运输费每吨高达 1 500 元人民币。从中国运往日本、韩国不仅运费低，又可快速到达目的地。中国地大物博，绿肥饲草品种繁多，加工成绿肥饲草干草粉出口，占领国际市场前景看好。

（二）提供优质蜜源

许多绿肥作物都是很好的蜜源植物，尤其是紫云英、草木樨、紫花苜蓿、苕子、三叶草流蜜期长，蜜质优良，均为我国重要蜜源植物（表 8-2）。

表 8-2　几种绿肥作物流蜜期与产蜜量

作物	流蜜期/d	每群蜂年产蜜量/kg
紫云英	20～30	20～50
苕子	25～30	15～40
紫花苜蓿	25～35	20～40
草木樨	25～35	40～50

如用 0.13～0.2 hm^2 草木樨地放养一箱蜂，可产 15～30 kg 蜂蜜，因此，扩大绿肥种植面积，可促进农村养蜂业发展，增加农民收入。

（三）其他

有些绿肥作物种子可以做工业原料，如从田菁种子中可提取半乳甘露、聚糖胶广泛用于煤炭、石油食品造纸等工业。金花菜、食用豌豆、蚕豆等可菜肥兼用，箭筈豌豆、绿豆、竹豆、黑小豆、印度豇豆可为粮肥兼用。扁茎黄芪有补肾固本养肝明目之功能。紫穗槐、胡枝子的枝条可用来编织多种生产和生活用具，柽麻、葛藤茎可用于剥麻，造纸或做多种纤维制品原料。因此种植绿肥可获得广泛的经济效益。

第二节　绿肥作物的栽培

一、绿肥作物分类

我国幅员辽阔，各地自然条件有别，通过长期生产实践和科学实验，从我国原产和从国外引进的大量绿肥品种资源中，选择和培育出一批适应我国不同自然条件和耕作制度的绿肥种类和品种。这些绿肥共有 98 种，其中豆科 72 种，非豆科 26 种，分别占 73%和 27%。其中栽培面积较大的有 6 科 20 属 32 种，其中豆科 26 种，非豆科 6 种，分别占 80%和 20%(表 8-3)。

表 8-3　大面积种植的绿肥种类

科名	属名	种名	栽培类别	科名	属名	种名	栽培类别
豆科	黄芪	紫云英	冬绿肥	豆科	猪屎豆	柽麻	春、夏、秋绿肥
		沙打旺	多年生绿肥		豇豆	乌豇豆	夏、秋绿肥
	巢菜	毛叶苕子	冬、秋绿肥			印度豇豆	夏绿肥
		光叶苕子	冬绿肥		菜豆	绿豆	夏、秋绿肥
		蓝花苕子	冬绿肥			饭豆	夏绿肥
		蚕豆	冬绿肥		大豆	六月豆	夏、秋绿肥
		箭筈豌豆	冬、春、秋绿肥			秣食豆	夏、秋绿肥
	豌豆	豌豆	冬、春、秋绿肥		紫穗槐	紫穗槐	多年生绿肥
	草木樨	白花草木樨	春、夏、秋多年生		葛藤	野葛藤	多年生绿肥
		黄花草木樨	冬、夏、秋多年生		灰叶豆	山毛豆	多年生绿肥
		印度草木樨	冬、春、绿肥		葫芦巴	香豆子	秋绿肥
	苜蓿	金花菜	冬、春、绿肥				
		紫花苜蓿	多年生、冬绿肥	十字花科	萝卜	肥田萝卜	冬绿肥
	山黧豆	普通山黧豆	春绿肥	槐叶萍科	满江红	细满江红	春、秋绿肥
	田菁	田菁	夏、秋绿肥			满江红	春、秋绿肥
		多刺田菁	夏、秋绿肥	苋科	莲子草	水花生	夏、秋绿肥
	三叶草	绛三叶	冬绿肥	雨久花科	凤眼莲	水葫芦	夏、秋绿肥
		红三叶	多年生绿肥	天南星科	大薸	水浮莲	夏、秋绿肥
		白三叶	多年生绿肥	禾本科	黑麦草	多花黑麦	多年生冬绿肥

绿肥通常分为栽培绿肥或野生绿肥两大类。栽培绿肥按常用分类方法有3种。

(一)按植物学分类

将栽培绿肥区分为豆科和非豆科绿肥两部分。非豆科中常用的有产草量高、须根发达的禾本科;分解土壤磷强的十字花科;产草量高、富钾力强的水生绿肥,其中有的还能固定空气中氮素。

(二)按绿肥的生长季节分类

凡种植一次,利用年限在一整年以上的称为多年生绿肥,如紫花苜蓿、沙打旺、紫穗槐、白三叶等。利用年限不超过一整年的称为一年生绿肥。一年生绿肥按主要生长季节不同又可区分为:

(1)冬绿肥,又称越年生绿肥,秋季或冬季播种,次年春季或初夏利用。是我国南方主要的栽培类型,如紫云英、苕子、金花菜等。

(2)夏绿肥,春季或初夏播种,夏季或初秋利用。例如,在麦收后种的田菁和豇豆。

(3)春绿肥,早春播种,仲夏前利用,例如,麦田套种草木樨。

(4)秋绿肥,夏季或早秋播种,冬前利用,例如,西北河西走廊收获春小麦后种一季箭筈豌豆。我国地域辽阔,各地气候条件不同,耕作制度有别,同种绿肥在不同地区的生长季节可以有所不同,如草木樨,东北地区常作为春绿肥,华北冬麦区作为夏绿肥,广西则作为冬绿肥。

(三)按生长环境条件分类

(1)旱生绿肥,指生长在陆地上的绿肥,例如,黑麦草、三叶草、苕子、紫花苜蓿。

(2)水生绿肥,指生长在水中的绿肥,例如,满江红(绿萍)、水葫芦、水浮莲、水花生。

二、绿肥作物的种植方式

绿肥作物的种植方式应根据利用目的和绿肥的生长习性,因地制宜,充分利用空间、时间和光能,尽量做到农牧结合,肥饲兼用,保证有一定的经济效益为原则。种植方式有:

(一)单作

在作物的生长季节里,在一定的土地面积上只种一种绿肥作物。多数在地多人少,土壤旱瘠、盐碱、多风沙等的低产土壤上用作改土,如在荒漠沙土地上种植沙打旺绿肥作物,可以固沙,防止水土流失。

(二)轮作

在同一块田内将农作物和绿肥作物周期性地逐年依序循环种植,例如,北方的紫花苜蓿、草木樨与玉米、高粱轮作。南方的苕子-棉花轮作。轮作主要解决人多地少,土壤瘠薄地区,达到既培肥改土,用地养地相结合,又获粮、棉高产、稳产的目的。

(三)间作

指绿肥作物与粮、棉、油、果、茶、桑、林等作物按一定面积比例相间种植,如在果树行间种植苕子、箭筈豌豆;茶树行间种植金花菜等。

(四)套种

将绿肥作物套种在主作物的株行之间,可作当季作物追肥和下季作物的基肥,如油菜地套种草木樨做下茬玉米基肥;棉花地套种柽麻做棉花的当家肥等。

(五)插种

利用农作物换茬的短暂间隙,种植一次短期速生绿肥作下茬作物基肥。例如,小麦收获后,立即播种绿豆绿肥,作秋玉米或下茬小麦基肥。

(六)混种

将多种绿肥作物(如豆科-非豆科作物)按一定的比例同时混播在一块田里,如将油菜、黑麦草、紫云英(或金花菜)、苕子混播。混播后可以发挥绿肥的各自优势,充分利用空间、光能和地力,提高绿肥和群体的抗逆能力及单位面积的总产量。

三、绿肥作物的栽培技术

绿肥作物栽培技术就是在单位面积上投入较少能量、物质和劳力下,要求得到较高的产草量和养分。为提高光能的利用,可适当提高群体密度和叶面积指数,促进绿肥共生固氮和富集土壤养分,如春绿肥和秋绿肥在田间生长期较短,栽培技术上必须加强苗期管理,促进快速生长,使之短期内获得一定的鲜草产量尤其重要。

绿肥作物的主要栽培技术是抓好播种、肥水管理、留种和混种等环节。

(一)播种

须做到提高播种质量、保证出苗率和幼苗健壮生长。为此,做好种子处理,适期播种和确定最佳播种量工作。

1.种子处理　播种前根据绿肥作物种子质量和种皮结构等特点采用选种、晒种、擦种或烫种的种子处理方法。对豆科绿肥作物要接种高效根瘤菌剂。

选种:选用新鲜、成熟度一致、饱满、整齐、发芽率高、纯度高于80%的种子。

晒种:绿肥作物种子在播种前置于阳光下暴晒1~3 d,促进种子后熟,并提高发芽率。

擦种:有些豆科绿肥种子硬子率高,种皮含有一种坚韧致密的蜡状物,妨碍种子的吸水膨胀和正常出苗,如紫云英、金花菜、白花草木樨、田菁等绿肥作物种子硬子率高,播种前经"擦种"擦破种皮,保证种子正常吸水。擦种方法,种子∶沙=2∶1入容器中研磨,也可摊开在晒场上用石碾滚磨到种皮有裂痕为止。对田菁种子也可以用50～60℃温水烫3～4 min后,立即取出用凉水冲洗晾干后播种。

种子消毒:种子消毒的目的是减少绿肥作物苗期的多种病害,如紫云英、紫苜蓿可以用比例为1.03%～1.07%的盐水浸泡冲洗除去劣子和菌核。柽麻枯萎病用0.3%多菌灵胶悬剂浸泡14～16 h。

根瘤菌剂接种:选用固氮率高、侵染性强的高效根瘤菌菌株进行接种,增加固氮量提高绿肥作物鲜草产量,尤其对种植新区是试种成败的关键。

2.播种期和播种量　适时播种是保证绿肥正常生长和获得高产的基本条件。适宜播种期的确定取决于绿肥种类、品种、气候条件和茬口安排。冬绿肥播种过晚,鲜草产量低和不易安全越冬。播种过早,若遇高温影响种子出苗或冬前苗情生长过旺易受冻害。对于春性强的绿肥作物蚕豆、箭筈豌豆须特别注意。夏绿肥播种也因用途不同也有相应的适播期,如柽麻在南京地区适播种期为5月24日至6月8日,播种太早多早花,营养体小,豆荚螟危害严重;播种太晚,种子不易成熟,产种量低。

常用绿肥作物播种期和播种量(表8-4、表8-5和表8-6)。

表8-4　主要冬绿肥的适宜播种期

地　区	苕子	紫云英	金花菜	箭筈豌豆	草木樨
黄河和淮河之间	7/下～9/上*	—	—	—	—
陕西关中至苏皖淮河流域	7/下～9/中	8/下～9/中	9/上～9/中	9/上～9/下	8/中～9/上
川、贵及长江中下游	9/上～9/下	9/中～10/上	9/下～10/上	9/下～10/上	9/上～9/中
浙中南部至湘赣中部,闽滇北部	9/上～10/上	9/下～10/上	9/下～10/中	9/下～10/下	—
闽中南部至湘赣南部,粤桂北部	9/中～10/中	9/下～10/中	—	10/上～11/上	—
五岭以南地区	10/上～10/下	10/上～10/下	—	—	10/中～11/中

* 指7月下旬和9月上旬,以下表达方式相同。

表 8-5 主要春、夏、秋绿肥的适宜播种期

地 区	草木樨	箭筈豌豆	香豆子	田菁	柽麻	(豇、饭豆)绿豆
东北、内蒙古、西北春麦区	3/下～7/中	—	3/下～4/上	4/下～5/上	5/中～6/下	5/中～6/上
长城到黄河间冬麦区	3/中～3/下	3/中～3/下	3/中～3/下	5/中～7/中	4/下～7/中	4/下～7/上
黄淮间冬麦区及关中	3/上～3/中	3/上～3/中	7/中～7/下	5/上～6/中	4/下～7/中	4/下～7/下
西南及长江流域冬麦油菜区	2/中～2/下	2/中～2/下	—	4/中～6/中	4/中～8/中	4/中～8/上
浙南、闽北、湘、赣中南部	—	—	—	3/下～7/中	3/下～7/下	3/下～8/上
五岭以南地区	—	—	—	3/下～8/中	3/中～8/下	3/中～8/下

表 8-6 主要绿肥作物种子千粒重和播种量*

绿肥名称	千粒重/g	播种量/(kg·hm^{-2})	绿肥名称	千粒重/g	播种量/(kg·hm^{-2})
紫云英	3.0～3.4	30～60	柽麻	28～35	45～60
毛叶苕子	25～32	45～60	多花黑麦草	1.5～2.0	15～22.5
光叶苕子	20～26	37.5～60	饭豆	70～130	22.5～37.5
金花菜	2.4～2.6	22.5～45	乌豇豆	100～200	60～75
箭筈豌豆	60～70	45～75	绿豆	35～60	30～60
蚕豆	700～1 000	195～375	大叶猪屎豆	16～18	22.5～30
肥田萝卜	8～13	12～15	紫花苜蓿	1.5～2.0	12～15
白花草木樨	1.9～2.5	15～30	沙打旺	1.4～2.0	7.5～15
黄花草木樨	1.4～1.7	22.5～37.5	绛三叶	2.7～3.2	30～37.5
田菁	11～14	37.5～60	红三叶	1.5～2.0	12～22.5

* 以收获鲜草为目的，如果是留种田块则播量要适当减少。

实际播种量可根据株型大小、生长期长短、土壤肥力状况、气候条件及播种期、利用方式等具体因素，因地制宜地调整。以达到在单位面积土地上和有限的生长期内提供较多的绿肥鲜草产量和种子产量为目的。

3.提供绿肥苗早、齐、壮、全所需的土壤条件　掌握保证整地质量，适宜水分范围，抗旱防盐等措施。同时掌握好播种深度，大粒种 3～5 cm，小粒种 2～3 cm。

（二）肥水管理

1.增施磷、钾肥，提高固氮效率　增施磷肥可增加豆科作物根瘤数和提高根瘤菌中固氮酶活性，增加固氮量，促进绿肥作物及根系生长，增强植物抗性，提高鲜草产量。这种效应称为“以磷增氮”。每千克磷中（P_2O_5）增加鲜草量为 250～480 kg，增加绿肥氮 1～1.75 kg。苕子和蚕豆对磷肥反应最为敏感，增施钾肥可提高根瘤菌的固氮量，磷钾配合施用比单施磷、钾增产幅度大。据浙江对紫云英的试验结果表明：单施磷、钾分别增加鲜草产量 52%和 14%，磷钾配合施用增加 80%左右。

2.适当施用氮肥和微量元素肥料，以小肥换大肥　绿肥需从土壤中吸收氮素，尤其是对于无固氮能力的非豆科绿肥补氮更为重要。有固氮能力的豆科绿肥和绿萍，在苗期根瘤菌未固氮以前和生长盛期适量补施氮肥也很重要的。江苏省淮阴土肥站试验证明，施用碳酸氢铵或硫酸铵 150 $kg \cdot kg^{-2}$，增加是鲜草 8.57～17.25 $t \cdot hm^{-2}$，施用钼、硼、锌、锰对增加绿肥鲜草产量有一定效果。浙江的田间试验证实，在有效钼为 0.1～0.2 $mg \cdot kg^{-1}$ 的土壤上，在施用磷钾肥的基础上，施钼可使紫云英增产 630 $kg \cdot hm^{-2}$ 左右。

3.加强水分管理　因不同种类绿肥作物生长习性不同对水分需求量不一。紫云英耐湿性较强，但忌田间积水。苕子、柽麻耐旱性较强，土壤含水量为田间持水量的 50%～70%为宜。田菁比较耐涝，土壤含水量为田间持水量的 65%～90%。土壤水分不足，绿肥作物生长受抑。当叶色由正常绿色转变为浓绿色或中午出现暂时性萎蔫，就应及时灌溉。通常灌溉的关键时期为苗期以及营养生长和生殖生长并举时期（禾本科在分蘖至扬花，豆科在孕蕾至开花）。苗期浇水保证全苗和壮苗，营养生长和生殖生长期浇水是提高鲜草产量和种子产量的主要措施之一，通常采用沟灌。

（三）绿肥混播

将两种或两种以上的绿肥，同时混种在一块田里，称为绿肥混播。绿肥混播是一项简单易行的增产措施。

通常选用豆科与非豆科植物，深根系和浅根系植物、高秆直立和匍匐植物相互搭配进行混合种植。常见混播种植方式有：①苕子或其他豆科绿肥（紫云英、箭筈豌豆、金花菜、蚕豆）-黑麦草-芥菜型油菜；②苕子或其他豆科绿肥-肥田萝-大麦（或燕麦）；③金花菜-大麦；④苕子-黑麦；⑤蚕豆-金花菜-黑麦草（或油菜）。试验结果表明，与单播绿肥相比，混播具有：①提高绿肥地上部和地下部干物质产量和养分积累量；②提高豆科绿肥作物种子产量；③更好地改善土壤物理性状，如容重，孔隙度，通透性，水稳性团聚体；④提高掩埋绿肥鲜草在土壤中的腐殖化系数；⑤有较高的鲜草饲用价值；⑥易立苗，抑制杂草生长，防止返盐，保持水土；⑦能较好地抗寒、旱、涝、湿等自然灾害，最终获得增产优质的效果。

（四）留种

绿肥的留种技术与收获鲜草的栽培技术有所不同。要选择地势干燥、土质疏松、肥力中等、排灌方便而未连作的田块做留种田。留种田播种期比收草田略晚，播种量比鲜草田减少 1/3 左右，保证田间通风透光，提高结实率。增施磷钾肥、适施氮肥和微量元素肥料。掌握好种子成熟度与防止大量种子脱落，及时收获。全面采取上述综合措施以提高绿肥的产种量。

四、主要绿肥作物的高产栽培

（一）紫云英（*Astragalus sinicus* L.）

又名红花草、草子，豆科黄芪属，一年生或越年生半匍匐性草本植物（图 8-1），是长江以南和江淮之间最主要的稻田冬绿肥，是我国栽培面积最广的肥、饲、食兼用的绿肥作物。紫云英性喜温暖和湿润气候。种子发芽的适宜温度为 15～25℃，日平均温度 10～15℃时生长最快。在越冬期间 －10～－5℃时叶片开始受冻害，但是有 2～4 个分枝以上的壮苗，地面覆盖度较大时却能忍受 －19～－17℃的短期低温，即使叶片受冻枯死，叶簇间的茎端和分枝芽也不致受冻。开春后，平均气温 6～8℃时，生长明显加快，日平均气温 13～18℃生长最快。开花、结荚最适温度为 13～20℃；超过 23℃结荚差，千粒重降低。对土壤要求不严，在轻松、肥沃湿润的壤质土上生长较好。适宜生长的土壤 pH 是 5.5～7.5。耐旱、耐渍、耐瘠、耐盐力均较差，全生育期为 210～230 d。一般鲜草 22.5～30 $t \cdot hm^{-2}$，地下部根茬产量约为茎叶的 1/5～1/4。

20 世纪 80 年代以前紫云英主要套播在生长后期的晚（中）稻株行间，种后一个月左右收获水稻，紫云英单独生长，故称为套复种（因为紫云英大部分生育期是单种下完成的）。这种种植方式的主要优点是：增加紫云英冬前生长期，便于安全越冬，增加鲜草和种了产量。在水稻荫蔽下套播的种子，容易发芽和出苗，杂草也少。但是，连年套复种，土壤得不到耕耙和翻晒，因土壤板结、僵硬、杂草和病虫害增多等原因而使紫云英和次年水稻生长不良。为此连续套复种紫云英几年后需换茬一次。通常，在水稻收获后翻耕、晒垡，换种一茬大、小麦或油菜等农作物。紫云英还可在秋玉米、棉花、秋大豆、高粱等旱生作物农田套复种或复种，与麦类和油菜等越冬作物间种。在幼龄果园、茶园或桑园套种等。

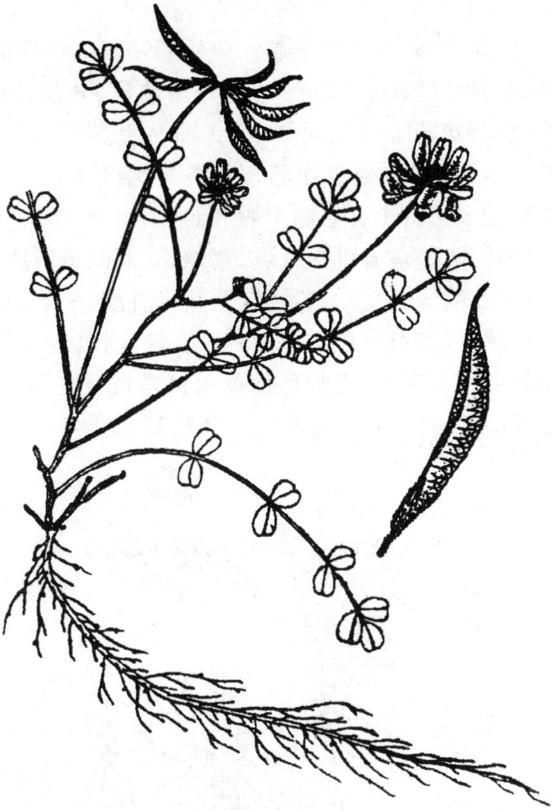

图 8-1　紫云英

高产栽培技术要点：

(1)播前擦伤种皮和接种高效根瘤菌。

(2)适期播种。使紫云英在冬前株高达到 5～12 cm，有 3～4 个分枝，以利安全越冬，春后早发。

(3)做好土壤水分管理。稻田套种紫云英应掌握薄水播种、湿润出苗、灌“跑马水”保苗的原则。旱地套种可采用沟灌，切忌渍水。在整个生长期间要旱能灌，涝能排。

(4)合理施肥。在贫瘠土壤上，苗第一片真叶形成时追施少量氮有利于壮苗越冬。在春后快发时期适量追施少量氮肥。幼苗期适量施磷有利于固氮。一般施用 150～300 $kg \cdot hm^{-2}$ 过磷酸钙或钙镁磷肥。在缺磷的土壤上，可提高到 450 $kg \cdot hm^{-2}$。

（二）苕子（*Vicia* L.）

又名巢菜，豆科巢菜属，一年生或越年生叶卷须攀援性草本植物。我国栽培最多的有两个种：蓝花苕子（*Vicia cracca*），如四川油苕、九江苕子等，在西南、华中、华南各省广泛种植；紫花苕子（*Vicia villosa*），如光叶紫花苕子和毛叶紫花苕子，常简称为光苕和毛苕（图 8-2）。前者在苏、浙、皖等地区种植较多。后者在东北、华北和西北地区种植较多。苕子喜温凉干燥气候，不耐湿、涝，但有较强的耐盐碱、耐酸、耐旱、耐寒、耐瘠能力。适合种在荒坡、荒地上，对改良低产土壤，荒坡修复作用大。苕子适应性广，在我国各地均有种植，秋播生育期 230～260 d。主要种植方式是：南方两熟区，稻苕复（套）种；黄淮海两熟区麦苕间作，麦苕面积比例为（3∶1）～（4∶1）。苕子春翻后种春玉米，麦收后种夏大豆是或夏玉米；北方旱作一熟区，如棉花、甘薯、玉米等，秋天将苕子套种在主作物行间，次年春耕翻做主作物的基肥。

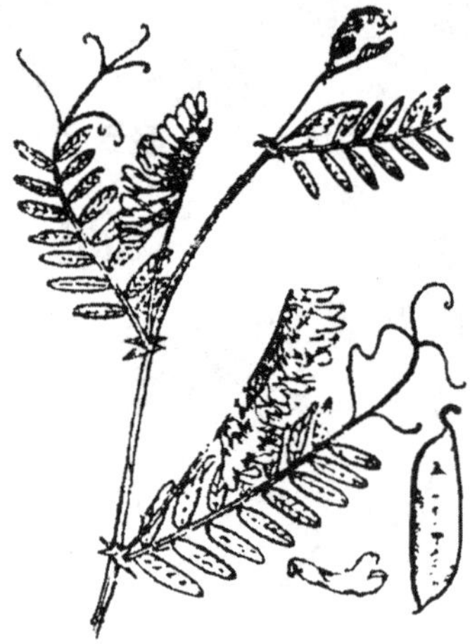

图 8-2　紫花苕子

（引自中国绿肥）

高产栽培技术要点是：①苕子品种繁多，要因地制宜选用适宜品种，如复种指数较高、温暖多雨的南方地区，宜用耐湿性好、生育期短、抗逆性相对较差的蓝花苕子；西北、华北地区冬季干旱，则宜用毛叶苕子。②做冬季绿肥时，适期早播，易苗齐苗壮，安全越冬和早春快发，有利于早利用和后茬作物安排。苕子在北方也可以春播，宜顶凌早播，以利于延长生育期和提高鲜草产量。③苕子不耐湿，土壤含水量在 20%～27%生长最好，田间应排水畅通，田面干爽。苕子对磷反应特别敏感，播种时采用 150 kg · hm^{-2} 过磷酸钙做种肥。④留种。苕子枝茎柔嫩匍匐，荚果易裂，产种量低而不稳。选育高产品种，适时早播，合理密植；利用高秆作物做支架，防止营养体生长过旺落花落荚，以提高产种量。

(三)箭筈豌豆(*Vicia sativa* L.)

又名大巢菜，豆科巢菜属，一年生或越年生叶卷须半攀援性草本植物(图 8-3)。适于气候干燥、温凉、排水良好的沙质壤土上生长，适宜土壤 pH 6.5～8.5，比苕子抗逆力稍差。早发、速生、早熟、产种量高而稳定。品种不同的生育期长短差异较大。秋播为 210～270 d，春播为 80～120 d。箭筈豌豆春性较强，适合春播。秋播比苕子要晚 20 d 左右。箭筈豌豆的种植方式有：一熟棉田，秋季套复种在棉行中列，第二年棉花种植前翻埋做基肥；一年两熟的稻-麦，稻-油菜，玉米-麦等多种种植制度中，将箭筈豌豆间作在秋播作物行间。

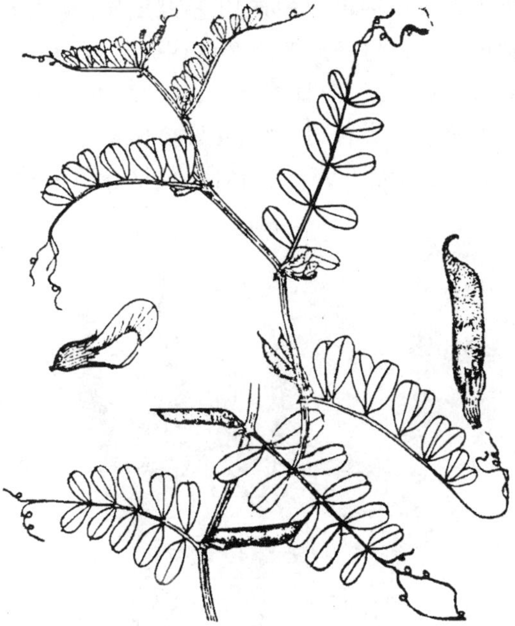

图 8-3　箭筈豌豆

高产栽培技术要点：①因地制宜选用适当品种，南方宜选用春性强、早发速生的 66-25，B_{65} 等早熟品种；淮河流域冬季气温低，宜选用抗寒性强的大荚箭筈豌豆。北方地区复种指数低，可选生育期长、耐旱、耐瘠的西牧 324 和新疆等品种。②北方春麦区麦收后复种箭筈豌豆应及时抢种，争取较长的生长期。春麦田也可以套种箭筈豌豆，但不宜播种过早，以免影响小麦生长。通常在小麦扬花至灌浆期套播为宜。③箭筈豌豆的幼苗顶土力弱，须精细整地，均匀盖土，以利于早苗、苗齐。田间管理的基本要求，与苕子相似。

(四)草木樨(*Melilotus* L.)

豆科草木樨属，一年生或两年生单干直立草本植物。草木樨属有20种草木樨，我国现有7种。但栽培面积较大的只有两年生白花草木樨和两年生黄花草木樨(图8-4)。草木樨适应性广，耐旱力强，在年降雨量300～350 mm地区就能生长，但不耐涝。耐寒性强，一年生健壮植株，在−30℃严寒下能安全越冬，越冬芽在早春萌动后不耐低温。但能耐瘠，在各种质地土壤上均能生长。耐盐力强，0～20 cm土层含盐量0.14%～0.30%时，在碱化度为35.7%的苏打盐土上都生长良好。适宜的土壤pH为7.0～9.0，偏酸土壤上也能生长。草木樨在我国南北方都能种，以北方种植为主。主要种植方式有：①粮肥轮作：我国北方干旱区，有一肥一粮，或两肥两粮等种植方式。每一周期为2年或4年；②粮肥间作套种：如一熟制的春麦区套草木樨。棉花、玉米、向日葵田间、套种草木樨。双熟制地区，草木樨作为冬季绿肥，套种于油菜或麦类行间，做来年春播作物基肥；③粮肥复种：南方三熟制稻-稻-肥，将草木樨做冬绿肥。北方一熟稻区，早春顶凌抢种草木樨，插秧前耕翻做水稻基肥。

图8-4 草木樨

栽培技术要点：①适期早播，保证全苗。草木樨种子小，顶土力弱，有硬子，播种前做好种子处理，提高整地质量；②增施磷肥；③草木樨前期生长缓慢，出苗后及时除去杂草，防止草欺苗。

（五）田菁（*Sesbania cannabina* Pers）

又名咸青，豆科、田菁属1年生单干直立草本植物（图8-5）。田菁喜温暖气候，抗旱、抗病虫能力较强，有很强的耐盐、耐涝、耐瘠能力，是改良盐碱地的先锋作物。有早、中、晚熟品种，全生育期100～150 d，晚熟种产草量较高。田菁主要作为夏绿肥。农田种植形式有：华南双季稻区，套种或插种于早稻田，作后季稻的基肥。田菁苗期生长较缓慢，俗称"瘢苗期"。适合与大田作物间套种。在黄淮海地区玉米-小麦两熟制中，在7月上、中旬，玉米授粉前，将田菁套种于玉米的大行中，一般共生期2个月。在棉花行中套种田菁，生长2个月后，翻耕作棉花花蕾肥。可单种，用于改良盐碱土壤。

栽培技术要点：①破种皮或60℃热水浸泡除去硬子；②在茬口安排许可范围内，适期早播，根据茬口选择适宜的品种；⑧田菁出苗后第一个月内要加强管理，避免草荒；④适施磷肥。

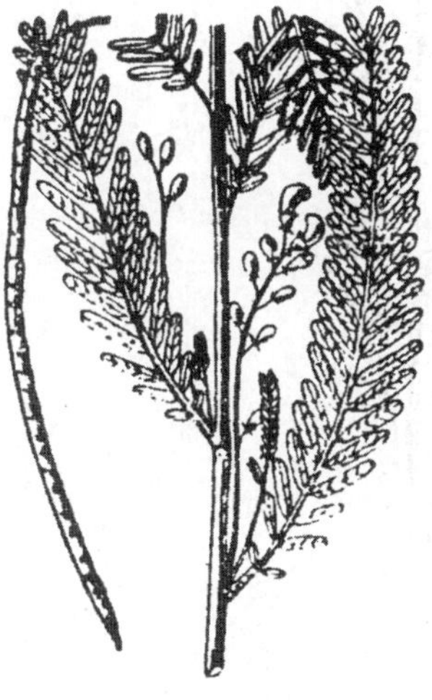

图8-5 田菁

（引自中国绿肥）

图8-6 柽麻

（引自中国绿肥）

（六）柽麻（*Crotalaria juncea* L.）

又称太阳麻，豆科猪屎豆属1年生单干直立草本植物（图8-6）。它是一种速生夏绿肥，在黄河流域及其以南地区广泛种植。适合于间、插、套种。耐盐、耐湿性不如田菁，耐瘠、耐旱性稍强。柽麻也有早熟、中熟、晚熟之分，全生育期为 130～190 d。栽培技术要点有：①温水浸种或用甲醛或多菌灵悬胶液浸泡消毒，以减少严重的柽麻枯萎病；②柽麻适播期长，4—7 月份均可播种。在茬口许可范围内，适期早播，以提高鲜草产量；③柽麻易遭豆荚螟的危害，种子产量低而不稳，常采取主茎打顶控制营养生长（因主茎的花序结荚率很低）。用再生枝留种以推迟柽麻开花期，减轻豆荚螟危害（如 5 月下旬播种，7 月 10 日割青，留茬 60 cm，收草 15 $t \cdot hm^{-2}$，使种子增产 53%）。适当多施磷、钾肥，配合喷施硼肥，增加种子产量。

（七）肥田萝卜（*Raphanus sativus* L.）

又名满园花、萝卜青，十字花科、萝卜属越年生草本植物（图 8-7）。肥田萝卜喜温暖湿润气候。有较强的耐旱、耐瘠、耐酸能力，对土壤中难溶性养分磷、钾、镁的吸收利用能力强。它是我国红黄壤地区农田、荒山、荒坡广泛种植的肥饲两用冬绿肥。在长江中下游一带，作为混播绿肥中的高秆支撑品种之一，以提高苕子、金花菜等豆科绿肥的产量。

图 8-7 肥田萝卜

（引自中国绿肥）

1. 肉质根 2. 茎 3. 叶 4. 花序 5. 荚果

栽培技术要点是:①平整土地,土层疏松,以保证齐苗、早苗和利于扎根;②适期播种,过早播种会引起抽薹早、病虫害加重;过迟播种则出苗不齐、生长缓慢。中国江南地区 10 月下旬到 11 月中旬为播种适期;⑧条播或穴播,用磷肥、灰肥和有机肥做种肥或基肥,苗期或薹期追施适量氮肥;④注意除草松土、排水防涝和防病虫害。

(八)南苜蓿(*Toothed burclover*)

又名金花菜、黄花草子、苜芥头、草头。一年生或越年生豆科草本植物(图 8-8)。金花菜喜温暖湿润气候,在排水良好的砂质壤土上生长较好。在土壤 pH 5.5～8.5 条件下均可生长。耐旱,但耐寒性、耐湿性较差,而耐盐性较紫云英强,在钠盐 0.2%以下的盐碱土上生长良好。金花菜可单作,也可与麦、油菜棉花间作、套作或与茶、桑、果套作及与多种绿肥混种。栽培技术要点如下:

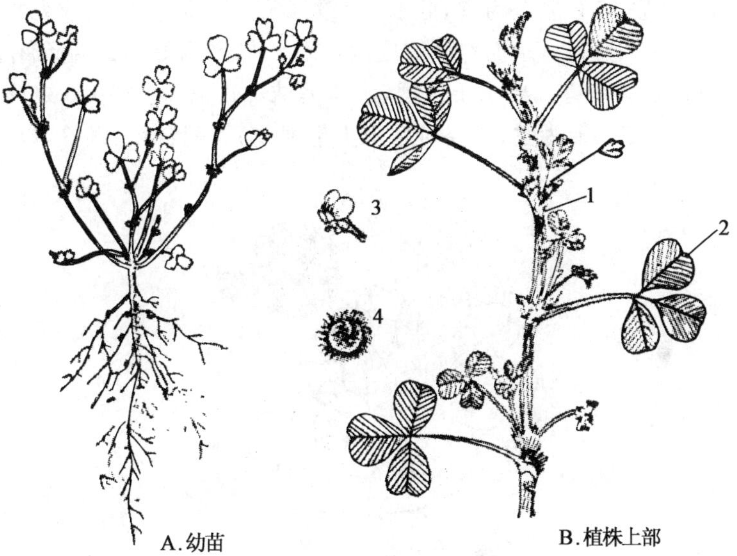

图 8-8　金花菜

(引自中国绿肥)

1.枝条上部　2.叶　3.花　4.荚果

(1)金花菜种子外包硬荚壳,播种前要用泥浆浸种,石碾压荚、捣种,待果皮发软,促使荚壳吸水,有利于种子发芽。适期早播,有利冬前生长,增强抗寒性,保证翌年开春早发、产草量高。

(2)金花菜不耐瘠,用磷肥拌种,冬施土杂灰,增磷补钾,防寒保暖,有利于全苗壮苗。开青后，追施少量氮肥，以小肥换大肥，提高鲜草产量。

(3)金花菜对水分要求严格，土壤含水量达田间最大持水量的 60%～70%为宜。及时抗旱排水，黏土种植尤为重要。

(九)绿萍

绿萍为蕨类植物的薄囊蕨亚纲、槐叶萍目、满江红科、满江红属(*Azolla*)植物，又称满江红或红萍。它能在河、湖、沟、塘等自然水面或水田中放养。在绿萍背叶的共生腔内，有鱼腥藻共生，具有固氮能力(图 8-9)。生产上推广的品种主要有 4 个：细满江红、卡洲满江红、小叶满江红和满江红。细满江红具有抗寒、快繁、高产、耐盐、耐湿等优点。但耐热性差，是北方地区和盐土带推广的品种。后 3 种则适宜中部和南部地区。绿萍在条件适宜时平均 2 d 左右可增殖 1 倍，每克鲜萍体日均固氮量 0.142～0.69 mg，是繁殖快、固氮能力强的重要水生绿肥。绿萍对环境条件的要求是：温度以 25℃左右为宜，低于 0℃或高于 35℃时不生长或死亡；光照以 2 万～5 万 $cd \cdot m^{-2}$ 为宜。水面空气湿度以 85%～95%为好。高温条件下空气过湿易遭热害或霉腐病危害。要求土质肥，水质清洁，pH 在 5.5～9.0 之间，含盐量在 0.2%以下。施肥以磷为主，必要时增施少量钾或氮，配合钼、硼等，以提高萍体鲜重及增加固氮量。

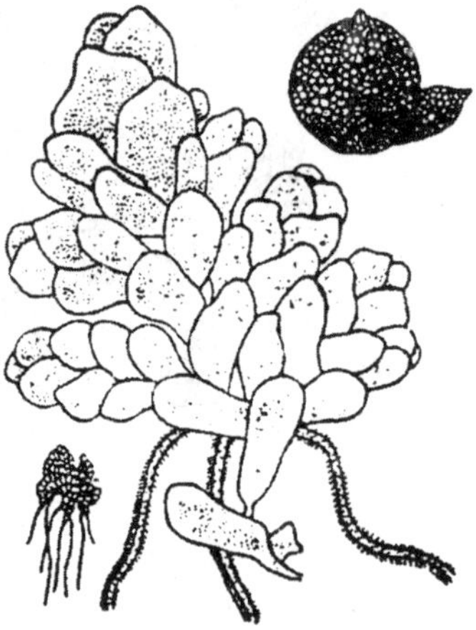

图 8-9　绿萍

稻田套养是绿萍生产的中心环节。放萍时间依茬口与季节而定，可先放萍后栽秧，也可先栽秧后放萍，一般放萍 3 450～7 500 $kg \cdot hm^{-2}$。为避免放萍影响水稻生长，需培育壮秧，增加每穴基本苗数，增施磷肥和氮肥，浅水勤灌。并结合水稻中耕分次“倒萍”以控制绿萍生长，最后一次倒萍宜在幼穗分化始期结束。南方双季稻区休闲的冬水田，放养耐寒的细绿萍做冬绿肥；选择适当的自然水面放养绿萍增加肥源。

绿萍生产中需要做好萍种的夏保萍和越冬保种两项工作。前者主要是防病虫害、藻害、热害、暴雨等危害。要选好遮阳条件较好的越夏水面集中放养保种。防治病虫害和薹藻危害，尽量做到日灌夜排以降温。越冬保萍主要防低温、冰雪与冷风。大多数地区要建立人工保温床，也可充分利用电场排放的热水加温保萍。长江流域以薄膜覆盖为主。也有采用鲜萍堆藏越冬法，利用冬季低温、萍体与微生物代谢弱的特点，采用疏松堆积保存萍体，堆温以 3～5℃为宜。在浙江、江西、江苏南部等地冬季气温较高，可利用自然沟、塘、渠边芦苇丛中自然保种。

第三节　绿肥的有效利用

绿肥的利用主要采取直接翻埋和刈割两种方式。刈割的青料可异地翻埋、作堆、沤肥原料、作饲料、作饵料。一年生或越年生绿肥通常直接翻埋或刈割做其他用途，多年生绿肥则以刈割利用为主，也可利用做裸露地植被，作为保持水土，修复荒坡荒地的生物措施。

一、绿肥翻埋

（一）翻埋入土绿肥的降解和养分释放特点

翻埋入土的绿肥，其有机物质在土壤中分解是一个复杂的生物化学过程，腐解的实质是绿肥以含有有机态碳、有机态氮和磷等成分的矽质化（简称矿化），由于矿化所释放的营养和能源物质，土壤中各类微生物大量繁殖，土壤酶类活动增强，也促进了土壤原有机质的矿化，被称之为“激发效应”。

1.有机碳的矿化　土壤中有机碳矿化过程的同时也发生腐殖质化，后者有利于有机碳的残留（即新有机质的积累和有机无机复合体的形成），这些生化过程都受绿肥本身的化学组成、鲜嫩程度、植株含氮量、C/N、绿肥翻埋量以及此处的土壤环境条件的影响。砂滤管田间埋藏试验表明（表 8-7）残留量与绿色体的木质素含量，或木质素与易分解组分（苯醇溶性物＋水溶性物＋碳水化合物）之比值呈显著正相关。绿萍、柽麻、田箐等木质素含量高，木质素与易分解组分的比值大，残留碳量明显比紫云英等木质素与易分解组分比值小的绿肥要高，对土壤有机质积累的作用也显著。一般来说，水田比旱地的残留碳量要高，黏重土或低温有利于有机碳的积累。

表 8-7 绿色体组分和在土壤中的残留碳量

绿色体	组分(占无灰干物质)										残留碳量/埋入碳量			
	碳	氮	C/N	苯醇溶性物	水溶性物	半纤维素	纤维素	木质素	粗蛋白	木质素与易分解组分之比	第一年		第二年	
	%										水田	旱地	水田	旱地
紫云英	48.7	3.29	14.8	25.30	18.20	7.85	13.1	8.58	22.9	0.13	0.18	0.16	0.16	0.14
箭筈豌豆	44.7	3.03	14.7	13.40	19.40	8.39	15.2	11.50	14.9	0.20	0.27	—	0.17	—
水葫芦	39.2	2.40	16.3	6.64	15.70	17.70	20.0	10.20	13.7	0.17	0.24	—	0.20	—
田菁	46.3	1.89	24.5	8.12	8.69	9.62	22.1	11.80	10.6	0.24	0.37	0.24	0.32	0.21
柽麻	48.5	1.70	28.5	7.01	11.60	13.50	31.1	15.30	8.60	0.24	0.36	—	0.27	—
绿萍	42.4	3.77	11.2	9.49	19.50	9.81	7.09	20.20	24.4	0.44	0.43	0.33	0.39	0.32

采用豆科和非豆科绿肥混种,将这种混播绿肥的鲜草翻埋入土,其有机质的积累量高于单播豆科绿肥,因为非豆科的绿色体的木质素通常高于豆科绿色体。据江苏省新洋试验站的研究,单播苕子翻埋压青,第一年耕层有机质 1.52%,第二年 1.77%;苕子和黑麦草混播则分别为 1.71%和 2.08%。此外,适当推迟翻埋日期也能提高土壤有机碳积累率。

2.有机氮的矿化　和其他有机物料一样,绿肥中氮的绝大部分为有机氮。在绿肥有机碳矿化的同时,其有机氮也矿化,氮转化为矿物态氮而释放,供植物吸收。影响有机氮矿化的因素与碳相似。水稻盆栽试验证实,豆科绿肥(如苕子)含氮高,氮的矿化速度和作物当季利用率都高于猪粪等大多数有机肥料,增产效果也显著,木质素含量高的绿肥,其有机氮矿化比较缓慢,当季作物吸收较少,但土壤中的残留率高。如 ^{15}N 标记绿肥的水稻盆栽试验中,含木质素高的绿萍尽管 C/N 与紫云英相当,但吸收率远比紫云英低,两者分别为 22.4%和 42.3%,土壤残留氮相反,分别为 63%和 46.8%(表 8-8)。对同种绿肥而言,衰老期和幼嫩期木质素含量不同,绿肥氮翻埋后的去向也有上述类似的差异。轻质土壤透性比重质土好,在其他条件相同时分解快于重质土。充沛的水热条件是微生物旺盛活动的必需条件之一,绿肥当作春播作物的基肥时,分解速率和当季肥效一般明显高于秋播作物。

表 8-8 翻埋 ^{15}N 标记绿肥的氮素平衡账(水稻盆栽) %

氮源	水稻吸收			土壤中残留	亏损
	地上部分	根	合计		
紫云英	37.6	4.7	42.3	46.8	10.9
水葫芦	25.4	4.0	29.4	65.4	5.2
绿萍	2.02	2.2	22.4	63.0	14.6

翻埋绿肥的同时通常要配施一定数量的化学氮肥。主要有两个作用:第一,补充氮素,受绿肥来源和操作技术上的限制,通常绿肥的一次翻埋量为 15 t·hm^{-2} 左右,含氮素约为 5 kg·hm^{-2},单靠绿肥不能满足作物对氮的要求;第二,协调氮的供应。在一个盆栽水稻试验中,用^{15}N交义标记法研究柽麻和硫铵做基肥时氮的转化和吸收。当两者各占 50%配施时,与单施相比,柽麻促进硫铵氮的生物固定,硫铵促进柽麻氮的矿化(图 8-10)。从而使水稻对肥料氮(包括柽麻和硫铵)的吸收在生长初期比单施柽麻高,但低于单施硫铵,在生长后期高于任一单施处理(图 8-11)。两者配施下氮素的供应特点是平稳而肥效持久。

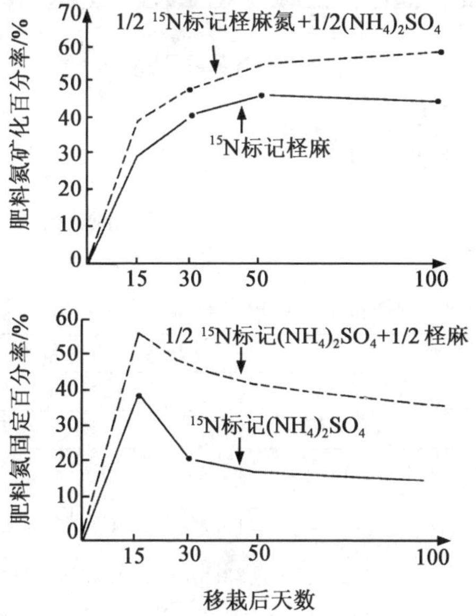

图 8-10　水稻施用不同氮肥在土壤中的矿化和稳定

3. 磷和钾　绿肥中磷和钾对当季作物的有效性也很高。用^{32}P标记绿萍翻埋稻田,测得对绿萍磷的利用率为 20%,大致上与过磷酸钙相当。水稻对绿萍钾的当季利用率与氯化钾相当,稻田倒萍后 7 d,钾的释放率为 65.6%～89.1%。

绿肥组分中磷的含量较低,大多数情况下翻埋绿肥时需补充适量磷肥,以利于养分均衡供应,充分发挥绿肥的增产效果。在陕西塿土上的小麦试验,翻埋柽麻田块施磷的增产效果高于休闲田块;土壤原供磷水平越低,施磷肥的增产幅度越大(表 8-9)。

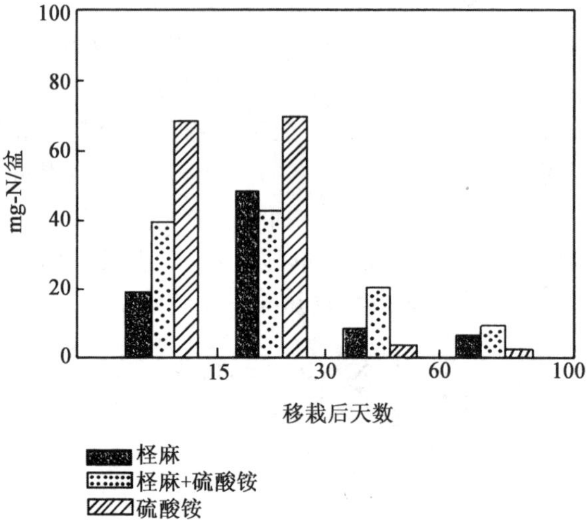

图 8-11 水稻不同生长阶段对不同肥源氮的吸收值

表 8-9 种植柽麻和施用磷肥后对小麦产量的影响

项目	土壤速效磷含量/(mg・kg^{-1})					
	27.56		10.64		9.09	
	不施磷	施磷	不施磷	施磷	不施磷	施磷
休闲以后种小麦/(g/盆)	14.46	15.57	9.70	11.54	7.91	12.27
施磷处理的/%	100	107.7	100	119.0	100	155.1
种柽麻翻埋后/(g/盆)	25.58	33.48	12.99	24.44	3.92	21.37
施磷处理的/%	100	130.9	100	188.1	100	545.2

(二)绿肥翻埋技术

1.翻埋时间的确定 应考虑:①要兼顾鲜草产量、养分积累量和草质鲜嫩程度,绿肥在营养生长阶段或营养生长和生殖生长并进阶段,其鲜草产量和养分积累量是同步增长的,然而营养体却逐渐老化、纤维素和木质素等难分解物质增加、蛋白质减少、C/N 递增、影响翻埋入土后的快速分解。从兼顾鲜草的产量和质量考虑,各种绿肥的适宜翻埋时间大致为:禾本科抽穗初期,田箐现蕾初期,光叶紫花苕子始蕾期,柽麻和毛叶苕子初花至盛花期,紫云英盛花期后 3~5 d,金花菜初荚期。②不影响后季作物的适期种植和获得养分正常生长。翻埋绿肥在分解过程中会引起土壤性质一系列的变化,如土壤水分和氧的消耗,某些还原性中间产物或气体的产生和积聚，土壤速效性养分被微生物固定而含量下降等。在翻埋量大、温度高和土壤通气不良的条件下，上述影响尤为严重。虽然，这些变化是暂时的，一般情况下会逐步缓解，但在翻埋后的短期内仍会直接影响后作种子的萌发，或稻秧的活棵返青，同时也有利于后作苗期及时得到绿肥分解，释放的养分。为此，要求翻埋绿肥与后作种植之间，有一段间隔时间。按实践经验作为水稻基肥的紫云英在插秧前 15 d 翻埋；苕子在棉田移栽前 15～22 d 翻埋；用于冬小麦的绿肥则需提前 40 d 翻埋，如果土壤质地比较轻，水分适度，或者翻埋量少，绿肥又较鲜嫩，则翻埋和播种间隔期还可缩短。有时因茬口紧，不得不缩短间隔时间，甚至只能边翻埋、边栽种。此时可采取的弥补措施是水田，绿肥切碎稍萎，干耕深埋，及时灌水细耙使水肥相融，用量控制在 15 $t \cdot hm^{-2}$ 以内，面施适量氮肥，酸性土壤补施石灰，插秧后及时耕田，浅水勤灌。在旱地则要强调掩埋质量，埋深埋严，控制翻埋量，加强土壤的水分管理。为促进分解，在埋青后需适当灌水，在无灌溉条件的干旱地区，要求雨季结束前抢墒翻埋。东北地区的一年一熟区，绿肥要在 9 月份前翻埋，使土壤封冻前基本腐解，避免来年开春后出现第二个腐解高峰，消耗多量土壤水分而影响主作物正常春播与苗期及时获得养分。③套种绿肥要及时翻埋，以免影响主作物生长，翻埋时间的确定既要照顾鲜草的产量，又要兼顾主作物，避免两者竞争水、肥、光等生长因素，并作为追肥尽早提供养分。

2. 翻埋量 农田绿肥鲜草翻埋量既取决于绿肥产量和实际的需肥量（如土壤肥沃度、作物需肥量和其他肥料配合情况等），又要有利于绿肥迅速分解，不产生有毒害的还原性物质，一般以每次 15～22 $t \cdot hm^{-2}$ 为宜，翻埋量大时可分次进行，据中国农业科学院研究表明，在 3 年总翻压田菁量为 67.5 $t \cdot hm^{-2}$ 的相同条件下，1 次掩埋和分 3 次掩埋改土和促进后作生长的效益是不一样的。只 1 次掩埋田菁后，第一年对增加土壤有机质作用明显，但是，第二年、第三年未施入绿肥，土壤有机质及养分并没有提高。将同样量的绿肥分 3 年翻埋，每年均有有机质积累和养分释放，对改土和促进作物生长明显。

3. 翻埋方法与土壤管理 翻埋作业的基本要求是埋实、压实、土肥间紧密结合，尽量减少操作过程中水分损失。翻埋深度以有利于绿肥分解为原则，通常不超过 20 cm。如果土壤质地轻、水分少、土温低，可埋得浅些。无论深浅，都以不打乱土层，绿肥体不外露土面为准。翻埋的程序操作为：①绿肥作物割倒、切碎、稍加暴晒以失水萎蔫，便于翻埋；②翻埋作业中耕翻、耙地和镇压 3 项操作一次完成可节省能源，减少土壤跑墒，防止残茬再生；③做好土壤水分管理，为补充翻埋作业的土壤失水和促进鲜草腐解。旱地通常要适量灌溉。无条件灌水的则要镇压保墒与储水保墒。水田在翻埋后晒田增温，改善土壤通气状况，再行灌水；④配合施用适量的氮肥和磷肥，促进土壤微生物活动。酸性土壤施适量石灰，冷浸田施适量石膏；⑤水田翻埋绿肥，要防止秧苗中毒“发僵”。当翻埋量大，水田排水不良，因土壤氧化还原电位急剧下降，引起有机酸、硫化氢或亚铁离子积聚，影响稻根的呼吸与养分吸收，出现根黑叶黄、生长停滞、不返青分蘖。这时需立即排水搁田，施用适量过磷酸钙（75～112.5 t·hm^{-2}）或石膏（22.5～37.5 kg·hm^{-2}），使土壤胶体絮凝，加速排除有害物。

二、绿肥作物的刈割和茬地的利用

（一）绿肥的割青

绿肥割青是多年生绿肥的主要利用形式，部分具有较强再生能力的一年生或越年生绿肥，如田菁、苏丹草、意大利黑麦草等，有时也采用割青和原地翻埋相结合的利用方式。绿肥割青的正确实施，主要是掌握好刈割次数，刈割时间和刈割茬口高一。

1.刈割次数　每年刈割次数与绿肥种类、种植年限有关。不同种类绿肥的再生能力存在一定差异。以多年生豆科绿肥为例，沙打旺的再生力低于紫花苜蓿。前者每年刈割通常不多于 2 次，后者一般为 3 或 4 次。种植年限也是影响因素。多年生绿肥种植的当年和第二年不耐割，要严格控制刈割次数。3～5 年为盛产期，在加强水、肥管理的基础上，可适当增加刈割次数；5 年以后逐步进入衰老期，如不及时更新而连续利用，要适当减少刈割次数。

绿肥的生长环境和管理水平对绿肥的生长势、刈割后的萌生能力有很大的影响，刈割次数也有差别，如紫花苜蓿在陕西关中灌区紫花苜蓿萌生能力较强，每年可割 3 或 4 次，60～75 t·hm^{-2}；而在贫瘠的陕北山区，每年只能刈割 1 或 2 次，不到 15 t·hm^{-2}。

综上所述，需根据绿肥的种类、种植年限、土壤和气候条件、绿肥的生长状况和管理水平，确定刈割次数。刈割次数过多，虽可能当年增产，但会过多地消耗养分，影响碳水化合物的积累，大幅度降低第二年产量，例如，陕西的紫花苜蓿试验，在盛花期为提高刈割次数而降低刈割时的株高度，由对照的 90 cm 降到 48 cm、36 cm 和 24 cm，第二年鲜草产量明显下降，分别仅为对照的 76％、45％和 36％。

2.刈割时间　多年生绿肥每年刈割的产草量一般占全年总产量的 70％（年割 2 次）～50％（年割 3 或 4 次），通常在 5—6 月份分割，相当于豆科绿肥的初花期，或禾本科绿肥的抽穗期。此时有较高的产量和养分积累量。草质并不十分衰老，不会影响翻埋后的及时腐解，但如果做饲草用，特别是供单胃动物（如猪和马）用，则适当提前刈割，以草木樨为例，初花期刈割的草质已明显劣于分枝期或现蕾期如

表 8-10 所示。

表 8-10 草木樨不同生育期鲜草产量和营养成分变化

生育期	测定日期	鲜草产量		粗蛋白		粗纤维	
		$t\cdot hm^{-2}$	%	$t\cdot hm^{-2}$	%	$t\cdot hm^{-2}$	%
分枝期	5 月 2 日	18.5	100	0.42	100	0.26	100
现蕾期	5 月 26 日	53.0	286.6	0.33	78.0	0.36	137.2
初花期	6 月 2 日	82.5	443.8	0.28	66.1	0.50	190.3

多年生绿肥在越冬前有一个贮藏养分的阶段，一年中最后一次割青应该在此以前进行，以免影响安全越冬和第二年产量，例如，紫花苜蓿在关中地区的最后一次割青不宜晚于 9 月中旬，使冬前的再生草高度达到 10 cm。但有的绿肥停割太早反可能加重冻害，例如，东北地区的草木樨，要在霜后做最后一次刈割，否则会诱使越冬芽提前萌动抽枝，加重越冬期间冻害，甚至整株冻死。

3. 留茬高度和田间管理 多年生绿肥刈割时要掌握适当的留茬高度，以利于再生。一般禾本科绿肥 5～10 cm，豆科绿肥要 10 cm 或 10 cm 以上，田菁则要留 30 cm。每次刈割后要施适速效氮肥和厩肥液，有条件时要灌水，并注意除草和病虫害防治。

(二)茬地利用

需充分发挥割青后根茬的肥田作用，特别是多年生绿肥牧草的根茬量很大，应充分利用。

据对热带和亚热带地区多种豆科和禾本科绿肥牧草测产结果，根茬的产量和积累养分量都相当可观。地上部与地下部的干物质产量比为：豆科为 0.93～1.56，禾本科为 0.68～0.79。根茬部分养分含量，虽因元素与作物种类而异，但多数也占有全株的 1/3 左右(表 8-11)。

表 8-11 砖红壤上几种绿肥牧草地下部养分占全株养分总量的比例 %

绿肥牧草种类	N	P_2O_5	K_2O	CaO	MgO
9 种豆科	31～40	30～50	23～30	21～41	35～46
3 种禾本科	30～37	28～30	7～19	18～19	22～24

根茬地的肥力状况与绿肥类别、栽培条件、生长期长短等都有一定关系。凡根系发达、生长期长的绿肥，气候温凉干旱情况下的都有利于根茬量的增加和茬地肥

力的提高。为充分发挥根茬对后作物的增产效果。促进其快速腐解,在利用上要注意:①改善土壤水分供应,有灌溉条件时注意补水,无灌溉条件的,应采用免耕耙松播种,以利于保墒和蓄水;②增施磷肥,以补充割青时带走的有效磷。

三、绿肥作物荒坡废地修复技术

随着道路的修建,公路拓宽改线,城镇的扩建,裸露废地荒坡大面积出现,水土流失严重,生态环境破坏。党的二十大报告明确提出,推动绿色发展,促进人与自然和谐共生。生态系统的保护和修复,是提升生态系统多样性、稳定性、持续性的重要举措。绿肥作物在荒坡废地的生态修复中发挥积极作用。

(一)荒坡、废地土壤特点

荒坡、废地在我国分布范围广,北方干旱地带、南方红黄壤地区及华中华南地区皆有分布。严重荒坡废地因无植被覆盖,土壤有机质含量低,无结构,质地粗,有时岩石裸露,水土流失。土壤微生物量少,土壤肥力水平低。要使荒坡废地快速恢复良好生态环境,种植绿肥作物恢复植被培肥改土,美化生态环境势在必行。

(二)选择适宜的绿肥作物品种

选择可在荒坡废地上种植绿肥作物品种的原则:①抗逆性强、耐旱、耐瘠、耐寒;②根系发达、枝叶茂盛、覆盖度大;③枝叶营养价值高,可做饲料;④耐刈割、用途广。为了地面覆盖与观赏相结合,培肥改土与饲用相结合。以具有培肥改土、观赏、饲用等多功能的多年生绿肥作物为好。种植紫花苜蓿、沙打旺、草木樨、紫穗槐、白三叶草等绿肥作物均有一定的效果。

1.紫花苜蓿　紫花苜蓿根系发达,根盘大,侧根密布,可深扎土层数米。耐干旱、耐贫瘠、耐严寒、枝叶繁茂、郁闭度大。初花期粗蛋白是干物质重的20%左右,富含多种维生素、矿物质,耐刈割,一年可刈割3或4次,年收干草7 500 kg·hm^{-2}。是优质的高蛋白牧草和水土保持的绿肥作物。绿叶紫红花,匍匐地面,有很好的观赏价值。紫花苜蓿具有较强的拦截地面径流、减少雨滴对地面的冲击,增加降雨的入渗量,减少冲刷量的抗冲、抗蚀,稳定地面的作用。

2.沙打旺　沙打旺具有耐瘠薄、耐干旱、抗严寒、抗风沙、抗盐碱特性,是西北地区荒坡荒地上可种植的深根系绿肥作物。主根长,侧根发达、土壤越干旱、根系下扎越深,深者可达6 m之多。沙打旺幼苗茎叶生长缓慢,有“蹲苗”习性。蹲苗期间根系生长很快,蹲苗期过后,茎叶生长很快,日增长量25 cm,第2年现蕾开花。草层厚度,第一年可达10 cm左右,第二年达30 cm,第三年达80 cm。地上部分刈割做饲料,留茬保护荒坡。

3.紫穗槐　紫穗槐根系发达密聚生长,入土深、枝叶茂盛、冠幅大,耐旱、耐涝、耐阴，抗沙压，具有良好的固土护坡保持水土的作用，据吉林省辽原水保试验站测定，紫穗槐树冠可接纳 16.1% 的降雨量。减少地面径流 43.6%，减少冲刷量 93.3%，紫穗槐是我国荒坡废地防治水土流失广泛种植的绿肥作物。

4.白三叶草　白三叶草是多年生豆科草本植物，根系发达、耐干旱、耐瘠、病虫害少、适应性广、生长慢、易管理、茎叶营养丰富，既是水土保持和荒坡废地修复的优良品种，又是优质饲用牧草。

(三)合理种植

在荒坡废地上设法种好绿肥作物是生物修复成功的关键。

1.基质栽培　荒坡废地土质较差，土壤退化较为严重，植被恢复难度大。为了使绿肥作物尽快生根扎土生长，要用含有一定养分，能促进根系生长的生物有机物料做栽培基质，既改良土壤，又提供养分，使绿肥作物出苗快，生长好，基质材料多半用经无害化处理过的生活垃圾、生活污泥、畜禽粪之类有机物料，与微生物肥料或活性促根剂复配成活性有机基质，混合一定的固着剂固着在荒坡上做绿肥作物的生长基质。在坡度较小的荒坡上，可事先用基质育苗，培育壮苗后，移栽到坡面上，成活率很高。

2.固坡及基质固着技术　若荒坡坡度较大或裸岩较多，不宜直接用有机物料铺在荒坡上做基质时，必须将有机基质与一定比例的固着剂泥浆混合，用吸附机均匀喷附，在坡面上，形成密实的营养幕层，既护坡防滑，又为植物定植提供良好的生长条件。对于裸岩坡面也还可采用客土或泥浆灌固与有机基质相结合的固着技术。

3.绿肥作物的配置　按照荒坡废地土壤条件及生物修复档次的需要，选择适宜绿肥品种，一般以多年生草本和灌木为主，根据不同坡面类型建立作物配制方案，如底层以匍匐多年生草本绿肥为主，搭配紫穗槐之类小灌木，根系分布于地下不同层次，地面又覆盖严密，既保持了水土，又美化了空间。待绿肥作物生长到一定高度后刈割作饲料。

4.播种　一般情况下，绿肥作物种子小、硬子多、吸水慢、难出苗。在播种前必须进行种子处理，如选种、擦种、浸种，保证种子纯度和提高发芽率。对于豆科绿肥，接种高效根瘤菌剂及提高固氮效率。

裸地播种可在播种前浅耕撒播，种子入土深度适宜、浮籽少、出苗迅速、出苗率高。若基质栽培，可用营养钵育苗，带土移栽或直接喷布含有种子的基质，对出苗、立苗、生长都有一定好处。

5.水肥管理　及时增施磷、钾肥提高其固氮量，促进根系生长。必要时增施少量氮肥，促进地上部迅速生长。荒坡废地、水源不足，在干旱季节降雨少、无法拦截雨水的情况下，采用水车泵水喷灌或设置暗灌、喷灌系统保证作物茂盛生长。

(四)适时刈割

为了保持地面的植被覆盖度,拦截雨水,并保证坡面的美化景观,对绿肥作物必须适时刈割,促进侧芽侧枝萌发,留茬高度不低于15 cm。对于灌木植物借修剪枝条之机,将老、枯枝条除去,留茬20 cm,其余枝条全部刈割,待来年再发新枝伸长。

思考题

1.什么叫绿肥、绿肥作物?为什么说绿肥是优质有机肥料?

2.什么叫绿肥单作、轮作、间作、套作、插种、混种?举例说明。

3.简述主要绿肥作物的生长习性及其主要栽培技术要点。

4.绿肥的主要利用方式有哪些?翻埋绿肥的腐解和养分释放特点如何?

5.在修复荒坡废地的措施中,选择适当绿肥作物品种的原则是什么?举例说明。

6.在荒坡废地上种好绿肥作物的主要关键技术是什么?

第九章　有机肥料及城乡有机废弃物的农业利用

我国利用农业废弃物制作有机肥料的历史悠久，比西欧早 1 300 多年。近 20 年来，非农业有机废弃物农业利用的实践也正在逐步展开。农业利用的废弃物主要包括：①作物秸秆、水草、山青野草、枯枝落叶、草皮等植物性残体；②人、畜和家禽的排泄物及饲料残屑；③农产品加工业的残渣；④泥炭和泥土类；⑤生活垃圾、污泥及其他废弃物等。作为肥料资源，其特点是：①资源丰富，种类繁多，数量和体积较大；②可就地或就近积制和施用，积制技术简单易行，也可进行工厂化生产成商品有机肥；③含有作物需要的各种养分，大部分属迟效性，养分浓度低，但绝对量大；④具有供肥稳定、养分较平衡的特点。尤其突出的是含有较丰富的有机质，在培肥改土中的功能是化学肥料无法比拟的，能直接提供有机养料和活性物质；⑤无害化处理后，对产品质量有良好的作用；⑥大多数农业废弃物含有微生物和多种酶类，堆制成有机肥料则更多，施入土壤能改善土壤的生物特性，加速养分的转化和循环。

第一节　有机废弃物农肥化的意义与作用

随着现代集约农业的不断发展，化学肥料的大量使用，我国的土壤肥力，特别是有机质含量下降趋势十分明显，严重影响了农产品品质和生产效益，为农业的发展带来了潜在威胁。加大有机肥的投入，科学合理地利用城乡废弃物培肥地力意义重大。

一、提高土壤有机质，改良土壤物理化学性质

提高土壤肥力是保证农业高产、稳产和优质，促进农业可持续发展重要的核心措施。其中增施有机肥料，有机肥与无机肥相结合，不断提高土壤有机质含量是提高土壤肥力的重要环节之一。

我国现有粮食耕地 1.1 亿 hm^2，其中低产田约占 1/3，有机质含量小于 0.6%

的耕地占10.6%，土壤肥力亟待提高。一般认为，土壤有机质含量低于0.5%，土壤的保水保肥性能差，靠施用化学肥料也难以高产。将城乡有机废弃物以有机肥料形式归还农田后，部分有机物在土壤动物和微生物的参与下，经腐殖化作用形成比较稳定的腐殖质，部分有机物形成了土壤微生物的结构物质，因此，使得土壤有机质含量明显提高。据报道，农业有机废弃物的腐殖化系数或残留率在0.14～0.44之间。随之土壤容重下降，水稳性团粒增加，土壤的阳离子交换量和保肥能力增加，供氮和蓄水能力增强，土壤的物理性状和供肥性状明显改善。

二、提供养分和活性物质

养分是农作物获得优质高产的物质基础。城乡有机废弃物以有机肥形式施入土壤能提供大量养分。虽然随着化肥投入的增加，我国有机肥提供养分的比例从20世纪50年代的95%以上下降到目前的45%～50%，但据估算，当前有机肥料提供的氮、磷、钾数量占当年各养分总量的比例仍相应达23.8%、31.7%和79.3%。显然有机肥在缓解化肥尤其是钾肥不足，实现平衡施肥等方面均有重要作用。它还含有中量、微量营养元素，如家畜粪尿中含钙0.11%～0.34%，镁0.07%～0.26%，硫0.05%～0.28%，铁36～422 $mg \cdot kg^{-1}$，锰9～54 $mg \cdot kg^{-1}$，铜5～14 $mg \cdot kg^{-1}$，锌14～82 $mg \cdot kg^{-1}$，钼0.5～50 $mg \cdot kg^{-1}$，硼9～54 $mg \cdot kg^{-1}$。有机肥料中还含有机养分及活性物质，如氨基酸，核糖核酸，脱氧核糖核酸、胡敏酸、糖类以及核酸的降解产物，均可供作物直接吸收，并能刺激根系生长。此外，还含有大量微生物，除其本身含有养分（据报道，微生物的总灰分，细菌为70～120 $g \cdot kg^{-1}$干重，真菌为20～80 $g \cdot kg^{-1}$干重，酵母为5～100 $g \cdot kg^{-1}$干重）外，还能加速土壤中有机态养分的分解和循环。

中国农业科学院土肥所统计资料表明，有机肥料中的养分，在粮食和棉花丰收中作用显著。1949—1981年的资料显示，来自化学肥料、绿肥和有机肥料中的氮、磷、钾与粮食产量相关值大小的顺序为；有机肥K>有机肥N>有机肥P>化肥N>化肥P>绿肥N>化肥K；棉花的顺序为：有机肥K>有机肥P>有机肥N>化肥P>绿肥N>化肥N>化肥K。可见，增施有机肥料，既有利于改良培肥土壤，又能确保粮、棉持续高产。

三、活化土壤养分，提高养分利用率

随着土壤有机质含量的增加，土壤中硼、钼、铜、锌、锰、铁等微量元素的交换态和有机结合态含量增加，因而其有效量也相应提高。施用有机肥料后，由于土壤中微生物的数量和活性的提高，使得胞外酶的分泌增加，此外，有机物料本身也会带入一些酶和酶作用的底物，使有关酶的活性得以提高，这有利于土壤中养分的转化和循环。

此外，有机肥施入土壤后，在其降解过程中产生的可溶性有机物(dissolved organic matters，简称 DOM)对活化土壤养分元素(如 P，Fe，Mn，Zn，Cu 等)也有重要作用，例如，吸附试验表明：在有碳 200 mg・L^{-1} 的 DOM 存在条件下，红壤对磷的吸附降低 9.3%～22%，铜的吸附降低 18%～29%；潮土磷的吸附降低 5%～17%，铜的吸附降低 20%～38%。DOM 除了抑制土壤对养分元素的吸附外，还可促进土壤中养分的溶出。施用有机物料 DOM 处理与对照相比，土壤中磷和铜的解吸量分别增加 4～6 和 7～12 倍。这是由于水溶性有机物的络合作用所致，DOM 活化土壤养分的能力与土壤类型、DOM 来源与性质及外界环境条件密切相关。

四、提高作物品质，增强作物抗逆性

随着人民生活水平的不断提高，对农、副产品的质量日益重视。大量施用化学肥料或养分配比不当均会使产品品质下降，实践表明，有机肥与无机肥配合施用能提高产品质量，如小麦和玉米的蛋白质含量增加。在不施氮肥的条件下，有机肥能提高小麦籽粒的氨基酸总量，其中必需的缬氨酸、异亮氨酸和亮氨酸的含量增加。

蔬菜是人类必不可少的食品，有机肥料与无机肥料配合施用，能使蔬菜中硝酸盐含量下降，维生素 C 的含量上升，产品质量明显改善。

有机物料施入土壤，会改善土壤的理化性状，增强土壤的保水、保肥性能；有机物料本身可能含有一些抑菌物质或降解过程中会产生抑菌物质(如各种酚类物质等)；植物体内氨基酸含量的增加有助于作物的抗旱，从而增强作物抗逆性和抗病虫害的能力。

五、作为无土栽培的优良基质，替代不可再生的泥炭等资源

基质栽培是无土栽培中投资较少的栽培方式，栽培面积越来越大。目前我国温室栽培的基质多是用泥炭再混配一些蛭石、珍珠岩等而成的。不能再生的泥炭大多分布在偏远的林地，资源有限，价格较高。同时，有研究发现纯泥炭基质可以诱发植物多种病害(如植物萎蔫病和根霉病)，且发病率较高。而将有机废弃物好氧堆肥处理后制成的优质有机栽培基质，不但就地取材，价格最低，而且重量轻，结构性好；含有丰富的氮、磷等大量元素和微量元素铁、锰、铜、锌等，能保证作物生长期的营养需求，无需像泥炭基质那样频繁施肥；对于含重金属的有机废弃物开发成园林基质，还有效避免了重金属对食物链的污染。

六、减少污染，化“害”为利

化肥的使用不当或大量使用会带来环境污染问题。主要表现在无机氮、磷通过地表径流和土壤的渗滤会导致地表水体的富营养化和地下水硝酸盐的污染。地下水污染主要发生在氮肥施用量高的高产地区和城市郊区，这个问题已普遍引起重视。国外早已发现地下水中 NO_3^- 含量逐年增加，有些地区已检出硝态氮接近或超过饮用水标准。磷在土层中的积累量也逐渐增加，尽管磷在土壤中易固定，但在酸性条件或超积累情况下，仍可淋洗到水体中，造成富营养化问题。北京市地下水硝态氮超标地区达 200 km^2，上海青浦超标 1～1.7 倍。有的化肥会带来放射性污染、氟污染和某些重金属污染等问题。

同样，城乡有机废弃物如不及时处理也会成为环境的污染源，如散发恶臭，传播病原物，污染水体等。因此，必须尽可能地将其科学合理地制成有机肥料加以利用，既可避免由于本身的堆积、分解带来的不良后果，又可明显地减少化肥大量施用而引起的环境污染问题。

此外，施用有机肥料能提高土壤有机质含量，增强土壤的吸附能力，往往有利于重金属和农药的吸附，减轻其危害。

但特别需要注意的是，目前一些有机肥和废弃物中含有较多的重金属，例如，规模化养殖场的畜禽粪便含有较高的铜（可高达 1 000 $mg \cdot kg^{-1}$）；市政废弃物如垃圾和城市污泥中重金属种类较多，含量较高。因此，农用时应该特别谨慎。除按照国家有关标准合理确定施用量或施用方法等以外，采用在废弃物堆肥中添加碱性材料（粉煤灰和石灰等）、磷酸盐物质等来钝化重金属活性也是一种防止重金属毒害的方法。目前南京农业大学采用微生物淋滤技术（bioleaching）去除污泥等废弃物中重金属已有成功的研究报道。

第二节　有机肥料及可农用化的有机废弃物种类与性质

一、秸秆类

随着复种指数的提高，优质良种的出现，施肥量的增加，栽培技术和栽培条件的改善等，农作物的产量会随之提高，秸秆的数量相应增多，它是重要的有机肥源之一。

（一）秸秆的成分

秸秆含有作物生长必需的无机营养成分（表 9-1，表 9-2），属完全肥料。

表 9-1　主要作物秸秆中几种营养元素的含量　%

秸秆种类	几种营养元素(占干物质重的百分比)				
	N	P_2O_5	K_2O	Ca	S
麦秆	0.50～0.67	0.2～0.34	0.53～0.60	0.16～0.33	0.123
稻草	0.63	0.11	0.85	0.16～0.44	0.112～0.189
玉米秸	0.43～0.50	0.38～0.40	1.67	0.39～0.80	0.203
豆秸	1.3	0.3	0.5	0.79～1.50	0.227
油菜秸	0.56	0.25	1.13	—	0.348

表 9-2　一些作物秸秆的微量元素含量

(60℃或 80℃烘干做基础)　mg·kg^{-1}

类别	作物	铁(Fe)	锰(Mn)	铜(Cu)	锌(Zn)	硼(B)
豆类	紫苜蓿	130～1 000	10～120	4～5	14～110	4～30
	红苜蓿	100～1 300	25～540	6～20	24～70	36
	胡枝子	100～1 000	50～420	—	—	—
谷类	大麦秆	—	7	—	—	—
	玉米穗轴	160～190	50～270	2～9	5～80	—
	玉米叶	—	—	8～17	—	—
	燕麦秆	60～370	4～1 660	3～54	4～200	—
蔬菜	甜菜(根)	70～280	20～100	6～27	25～69	—
	卷心菜	11～300	5～440	3～28	—	37
水果	梨(叶)	40～350	20～170	—	14～55	—
	苹果(叶)	40～540	17～220	4～30	6～40	12～110

不同种类秸秆含有的养分数量有差异,通常豆科作物和油料作物的秸秆含氮较多;旱生禾谷类作物的秸秆含钾较多;水稻茎叶中含硅丰富;油菜秸秆含硫较多,施用时应注意这些特点。秸秆中的养分绝大部分为有机态,经矿化后方能被作物吸收利用,因此肥效稳长。

秸秆中的有机成分主要是纤维素、木质素、蛋白质、淀粉等(表 9-3),还含有一定数量的氨基酸,其中以纤维素和半纤维素为主,木质素和蛋白质等次之。

表 9-3 几种作物秸秆的有机成分 %

种类	灰分	纤维素	脂肪	蛋白质	木质素
水稻	17.8	35.0	3.82	3.28	7.95
冬小麦	4.3	34.3	0.67	3.00	21.2
燕麦	4.8	35.4	2.02	4.70	20.4
玉米	6.2	30.6	0.77	3.50	14.8
玉米芯	1.8	37.7	1.37	2.11	14.7
豆科干草	6.1	28.5	2.00	9.31	28.3

(二)秸秆分解的一般规律

秸秆分解是微生物学过程,首先在白霉菌和无芽孢细菌为主的微生物作用下,分解水溶性物质和淀粉等;然后逐步过渡到以芽孢细菌和纤维分解菌为主的微生物区系,分解蛋白质、果胶类物质和纤维素等;后期在以放线菌和某些真菌为主的微生物作用下,主要分解木质素、单宁和蜡质等难分解的物质。故初期分解迅速,在适宜的条件下,分解强度较大的时期可维持 12～45 d,然后转入缓慢分解时期,如玉米秸,无论是在水浇地还是旱地,或是否调节碳氮比,只要环境条件适宜时,第一个月内分解最快,而后逐步减慢。

(三)影响秸秆分解的因素

1.化学组成　在秸秆组分中,水溶性和苯醇溶性物质以及蛋白质物质分解最快,半纤维素次之,纤维素再次之,木质素最难分解。

2.秸秆的碳氮比　总体看,在相同条件下,C/N 窄的分解快,腐殖化系数小;反之,分解较慢,但腐殖化系数较大。随着秸秆 C/N 的比值降低,分解速度加快,有机氮矿化增加,例如,成熟三叶草、羽扇豆、豌豆荚和苜蓿的 C/N 分别为 26∶1,20∶1,13∶1 和 12.7∶1,施入土壤 6 个月后有机氮的矿化率则分别为 14%、18%、40.5%和 37.8%,二者呈明显负相关关系。

3.土壤条件　作物秸秆在土壤中的矿化和腐殖化过程,受土壤物理、化学和生物学性质直接或间接的影响,其中尤以温度和水分最为突出。土壤温度不但影响微生物的区系组成和活性,而且也影响酶的活性,一般田间在 7～37℃范围内,不但淀粉和纤维素的分解迅速,而且木质素也开始被氧化。土温过低或过高都会抑制土壤中微生物的活动与酶的活性。在 20～30℃时植物残体分解最快,低于 10℃分解较弱,到 5℃时则基本上不分解。温度对秸秆前期分解的影响比水分明显。

土壤水分以田间持水量的 80%左右(含水量为 20%～30%)最有利于秸秆的

腐解，此时土壤中的 CO_2 释放量最高，肥土、瘦土均如此。含水量过高或过低均不利于秸秆的分解。同类土壤中，水分适当有利于分解，腐殖化系数较小。

影响秸秆分解的因素还有秸秆的数量、细碎程度、耕埋深度等。用量适中，比较细碎，全部埋入土中并分布均匀，土壤墒情好均有利于分解；反之，分解缓慢。

二、粪尿类和厩肥

粪尿类和厩肥一直是我国普遍施用的重要有机肥之一，其数量很大。据统计，1980 年，猪粪、羊粪、牛粪和禽粪提供的 N、P_2O_5、K_2O 分别相当于 1979 年全国 N、P、K 化肥销售量的 1.94 倍、3.05 倍和 136.6 倍。1995 年，我国产生的猪粪、羊粪、牛粪、禽粪折合成养分，则 N 为 715 万 t、P_2O_5 为 547 万 t 和 K_2O 为 424 万 t。这类肥源的数量将随着人口的增加和畜牧业的发展而增加，如能按其特性加以科学利用，对农业生产的发展具有重要作用。

（一）人粪尿

1. 人粪　人粪是食物经消化后未被吸收排出体外的物质，主要是纤维素和半纤维素、脂肪和脂肪酸、蛋白质和分解蛋白、氨基酸、各类酶，粪胆质及少量粪臭质、吲哚、硫化氢、丁酸等臭味物质。约含 5% 的灰分，主要是硅酸盐、碳酸盐、氯化物及钙、镁、钾、钠等盐类。还含有大量已死亡的和活的微生物和寄生虫卵等。新鲜的人粪尿常显中性反应。此外还含有一定数量植物必需的多种养分，且多以有机态存在，由于 C/N 小，易分解，能较快地供应养分（表 9-4）。

表 9-4　人粪尿的养分含量　%

项目	水分	有机质	矿物质	N	P_2O_5	K_2O	CaO	C/N
人粪	75.0	22.1	2.9	1.5	1.1	0.5	1.0	7.3
人尿	97.0	2.0	1.0	0.6	0.1	0.2	0.3	1.3

2. 人尿　人尿是被消化后并参与新陈代谢后排出的液体，主要成分为水和水溶性物质。其中尿素占 1%～2%，氯化钠约占 1%，还有少量肌酸酐（$C_4H_7N_3O$）、氨基酸、磷酸盐、铵盐等。此外，还有微量的生长素（如吲哚乙酸）和微量元素等。由于含有机酸和酸性磷酸盐（如 KH_2PO_4，NaH_2PO_4 等），故显弱酸性。人尿含有植物必需的养分，唯有浓度不及粪高，但养分的总量并不低。而且尿中的养分为速效性的，所含氮素中尿素态氮占 87.0%，铵态氮占 4.3%，分解较慢的肌酸态氮、马尿酸态氮、尿酸态氮和其他形态氮分别占 3.6%，90.5%，90.8%和 3.8%。故应重视尿的收集和利用。

由上可知，人粪尿是含有机质较少的、偏氮的、速效性的有机肥料，习惯上作为氮肥施用。由于粪便中含有大肠杆菌等病原微生物及寄生虫卵，施用前，必需进行无害化处理。一般是在化粪池里进行厌氧发酵。

(二)家畜粪便

1. 排泄量　家畜的排泄量主要与家畜种类有关(表 9-5)。牲畜的年龄、服役情况及饲料状况对其也有影响。由于猪繁殖快、数量多，因此粪尿的绝对量较大。

表 9-5　猪、牛、马、羊的排泄量　kg/头

种类	项目	排泄量	
		每天	每年
猪	粪	3.5	1 250
	尿	4.8	1 750
	合计	8.3	3 000
牛	粪	15.0	5 475
	尿	10.0	3 550
	合计	25.0	9 125
马	粪	10.0	3 650
	尿	5.0	1 825
	合计	15.0	5 475
羊	粪	1.5	547.5
	尿	0.5	182.5
	合计	2.0	730

2. 家畜粪尿的养分含量及其形态　畜粪是饲料经消化后排出的物质，其成分主要是纤维素、半纤维素、木质素、蛋白质及其分解产物，如脂肪酸、有机酸以及某些无机盐类。尿是经消化吸收后排出的液体，其成分是水和水溶性物质，主要含有尿素、尿酸、马尿酸和钾、钠、钙和镁的无机盐。粪尿中含有一定数量的有机质和氮磷钾及微量元素等(表 9-6，表 9-7)，还含钙 0.11%～3.4%，镁 0.07%～0.26%，硫 0.05%～0.28%等。

表 9-6　家畜粪尿的养分含量　%

		水分	有机质	N	P_2O_5	K_2O
猪	粪	82	15.0	0.56	0.40	0.44
	尿	92	2.5	0.12	0.12	0.95
牛	粪	83	14.5	0.32	0.25	0.15
	尿	94	3.0	0.50	0.03	0.65
马	粪	76	20.0	0.55	0.30	0.24
	尿	90	6.5	1.20	0.01	1.50
羊	粪	65	28.0	0.65	0.50	0.25
	尿	87	7.2	1.40	0.03	2.10

表 9-7　畜、禽粪中主要大量营养元素和微量元素含量　干重

项目	牛粪	猪粪	羊粪	鸡粪
全氮/%	1.73	2.91	2.23	2.82
水解氮/($mg \cdot kg^{-1}$)	2 000	4 140	2 120	7 350
NH_4-N/($mg \cdot kg^{-1}$)	1 590	2 620	1 040	6 410
全磷/%	0.83	1.33	0.78	1.22
有效磷/($mg \cdot kg^{-1}$)	2 900	3 140	4 310	6 110
有效磷占全磷/%	35	24	55	51
全钾/%	0.74	1.00	0.78	1.40
速效钾/($mg \cdot kg^{-1}$)	5 940	7 280	4 330	6 750
有效钾占全钾/%	80	73	56	48
全硼量	22.8	21.7	30.8	24.0
有效硼	2.7	2.6	5.0	3.0
全锌量	187	199	146	130
有效锌	11.9	16.2	32.2	29.0
全锰量	355	261	172	141
有效锰	62.9	55.5	19.0	14.9
全钼量	3.7	<3.0	3.4	4.2
有效钼	n. d	n. d	n. d	n. d
全铁量	1 952	1 845	1 921	1 901
有效铁	69.3	260	19.2	29.3
全铜量	16.7	50.0	23.0	13.0
有效铜	3.4	9.0	5.0	3.3

注：微量元素含量为 $mg \cdot kg^{-1}$。

粪尿中的养分形态，除钾素外，绝大部分为有机态。畜尿中含易分解的尿素不多，难分解的马尿酸和尿酸等较多，故其肥效较慢，必须腐熟后施用，尤其是牛尿。畜尿中还含有多种盐类和生长素。畜粪中富含有机质，从家畜粪的有机组成看，总腐殖质和阳离子交换量均较高，其中尤以猪粪的质量为优。畜粪中还含有可溶性糖、氨基酸、核酸等有机养料与酶类，是无机肥料所无法比拟的。

3. 不同畜粪的特点

(1)猪粪。由于猪的饲料相对较细，粪中纤维素较少，含蜡质较多，质地较细，C/N 较低。但含水量较多，纤维分解菌少，分解较慢，产生的热量较少。阳离子交换量高，吸附能力较强。

(2)牛粪。牛是反刍动物，饲料可反复消化，粪质细密，含水量大。C/N 约 21∶1，分解比猪粪慢，腐熟过程中产生的热量少，故有冷性肥料之称。

(3)马粪和羊粪。马粪疏松多孔，纤维素含量高，并含有较多的高温纤维分解细菌，C/N 约为 13∶1，含水分较少，腐熟过程中能产生较多的热量，故有热性肥料之称。羊粪的性质与马粪相似，粪干燥而致密，C/N 约 12∶1，也属热性肥料。

(三)其他动物粪肥

1. 兔粪　兔粪含有丰富的有机质和各种养分，可做饲料和肥料。有报道指出，兔粪含有机质 20.47%，全磷 0.68%，全钾 0.58%，全氮 3.32%，其中蛋白态氮 3.14%，碱解性氮 2 387 $mg \cdot kg^{-1}$，铵态氮 1 827 $mg \cdot kg^{-1}$。

兔粪中氮多钾少，尿中氮少钾多，C/N 窄，易腐熟，在腐解过程中能产生较多的热量属热性肥料。还含有蔗糖、阿拉伯糖、果糖、葡萄糖及氨基酸、核糖核酸和脱氧核糖核酸等，为作物提供有机养料。兔粪多用于茶、桑、瓜、果树及蔬菜等作物。

2. 禽粪　禽粪通常指鸡、鸭、鹅的排泄物，其数量取决于饲养量及其排泄量，每只鸡、鸭、鹅和鸽的年平均排泄量分别为 5～7.5 kg，7.5～10 kg，12.5～15.0 kg 及 2～3 kg。禽粪中含有丰富的养分和较多的有机质(表 9-8)。按干重计，还含有 3%～6%的钙，1%～3%的镁和微量元素。绝大部分养分为有机态，肥效稳长。

表 9-8　新鲜禽粪中的养分平均含量　　%

项目	水分	有机质	N	P_2O_5	K_2O
鸡粪	50.5	25.5	1.63	1.54	0.85
鸭粪	56.6	26.2	1.10	1.40	0.62
鹅粪	77.1	23.4	0.55	0.50	0.95
鸽粪	51.0	30.8	1.76	1.78	1.00

3.蚕沙　我国利用蚕沙做肥料已有2 000多年的历史，古代就有“蚕矢熟粪”的记载。蚕沙是蚕粪、幼蚕脱的皮及残余桑叶碎屑的混合物，其成分受蚕龄、桑叶品质的影响。各龄蚕沙的养分不同（表9-9），蚕沙的特点是有机物丰富和养分浓度高。所含氮素主要是尿酸态，C/N窄，易分解，腐熟过程中能产生较多的热量，属热性肥料。

表9-9　各龄蚕的新鲜粪养分含量（风干物）　%

蚕龄	有机质	N	P_2O_5	K_2O	蚕龄	有机质	N	P_2O_5	K_2O
第一龄	88.12	3.58	0.50	0.84	第四龄	86.62	2.32	0.75	3.19
第二龄	88.81	2.32	0.70	2.65	第五龄	85.19	2.22	0.72	2.45
第三龄	88.90	3.29	0.66	3.40	熟蚕粪	77.64	13.55	8.37	10.15

4.海鸟粪　海鸟粪是海鸟的粪便、尸体、剩余食物及枯枝落叶等的混合物，经长期堆积分解而形成的有机肥料。产于海岛区海鸟群居的场所，按其形成条件和养分种类可分为氮质海鸟粪和磷质海鸟粪两类。前者多在炎热干旱的条件下形成，鸟粪中的有机质和氮素不易分解，含氮量4%～8%，有的高达13%。氮素形态以尿酸为主，较易分解。后者多在高温多雨的条件下形成，鸟粪中的有机质易矿化，氮素转化为硝酸盐后被淋失，钾素也随降雨流失，磷酸盐被淋洗到下层，与土壤中的钙结合形成羟磷灰石而逐步聚集，故磷质海鸟粪以磷为主，含有少量有机质和氮钾，又可称为“鸟粪磷矿”，可作为磷肥施用。

我国西沙群岛约有100万t的磷质海鸟粪，质量较好，其水溶性磷的含量高于一般沉积磷矿（表9-10），是重要的磷矿资源。

表9-10　西沙群岛鸟粪磷矿的养分含量　%

种类	pH（水浸）	有机质	N	P_2O_5	K_2O	C/N
腐泥状鲜鸟粪	4.6	57.0	3.85	9.61	0.12	8.59
粒状鸟粪磷矿	7.9～8.8	8.36～20.70	0.52～1.32	6.49～26.87	0.02～0.05	8.44～10.10
松块状鸟粪磷矿	8.4～8.5	5.29～6.67	0.42～0.46	21.50～22.81	0.02～0.03	6.66～9.46
紧块状鸟粪磷矿	8.5～8.7	1.68～2.76	0.11～0.18	8.47～10.60	0.02～0.03	8.70～9.28
砂质盘状鸟粪磷矿	8.4～8.9	1.01～3.95	0.05～0.33	7.48～22.70	0.02～0.03	6.94～10.85

（四）厩肥

1.厩肥的成分和性质　厩肥是家畜粪尿、垫料和饲料残屑的混合物经腐熟而成的肥料。我国北方中多以土为垫料，故称为“土粪”或“圈粪”，南方多以秸秆或青草为垫料。故称为“草粪”或“栏粪”。厩肥中含有丰富的有机质和各种养分(表9-11,表9-12),属完全肥料。

表 9-11 厩肥的平均肥分 %

家畜种类	水分	有机质	N	P_2O_5	K_2O	CaO	MgO	$S(SO_3)$
猪	72.4	25.0	0.45	0.19	0.60	0.08	0.08	0.08
牛	77.5	20.3	0.34	0.16	0.40	0.31	0.11	0.06
马	71.3	25.4	0.58	0.28	0.53	0.21	0.14	0.01
羊	64.6	31.8	0.83	0.23	0.67	0.33	0.28	0.15

表 9-12 厩肥中微量元素含量(干基) $mg \cdot kg^{-1}$

微量元素	最低	最高	平均
硼(B)	4.5	52.0	20.2
锰(Mn)	75.0	549.0	201.1
钴(Co)	0.25	4.7	1.04
铜(Cu)	7.6	40.8	15.6
锌(Zn)	43.0	247.0	96.2
钼(Mo)	0.84	4.18	2.06

华北农村的土粪含有机质在10%以内,N为0.26%±0.14%,P_2O_5为0.31%±0.17%,K_2O为0.77%±0.31%,影响厩肥质量的因素较多,主要有饲料的种类及配比,垫料的种类和用量,因此各地厩肥的质量相差较大。厩肥中的氮、磷大部分呈有机态,当季利用率不高。但肥效持久,最宜做基肥施用。

2. 厩肥的积制和腐熟 积制厩肥的方式有坑式、平地式。厩肥施用前尚需堆积,使之腐熟,堆积方法则有紧密堆积法、疏松堆积法和紧密疏松堆积法等,其腐熟实质完全相同。

厩肥堆腐是厩肥中有机物质,在数种微生物的相继作用下,进行矿质化和腐殖质化两个对立统一的过程。前者是复杂有机物逐步分解成为简单化合物,即养分有效化过程;后者是分解的中间产物重新合成腐殖质,即腐殖化过程,这是有机肥料腐熟的普遍规律。

矿质化过程:众所周知,厩肥中的有机物包括淀粉、糖类、纤维素、半纤维素、木质素、果胶类物质等不含氮的有机物;尿素、马尿酸、尿酸、蛋白质等含氮有机物;核酸、植素、磷脂等含磷有机物以及胱氨酸、半胱氨酸、蛋氨酸等含硫有机物。在好气或嫌气条件下，各类有机物质经逐步分解，放出热量，形成一些中间产物、水和二氧化碳等。最后释放出其中含有的氮、磷、硫等养分。

腐殖化过程：这一过程极为复杂，迄今尚未研究清楚。通常认为可分两个阶段：第一阶段是厩肥在矿质化过程中，部分有机物可能形成腐殖质中的若干组成分，其中主要有芳香族化合物，氨基酸或肽等含氮化合物及糖类物质等；第二阶段是利用已形成的上述化合物，经脱水缩合等一系列步骤形成腐殖质。

3. 厩肥腐熟的特征　新鲜厩肥(或称生粪)在矿质化和腐殖质化过程中，外部形态上会发生一系列明显变化。通常可将厩肥腐熟分为生粪、半腐熟、腐熟和过劲4个阶段(图 9-1)。

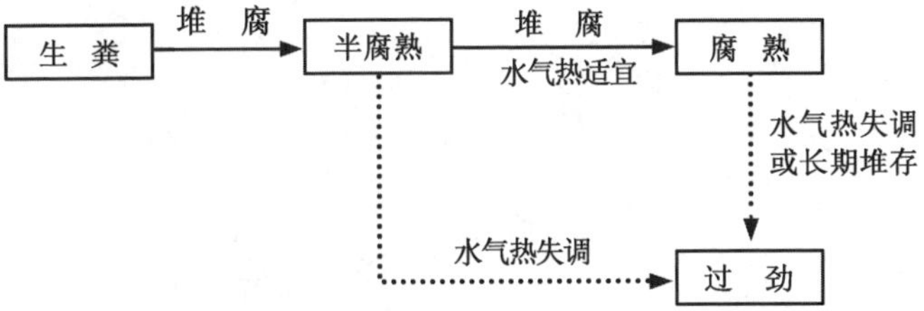

图 9-1　厩肥堆腐各阶段转化示意图

当厩肥进入半腐熟阶段时，有机物已部分矿质化，材料变软，并带有霉烂味，此时腐殖化过程比矿质化过程弱，形成的腐殖质较少，厩肥呈棕色，此阶段的形态特征可概括为“软、霉、棕”。在水气热适宜的条件下，继续进行矿质化和腐殖化。当进入腐熟阶段时，有机物已变烂，含氮有机物形成较多的氨而使厩肥有臭味，腐殖化过程较强烈，形成了较多的腐殖质而显黑色。此阶段的形态特征可概括为“烂、臭、黑”。腐熟阶段的厩肥再继续分解而进入过劲阶段，此时有机物和新形成的腐殖质将被彻底分解，厩肥几乎呈粉末状，同时伴有白色的放线菌菌落，肥料由黑色变为灰白色，并有特殊的泥土味，此时的形态特征可概括为“粉、土、灰”，肥效已大受损失。实践中应严防厩肥进入过劲阶段，半腐熟和腐熟时即可施用，否则应采取压紧肥堆、加水、密封等方式，抑制微生物的活动，阻止其继续分解，以防厩肥肥分大量损失。

三、饼肥、菇渣或糠醛渣类

(一)饼肥

饼肥是含油较多的种子提取油分后的残渣，俗名油饼，又叫油枯。它含有丰富的营养成分,做肥料用时称为饼肥。这类资源应提倡过腹还田力综合利用。

我国的饼肥主要有大豆饼、菜籽饼、花生饼、茶籽饼、柏籽饼等,饼中含有75%～85%的有机质,氮(N)为1.1%～7.0%,磷(P_2O_5)为0.4%～3.0%,钾(K_2O)为0.9%～2.1%,还含有蛋白质及氨基酸等(表9-13)。油菜籽饼和大豆饼中,还含有粗纤维6%～10.7%,钙0.8%～11%及0.27%～0.70%的胆碱。此外,还有一定数量的烟酸及其他维生素类物质等。

表9-13　主要饼肥氮、磷、钾的平均含量　%

油饼种类	氮(N)	磷(P_2O_5)	钾(K_2O)
大豆饼	7.00	1.32	2.13
芝麻饼	5.80	3.00	1.30
花生饼	6.32	1.17	1.34
棉籽饼	3.14	1.63	0.97
菜籽饼	4.50	2.48	1.40
篦麻籽饼	5.00	2.00	1.90
柏籽饼	5.16	1.89	1.19
茶籽饼	1.11	0.37	1.23
桐籽饼	3.60	1.30	1.30
椰籽饼	3.74	1.30	1.96
大麻籽饼	5.05	2.40	1.35
杏仁籽饼	4.56	1.35	0.85
苍耳籽饼	4.47	2.50	1.47
苏籽饼	5.84	2.04	1.17
花椒籽饼	2.06	0.71	2.50
椿树籽饼	2.70	1.21	1.78
胡麻饼	5.79	2.81	1.27
柏籽饼	5.16	1.89	1.19

饼肥中的氮以蛋白质形态存在,磷以植酸及其衍生物和卵磷脂等形态存在,均属迟效性养分,钾则多为水溶性的,用热水可从中提取出90%以上。

油饼含氮较多,C/N较窄,易于矿质化。由于含有一定量的油脂,影响油饼的分解速度。不同油饼在嫌气条件下的分解速度不同,如芝麻饼分解较快,茶籽饼分解较慢。

土壤质地影响到饼肥的分解及氮素的保存。砂土有利于分解,但保氮较差;黏土前期分解较慢,但有利于氮素保存。

有些油饼中含有毒素,如茶籽饼中的皂素,菜籽饼中的皂素和硫甙,棉籽饼中的棉酚，蓖麻籽饼中的蓖麻素，桐籽饼中的桐酸和皂素等，不能直接做饲料，将上述油饼通过化学处理或选育籽实中不含毒素的品种，如含硫甙低的油菜品种，便可饲用以提高饼肥的利用价值。

（二）菇渣

指收获完食用菌后的残留培养基，主要由栽培基质和残留的菌丝体组成。菇渣养分丰富，pH 为 5～5.5，最大持水量为 372%，全氮为 1.62%，全磷为 0.454%，速效氮为 212 mg・kg^{-1}，速效磷为 188 mg・kg^{-1}，有机质 60%～70%，并含丰富的微量元素。菇渣除可作为肥料使用外，还可作为饲料、吸附剂和园林花卉及蔬菜的栽培基质。

（三）糠醛渣

糠醛渣是以玉米穗轴经粉碎加入一定量的稀硫酸在一定温度和压力作用下，发生一系列水解化学反应提取糠醛后排出的废渣，颜色呈深褐色，细度 3～4 mm，较疏松。糠醛渣含有机质 76.4%～78.1%，全氮 0.45%～0.52%，全磷 0.072%～0.074%，速效氮 328～533 mg・kg^{-1}，速效磷 109～393 mg・kg^{-1}，速效钾 700～750 mg・kg^{-1}，残余硫酸 3.50%～4.21%，pH 为 1.86～3.15，容重 0.45 kg・m。因其含有有机质和养分，可用做肥料。施用于土壤，可以提高土壤有机质含量和 CEC，改善土壤理化性状，使作物增产。但必须注意其强酸性，使用前需中和，或用于碱性土和盐土的改良，效果显著。

四、泥土肥类

泥土类肥料包括：泥肥和土肥。

（一）泥肥及其特性

泥肥指河、塘、沟、湖中的淤泥。其养分来源主要有：水生动植物的残体和排泄物；由雨水带入的养分；随雨水冲刷下来的表土及其中的养分；生活污水等。故养分含量变化较大（表 9-14）。

表 9-14　不同泥肥的养分含量

种类	有机质/%	全氮/%	全磷/%	全钾/%	铵态氮	速效磷	速效钾
						mg・kg^{-1}	
河泥	5.28	0.29	0.36	1.82	1.25	2.8	7.5
塘泥	2.45	0.20	0.16	1.00	273	97	245
沟泥	9.37	0.44	0.49	0.56	100	30	—
湖泥	4.46	0.40	0.56	1.83	—	18	55

通常，靠近城镇的、放养水生植物的、养水产的水域，其泥肥有机质与养分的含量较高。从地形部位看，冲田塘泥的质量优于高位塘泥。长年不取的泥肥好于经常取的，故应有计划地培育和利用泥肥，以保持泥肥的质量。泥肥含有较多的有机质，养分种类齐全，有一定的供氮强度（水解氮/全氮的比例多数在8%～12%之间），属迟速兼备的肥料，肥效稳长，宜做基肥。河泥中一般含粗粉砂20%～50%，中粉砂和细粉砂在40%～70%之间，黏粒均小于10%，砂黏适中，可用于砂地和黏土地以改善其质地。

随着乡镇工业的发展，部分水面受到不同程度的有机和无机污染物污染，因此，泥肥中污染物有可能超过我国农用污泥中污染物控制标准（GB 4284—84），用时应充分注意。

（二）土肥及其特性

土肥包括熏土、炕土、老房土、墙土、地皮土等。由于人民生活水平的改善，炕土、老房土及墙土已日益减少。熏土是农田表土在适宜温度和少氧条件下用枯枝、落叶、草皮、稻根、秸秆等熏制而成，故又称熏肥、火粪、火土、烧土、焦泥灰等。它是山区、半山区及部分平原地区的一种肥源。熏烧后土壤的渗透率、孔隙度、阳离子交换量明显提高，速效养分也有所增加，常做基肥施用。

五、泥炭类和腐殖酸类肥料

（一）泥炭

泥炭又叫草炭、草煤、土煤、泥煤、草筏子等。我国泥炭资源丰富，分布面积在300万hm^2以上。泥炭是古代低湿地带生长的植物，在积水条件下由未完全分解的植物残体形成的有机物层，植物残体在分解过程中可形成腐殖质和矿物质。

1. 泥炭的类型

（1）低位泥炭。一般分布在地势低洼处，植物群落以沼泽植物为主，如薹属、芦苇属、赤杨属、桦属等，分解程度和养分含量较高，呈微酸性到中性，适宜直接利用，我国的泥炭多属此类型。

（2）高位泥炭。一般分布在高寒山区的森林地带的分水岭上，植被以水藓类为主。分解程度差、养分含量少、呈酸性，不宜直接做肥料。但其吸收能力强，宜做垫圈材料。

（3）中位泥炭。又称过渡型泥炭，分布的地形部位与植被类型均介于二者之间。可通过泥炭的物理状况来鉴别其分解程度（表9-15）。分解程度好的可直接利用，否则需经过适当处理（如堆制）后方可利用。

表 9-15　泥炭分解程度的简易鉴别

分解程度	植物残体	塑性与弹性	挤水难易和水色度/%
<15	植物残体几乎全部保存	不沾手，用手握时不能从指间挤出，有弹性	水分很易挤出，水色很淡，介于透明到黄色
15～25	植物残体易辨认，含少量腐殖质	略微沾手，用手握时不能从指间挤出，有弹性	稍用力即可将水挤出，水为棕色或浅褐色
25～35	植物残体保存较差，但能认出，腐殖质较多	能沾手，用手握时，可由指间挤出，有可塑性	用力时能挤出少量水，显褐色或浅褐色，较浑浊
35～50	植物残体还可以见到，但短小细碎，腐殖质很多	沾手，压挤时，易从指间挤出，无弹性	用大力才能挤出很少量水，浑浊呈深褐色或灰褐色
>50	植物残体细小，只有较少部分可认，腐殖质占优势	易沾手，压挤时可从指间挤出很多泥炭，无弹性	挤不出水或只能挤出几滴水，很浑浊呈深褐或黑色

2.成分和性质　泥炭一般含有机质40%～70%，腐植酸含量在20%～40%之间，还含有氮、磷、钾等养分（表9-16）。

表 9-16　我国各地泥炭的成分和化学性质　%

产地	pH	有机质	氮(N)	碳氮比	灰分	磷(P_2O_5)	钾(K_2O)
吉林	5.4	60.0	1.80	18.6	40.0	0.30	0.27
北京	6.3	57.4	1.94	—	42.6	0.09	0.24
山西忻县	—	49.3	2.01	—	—	0.18	—
山东莱阳	5.6	44.8	1.46	—	55.2	0.02	0.50
安徽	6.3	50.0	1.50	17.0	50.0	0.10	0.30
内蒙古	—	67.8	2.09	—	—	—	—
青	6.3	68.5	1.25	19.8	31.5	—	—
新疆	6.5	—	0.75	—	—	0.15	—
浙江余姚	6.0	69.1	1.83	21.9	30.9	0.15	0.25
广西陆川	4.6	40.2	1.21	—	59.8	0.12	0.42
广东云浮	4.6	73.6	1.44	—	—	0.07	0.25
四川	5.0	54.1	1.61	17.4	45.9	0.34	—
云南	4.9	69.0	2.28	—	—	0.34	—
贵州威宁	—	67.3	1.61	—	—	0.24	—

由于泥炭是在积水条件下形成的，水溶性养分大部分流失，磷、钾不多，速效性氮很少。据报道，吉林、浙江、黑龙江的泥炭中速效性氮含量仅为全氮的0.7%、1.1%及3.1%。泥炭的C/N虽然不大，但分解缓慢，因为所含氮化物多以蛋白质态与杂环态形式存在，不易分解；含碳化合物又多为结构复杂的木质素、纤维素、半纤维素、沥青、树脂、蜡质和脂肪酸等。泥炭适合作为牲畜栏的垫料、细菌肥料的载体、营养体、混合肥料和腐植酸类肥料的原料，较少直接施用。

（二）腐植酸类肥料

1.种类　腐植酸类肥料是以含腐植酸较多的泥炭、褐煤、风化煤为主要原料，加入适量氮、磷、钾及微量元素制成的肥料总称，例如，腐植酸铵、硝基腐植酸铵、腐植酸钠、腐植酸钾、腐植酸磷、高氮腐肥等，其中以前两种较为普遍。

2.性质　腐植酸类肥料的共同点是含有较多的腐植酸类物质，它是黑色或棕色的高分子有机化合物，其结构以芳香核为主体，含有羧基、酚羟基、醌基等多种官能团，颗粒直径在0.001～0.1 nm之间，交换量较大。腐植酸不溶于水，可溶于碱和有机溶剂，与铵、钾、钠等形成相应的可溶性腐植酸盐，也可与钙、镁、铁、锰等生成相应不溶性的腐植酸盐。

由于腐植酸中含有酚基和醌基，可形成一个氧化还原体系，参与作物体内的氧化还原过程。促进多酚氧化酶、过氧化物酶和抗坏血酸氧化酶等的活性，从而促进作物的呼吸作用，有利于作物的生长发育。腐植酸中的活性基团，对土壤中的阴、阳离子具有较强的吸附作用和交换能力，在盐碱地上施用，可降低土壤中盐分的含量，有利于盐碱地的改良。

腐植酸有活化土壤中磷素的作用，并能与土壤中的微量元素（锰、钼、锌、铜等）形成配合物，往往有利于作物的吸收，但在某种情况下，还在预防重金属的危害方面也有一定的作用。

合理施用这类肥料，对改良低产田、提高化肥利用率、刺激作物生长、增强作物抗逆能力、提高作物产量和改善产品品质等方面均有一定的作用。

六、海肥类

我国海岸线长达约3.2万km，海肥资源丰富，海肥指海产品加工的废弃物和一些不能食用的海生动物、植物及矿物性物质等。按其成分与性质可分为动物性、植物性和矿物性海肥3类，其中以动物性海肥的种类最多，数量最大。

（一）动物性海肥

这类海肥中有鱼杂肥类、虾蟹类、贝壳类和海星类、腔肠类和软体类动物等。在养分含量上各有特点，鱼杂肥和虾蟹类含氮磷较多；贝壳类除含氮磷钾外，富含碳酸钙，海星类中氮、磷、钾较多(表 9-17)。

表 9-17　动物性海肥的主要种类与养分含量　%

种类	有机质	N	P_2O_5	K_2O	$CaCO_3$
鱼杂类					
鱼杂	69.84	7.36	5.34	0.52	—
鱼鳞	45.26	3.59	5.06	0.22	—
鱼肠	65.40	7.20	9.23	0.08	—
杂鱼	28.66	2.76	3.43	—	—
鱼水(鱼卤)	—	0.31	0.30	0.40	—
虾蟹类					
虾糠	46.34	3.85	2.34	0.64	—
虾皮	—	4.74	2.72	0.87	—
干蟹	—	4.21	2.97	0.57	—
蟛蜞	—	1.63	3.30	0.17	—
贝壳类					
圣子	—	1.17	0.32	0.51	—
马牙子	24.80	1.84	0.48	0.28	—
海螺	—	2.11	0.32	0.46	—
鬼螺	7.13	0.85	0.52	0.09	57.0
白蚬	—	0.20	0.80	0.40	—
蛎子皮	18.47	1.21	0.23	0.38	—
壳头	—	0.05	0.02	0.07	—
海星类					
海五星	15.71	1.80	0.24	0.51	90.0
海风车	—	2.11	0.36	0.46	65.6
海钱	—	0.40	0.16	0.21	57.0

这类肥料中的氮大多以蛋白态存在，大部分磷为有机态，贝壳类中的磷以磷酸三钙为主。同时它们均含有一定数量的有机质，其中以鱼杂肥和虾蟹类较多。这类肥料需经沤制后方能施用，属迟效性肥料，宜做基肥施用。

(二)植物性海肥

通常以藻类为主，除食用、工业用外，也可作为肥料。此外，还包括浅滩上生长的植物，见表 9-18。

表 9-18 主要植物性海肥的养分含量 %

种类	N	P_2O_5	K_2O
海青苔(鲜)	0.30	0.10	1.23
海藻(干)	2.40	1.50	3.19
海朗树叶(干)	1.54～2.44	0.28～0.45	0.17～1.74
朗尾	0.66	0.30	1.47
海荞麦(干)	1.35	0.09	1.68
海草	1.64	0.42	1.77

(三)矿物性海肥

主要是海泥和卤水。海泥是江河冲来的泥土和海中动植物残体的淤积物,其性质与泥肥相似,但有约 0.35%的盐分,其养分含量与沉积条件有关。若是泥底,江河入海处又有避风港时,则养分较多;若是沙底,江河入海处淤成的,则养分较少。一般海泥含有机质为 1.5%～2.8%,氮为 0.15%～0.61%,磷酸为 0.12%～0.28%,氧化钾为 0.72%～2.25%,可溶性的氮、磷很少,并含有较高的盐分,还有一定数量的还原性物质,施用时需经暴晒以除去还原性物质,腐熟后方可施用。

卤水是生产盐的残余卤液,主要成分为 NaCl、KCl、$MgCl_2$、$MgSO_4$ 等,可作为提取钾盐的原料。

七、粉煤灰类

粉煤灰是火电工业特有的固体废弃物,年排放量极大。每燃烧 1 t 煤产生粉煤灰 250～300 kg。我国 1985 年粉煤灰排放量已达 6 800 万 t,随着火电工业的迅速发展,到 2010 年,粉煤灰的预期年产量将达到 1.2 亿 t。粉煤灰虽不属于有机废弃物类别,但粉煤灰也可在农业中利用,既可用于改土,又可提供植物需要的某些元素,因此,也将粉煤灰归于本章进行介绍。

多年来,我国在粉煤灰农用方面已取得不少研究成果,部分已应用于生产,主要有以下方面:

(1)做平整土地的填充料。对一些低洼地、废坑、深沟等废弃地,用粉煤灰铺填作底,再覆土造田,以恢复土地的农用价值。

(2)做土壤改良剂。粉煤灰呈碱性或强碱性,并含钙、镁等元素(表 9-19),可做酸性土改良剂。粉煤灰颗粒组成中含蜂窝体结构,其中>0.01 mm 的物理性砂粒占 85%,物理性状类似于沙壤土,施用于黏质土可改善耕性和通透性。粉煤灰用量要大，累计施用量通常要达到 300～450 $t \cdot hm^{-2}$，同时要配施多量有机肥。粉煤灰中含一定数量的重金属，过量施用可能会使土壤积累过多重金属而污染环境，另外，粉煤灰含硼较高，农用时注意硼毒害。为此要对农用粉煤灰中污染物含量按"农用粉煤灰有害物质控制标准"加以限制(表 9-20)。

表 9-19　粉煤灰的化学组成　%

成分	SiO_2	Al_2O_3	Fe_2O_3	CaO	MgO	SO_3	Na_2O+K_2O	烧失量
平均值	48	26	10	4	2	1	4.5	11.58
范围	40～60	20～40	6～16	2～10	1～4	0.5～2	2～6	0.34～68.2

表 9-20　农用粉煤灰中污染物国家控制标准*(GB 8173—87)　$mg \cdot kg^{-1}$

重金属元素	Cd	Cr	As	Pb	Ni	Cu	Mo	Se	B
酸性土	5	250	75	250	200	250	10	15	5～50
中性或碱性土	10	500	75	500	300	500	10	15	5～50

* 掺灰 45 万 $kg \cdot hm^{-2}$ 计。

(3)制成硅钙肥等。施用这些肥料能为农作物提供钙、镁、钾及多种微量元素，使营养均衡、减少缺素症。在一定条件下可增强作物的抗逆性，提高对氮、磷肥的利用率，促进高产稳产。但是它不能代替有机肥和化肥的正常施用。

(4)作为冬小麦等越冬作物或水稻秧田的盖种肥，以提高土温，改善作物苗期的土壤环境，有利于壮苗。

八、市政有机废弃物

(一)生活垃圾

生活垃圾是指在居民日常生活中或为日常生活提供服务的活动中产生的固体废物，主要产自居民家庭、商业、餐饮业、旅游业、旅馆业、服务业和文教行业等。垃圾产量平均每人每天已超过 1 kg。解决垃圾出路，已成为非常迫切的任务。

1. 成分与性质　城市垃圾的来源广泛，成分复杂，其主要成分包括厨余物、废纸、废塑料、废织物、废金属、废玻璃陶土碎片、砖瓦渣土、粪便、庭院废物、废旧电器及废家用什具等。其组成性质与经济发展、生活水平、消费方式、地理环境和季节等关系密切。

从表 9-21 北京市城市垃圾成分变化中，可以看出 20 世纪 90 年代初以前我国居民生活垃圾中煤灰渣所占比例很大，因此，无机成分灰土所占比例较高。随着城市煤气化的实现和区域供热的实施,城市垃圾中灰土等无机成分到20世纪末所占比例已从先前的50%以上下降到5%左右。而纸类、食品、金属、塑料、玻璃和织物等相对经济价值较高可直接回收的成分明显上升。其他城市也有类似趋势。垃圾成分的这种变化趋势将有利于生活垃圾的资源化。

表 9-21 北京市城市垃圾成分构成 %

年份	食品	灰土	纸类	塑料	玻璃	金属	织物	草木	砖瓦
1990	24.89	53.22	4.56	5.08	3.10	0.09	1.82	4.13	4.11
1995	35.96	10.92	16.18	10.35	10.20	2.96	3.56	8.37	1.50
1998	36.12	5.64	17.89	11.35	10.70	3.34	4.11	9.12	1.11

由于我国城市垃圾产生量和构成的变化,其理化属性也发生了很大变化。其一,容重迅速下降,由10年前的0.6～0.8 $t \cdot m^{-3}$ 下降到0.3～0.4 $t \cdot m^{-3}$;其二,热值上升,1991—1996年北京城市垃圾热值增长了2 839 $kJ \cdot kg^{-1}$。据调查,国内主要城市的垃圾成分和理化属性的变化基本与北京相同。

城市垃圾的化学成分很复杂,除含有植物营养物质外,还含有一些有毒元素。从北京市环卫所1983—1985年3年调查的平均值来看,垃圾中含碳为12%～38%、氮为0.6%～2.0%、磷为0.14%～0.2%、钾为0.6%～2.0%、铁为2.57%、硅为19.9 $mg \cdot kg^{-1}$、锰为350 $mg \cdot kg^{-1}$、铬为52.47 $mg \cdot kg^{-1}$、铝为14.51 $mg \cdot kg^{-1}$、砷为10.21 $mg \cdot kg^{-1}$、汞为0.062 mg·kg、镉为0.004 4 $mg \cdot kg^{-1}$。

2.生活垃圾的处置方式　城市生活垃圾主要有3种处置方式——卫生填埋、焚烧和堆肥。各地社会经济条件和垃圾构成上的巨大差异,是导致选择不同处置方式的原因。

卫生填埋用来直接处置未分选垃圾,也处置经焚烧后垃圾余灰和垃圾堆置过程中分选出来的杂物。垃圾填埋场选址,除需考虑地质、地貌、垃圾收运方便外,还要估计对大气环境、水环境,对附近居民健康和卫生方面的影响,并采取相应的技术措施,尽量减少这些不利影响,例如,分层填埋、底层防渗、嫌气发酵和沼气回收等。对填埋场地今后的重复利用也要做出规划。

焚烧是利用垃圾中的热值来取暖或发电,用作焚烧处理的垃圾热值需要高于4 187 $kJ \cdot kg^{-1}$,可燃物含量要达到60%。这种标准在发展中国家通常达不到(垃圾中纸张,塑料等可燃物少)。再则,建厂投资大,供料、废热利用、除尘环保等一系列设备的技术要求高,也是限制因素。本方法在发达国家已相当普遍,特别是在国土面积狭小、能源紧缺的日本,焚烧垃圾已占垃圾生产总量的2/3以上。

垃圾经堆置腐熟后农用，是处理费用较低、处理和利用相结合的途径。在发展中国家广泛采用。我国城郊农民有利用城市垃圾的历史传统，并积累了经验。再则，我国城市生活垃圾组成中厨余物含量高，杂物含量较低，也适合做堆肥处理。今后，我国在城市生活垃圾处理途径上，大多数地区仍宜以堆肥为主，卫生填埋和焚烧为辅。

3.垃圾堆肥农用效果　据研究，土壤条件是影响肥效的主要因素。在中、低肥力土壤上，垃圾堆肥有较高的增产效果，特别在配施适量氮肥后，增产幅度可达66%～79%之间。而高肥力土壤上增产效果要低得多，一般都小于9%。用无锡市高温堆肥二次发酵工艺的垃圾堆肥进行试验发现，施用于多种蔬菜和大田作物上均得到了良好的增产效果和经济效益。蔬菜的适宜用量为45 $t \cdot hm^{-2}$，增产率为11%～27%。

垃圾堆肥在提高土壤肥力上的作用也很明显。据研究报道，施垃圾堆肥75 $t \cdot hm^{-2}$，土壤有机质提高0.07%～0.27%，全氮提高0.003%。土壤容重下降0.02～0.16 $g \cdot cm^{-3}$，土壤孔隙度增加了0.3%～5.3%，土壤保水、保肥力也有相应提高。无锡市蔬菜研究所的研究发现，施用垃圾堆肥全面改善新菜地土壤的物理性状，在试验用量范围内，改善程度与肥料用料量间呈正相关。

施用垃圾堆肥对农产品品质有多方面的有利影响，例如，番茄和马铃薯薯块的单个重量增加，番茄提早上市，大白菜单株重、净产率、包心率也有所提高。施垃圾堆肥可降低青菜和萝卜的硝酸盐浓度，由单施尿素的274 $mg \cdot kg^{-1}$降到45～119 $mg \cdot kg^{-1}$。在9种蔬菜试验中还发现产品中矿物质和维生素含量有所提高。另有报道，施150 $t \cdot hm^{-2}$垃圾肥的小麦籽粒蛋白质和面筋含量，均有增加趋势。

4.垃圾堆肥的合理施用　垃圾施用于土壤，带来的环境问题主要是：如使用前不分选，易使土壤“渣化”，造成漏水漏肥；其中的病原物和重金属如不处理，会污染土壤和水体，进入食物链，危及人和动物的健康。因此，施用有机废弃物前，要进行分选，然后经过厌氧发酵或好氧堆肥等处理后，按国家规定的标准有控制地施用。按我国城镇垃圾堆肥农用控制标准（表9-22），表9-22中1～9项全部合格者方能施用于农田；在10～15项中，如有一项不合格，其他5项合格者，可适当放宽，但不合格项目的数值，不得低于我国垃圾的平均数值。即有机质不少于8%，总氮不少于0.4%，总磷不少于0.2%，总钾不少于0.8%，pH最高不超过9，最低不低于6，水分含量最高不超过40%。施用符合该标准的垃圾，每年每公顷农田用量，黏性土壤不超过60 t，沙性土壤不超过45 t，提倡在花卉、草地、园林和新菜地、黏土地上施用。大于1 mm粒径的渣砾含量超过30%及黏粒含量低于15%的渣砾化土壤、老菜地、水田不宜施用。对于表9-22中1～9项都接近本标准值的垃圾，施用时其用量应减 50%。

表 9-22　城镇垃圾农用控制标准(GB 8172—87)

编号	项目	标准极限	编号	项目	标准极限
1	杂物/%	≤3	9	有机质(以 C 计)/($mg \cdot kg^{-1}$)	≥10
2	粒度/mm	≤12	10	总氮(以 N 计)/%	≥0.5
3	蛔虫卵死亡率/%	95～100	11	总磷(以 P_2O_5 计)/%	≥0.3
4	大肠菌值	10^{-2}～10^{-1}	12	总钾(以 K_2O 计)/%	≥1.0
5	总镉(以 Cd 计)/($mg \cdot kg^{-1}$)	≤3	13	pH	6.5～8.5
6	总汞(以 Hg 计)/($mg \cdot kg^{-1}$)	≤5	14	水分/%	25～35
7	总铅(以 Pb 计)/($mg \cdot kg^{-1}$)	≤100			
8	总铬(以 Cr 计)/($mg \cdot kg^{-1}$)	≤300			

注:①表中除 2、3、4 项外,其余各项均以干基计算;②杂物指塑料、玻璃、金属、橡胶等。

(二)污水污泥

1.污水的处理工艺与污水污泥的形成　污水污泥是指污水处理厂在净化污水过程中产生的沉淀物。它不同于江、河、湖、海、塘、沟、渠的底泥(常称之为淤泥),也不同于上水(饮用水)处理后的污泥。根据污水处理程度又分为一级、二级和三级处理。一级处理是指污水通过格栅截留粗大杂物,再经曝气沉沙池除去砂粒,流入初沉池沉降分离污水中悬浮物,从而使水质得到部分净化的工艺。强化一级处理则是在普通一级处理的基础上结合添加化学絮凝剂来使污水得到更好的净化。二级处理则是指通过一级处理后的出水进入接种有活性污泥(指含大量好气微生物的絮状菌体胶团)的生物反应池(如曝气池,氧化沟等),在不断供氧条件下,经 6～8 h 生化处理再流入二次沉淀池,泥水静止分离后,污水得到净化的处理工艺。三级处理则是在二级处理工艺上附加脱磷脱氮生化处理的工艺。目前,我国污水处理厂污水处理工艺以二级为主。从二次沉淀池中排出的污泥称为二沉污泥,但多数污水厂排出的污泥都是一沉污泥和二沉污泥的混合物。对于采用活性污泥法处理工艺的污水处理厂,污泥(含水 97%左右)的产生量通常占污水量的 0.3%～0.7%。污泥经过厌(好)氧消化处理后,称之为厌(好)氧消化污泥。这些消化的或未消化的污泥通常需要进一步采用压滤或离心脱水形成含水 75%～80%的脱水污泥,以利于后续处理处置。目前,我国城市污水处理厂约 450 座,年产生污泥 300 万 t(干物质计)。

2.污水污泥的基本组成与性质　不同的污水处理厂由于采用的污水处理工艺,污水来源与性质的不同,产生的污泥组成与性质差异极大。一般地,工业污水所占比例越大，污染物含量越高；而生活污水所占比例越大，有机质和植物养分含量高，污染物含量低。污水二级处理后产生的污泥其有机质和养分含量比一级处理的污泥要高。表 9-23 列举了江苏省 5 家城市污水处理厂全年污泥基本组成。

表 9-23　江苏城市污水处理厂脱水污泥的成分与性质

项目	苏州新区	无锡芦村	常州城北	徐州奎河	南京江心洲
处理深度	二级	二级	二级	二级	一级
pH	7.35	8.1	7.92	7.99	8.07
EC/(ms · cm^{-1})	2.01	2.55	1.14	8.78	1.88
有机质/%	40.4	40.7	53.4	48.9	14.1
全氮(N)/%	3.86	2.91	5.16	5.31	0.85
全磷(P)/%	0.80	1.16	0.77	1.07	0.29
全钾(K)/%	0.40	0.35	0.24	0.27	0.79
C/N	6.07	8.11	6.00	5.34	9.62
Ca/%	1.00	2.96	1.05	2.27	2.39
Al/%	2.60	2.38	1.42	1.06	3.63
Fe/%	1.37	1.45	1.07	1.02	2.06
Mg/(mg · kg^{-1})	3 365	3 468	2 905	6 009	7 269
Mn/(mg · kg^{-1})	641	505	320	160	384
B/(mg · kg^{-1})	133	86	59	66	87
Cu/(mg · kg^{-1})	6 552	317	662	2 855	153
Zn/(mg · kg^{-1})	986	1 333	670	14 790	620
Pb/(mg · kg^{-1})	849	72	28	44	86
Cd/(mg · kg^{-1})	4.3	4.2	3.2	3 3	5.8
Ni/(mg · kg^{-1})	537	292	64	3 8	39
Cr/(mg · kg^{-1})	239	358	637	524	61
Se/(mg · kg^{-1})	16.3	35.2	1 248	104	13.2
As/(mg · kg^{-1})	141	115	5.2	15	20

注：全年的平均值，干基。

我国绝大多数城市污泥中有机质含量在 20%～60%之间，全氮在 2%～7%，全磷(P)在 0.7%～1.4%，比一般的农家肥养分丰富，而与鸡粪相似。但污泥中钾含量通常较低，多数在 0.2%～0.5%之间。此外，污泥中重金属种类较多，含量也较高，是污泥农用最大的障碍因素。污泥中还存在各种病原物，以大肠杆菌为指标，其数量相当于 10^7 MPN，蛔虫卵可达 1～7 个/500 g 液体污泥。近年来，一些研究者还从污泥中检出一些微量的难降解持久性有机污染物，如多环芳烃(PAHs)、多氯联苯(PCBs)等。因此，污泥农用必须谨慎。

污水污泥在物理性质上与其他有机肥如畜禽粪便完全不同。由于二级污水处理厂排出的污泥主要由微生物菌体胶团组成，颗粒细小，蛋白质含量高，亲水性强，因此，脱水污泥(含水 75%～80%)可塑性高，进一步采用机械脱水十分困难，而污泥干化后却又变得十分硬结，因此脱水污泥土地利用前常需要改良其不良的物理性质，如采用堆肥化方法。

3. 污泥农用的肥料效果与环境问题　污泥农用能明显提高土壤肥力。由于污泥有机质、氮、磷养分高，其中 80%左右的氮磷均为有机态，养分供应具有缓速兼备的特点，因此，施用污泥明显促进作物长势长相，表现在生物量和株高增加，叶片肥厚。对于粮食作物，施用当季，污泥氮至少可替代 80%化肥氮，而不会造成作物的减产。而且污泥的残效明显，对后季作物的生长有好的促进作用。与施用化肥的处理相比，施用污泥还明显使土壤容重下降，孔隙率、土壤有机质、全氮磷及有效态氮磷等均有明显升高，提高了土壤肥力。

由于污泥中含有有机无机及生物性污染物，因此，污泥不合理应用会造成土壤、植物和水体污染，其中重金属污染是污泥农用过程中监测的重点。研究发现，污泥农用会使重金属在土壤施用层大量聚集，而且由于污泥本身带入以及污泥在分解过程中产生水溶性有机物，通过其络合作用，会导致少量重金属向下迁移，例如，在连续施用污泥 2 年的粮食地中发现，污泥中锌可迁移到 60 cm 下的土层(图 9-2)。施用污泥的土壤重金属化学活性通常比对照土壤高得多，前者为后者的 1.2～4 倍，也比其他重金属污染类型(如矿山附近的污染土壤)的土壤为高。有研究者发现，污泥停施 15 年后，污泥处理土壤中重金属的有效性依然高于对照区土壤。

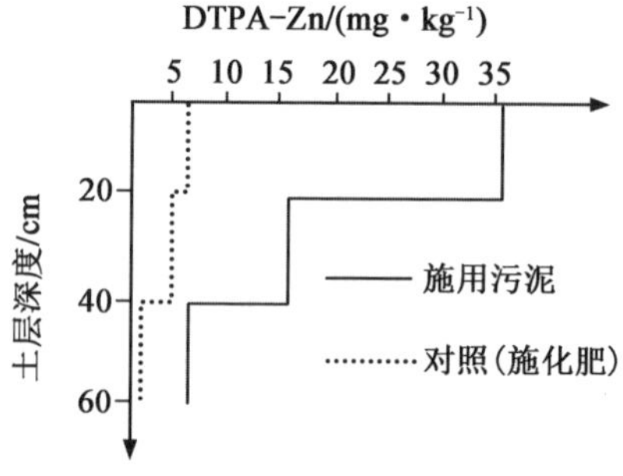

图 9-2　施用污泥 2 年后不同层次土壤中重金属锌含量

长期不合理施用污泥或一次大量施用污泥必然会造成作物的重金属污染，特别是对于叶菜类蔬菜污染尤其严重。利用苏州城西污水处理厂污泥所做的一项研究表明，施用污泥的处理，包菜中外包叶重金属锌含量比施化肥的对照处理高4倍，包球(可食部分)中高2倍。北京市1994年调查，北京东南郊部分农地由于过去长期施用污泥，导致小麦和玉米中重金属汞和镉超标。

4.污泥的安全农用　为防止污泥农用过程中造成重金属污染，许多国家都制订了相应的控制标准，例如，美国于1983年制订了污泥土地利用条例(40FCR Part 503)，1993年再度修订了该条例，对污泥重金属含量进行了限定，并同时规定了土壤对污泥重金属的最高负荷量和年负荷量。我国在1995年曾颁布了农用污泥中污染物控制标准(表9-24)。规定有害物质超标的污泥不能作为农肥施用于农地，本标准的其他的规定是：①施用符合控制标准的污泥，每年最大施用量不得超过30 $t \cdot hm^{-2}$(干物质计)。污泥中任何一项无机化合物含量接近本标准时，连续在同一块土壤上施用，不得超过20年；②为了防止对地下水的污染，在沙质土壤和地下水位较高的农田上不宜施用污泥；在饮水水源保护地带不得施用污泥；③生污泥须经高温堆腐或消化处理后才能用于农田。污泥可在大田、园林和花卉地上施，在蔬菜地和当年放牧的草地上不宜施用；④在酸性土壤上施用污泥除了必须遵循在酸性土壤上污泥的控制标准外，还应该同时年年施用石灰以中和土壤酸性；⑤对于同时含有多种有害物质而含量都接近本标准值的污泥，施用时应酌情减少用量。

表9-24　农用污泥中污染物控制标准(GB 4284—84)　　$mg \cdot kg^{-1}$ 干物质

	最高允许含量	
	酸性土(pH<6.5)	中性或碱性土(pH≥6.5)
镉及其化合物(以Cd计)	5	20
汞及其化合物(以Hg计)	5	15
铅及其化合物(以Pb计)	300	1 000
铬及其化合物(以Cr计)	600	1 000
砷及其化合物(以As计)	75	75
硼及其化合物(以B计)	150	150
铜及其化合物(以Cu计)	250	500
锌及其化合物(以Zn计)	500	1 000
镍及其化合物(以Ni计)	100	200
矿物油	3 000	3 000
苯并(a)芘	3	3

为避免污泥中重金属对食物链的污染，粮食作物直接大量地施用污泥或污泥堆肥应该特别谨慎，最好将之应用于不进入食物链的园林绿化地。将污泥制成有机无机复合肥，由于大幅度提高了污泥复合肥中养分的含量，使单位面积土壤实际接受的污泥量少（150～450 kg・hm^{-2}），可有效避免由于污泥集中大量施用所带来的污染风险。

第三节　有机废弃物农肥法技术

一、简易农肥法技术

（一）秸秆类的直接利用

秸秆直接还田既能节约运输费用，又可机械作业，是"以田养田"的有效措施，在我国农业生产中已得到日益广泛的利用。1990 年秸秆直接还田面积达 0.243 亿 hm^2 次，并获得明显的培肥改土和增产效果。我国北方以玉米秸秆为主，其次为小麦、高粱和大豆秸秆等。南方以稻草为主，其次为小麦、蚕豆、油菜和玉米秸秆。

1.秸秆直接还田的作用

（1）提高土壤有机质含量。经常施用秸秆能明显提高土壤有机质含量，有利于维持土壤有机质的稳定，改善土壤的理化性状。

（2）促进土壤团粒结构的形成。土壤有机质、碳酸钙和多糖类物质对土壤结构的稳定性有良好作用。秸秆直接还田比施用厩肥更能增加土壤有机质的含量，尤其是能产生较多的五碳糖、六碳糖和多糖。这特别有利于水稳性团粒的形成，如使大于 0.25 mm 的水稳性团粒明显增加。

（3）提供养分。秸秆中含有作物需要的各种养分，秸秆直接还田能明显提高耕层土壤中养分，尤其是钾的含量。1995 年农业部对全国 12 个省份耕地的调查，耕地中磷含量较之 1990 年以前有所增加，而缺钾和缺微量元素的耕地面积却有所扩大，因此大力提倡秸秆还田有利于部分归还土壤钾素。

（4）调节土壤的氮素供应。微生物在分解 C/N 大的秸秆初期，要从土壤中吸收氮素组成自身的体细胞，导致土壤氮素的生物固定，起到了暂时保存氮素的作用。当微生物死亡后，这部分氮又分解释放。一般每 1 000 kg 残体可保存 1.8～8.2 kg 氮素。故在秸秆还田前期，由于生物固定会引起微生物和作物间竞争氮素，导致作物幼苗生长不良，为此，必须配合施用适量氮肥。

此外，秸秆直接还田增加了土壤中的能源物质，也有利于生物固氮，一般认为，每氧化 1.0 g 碳素释放的能量，可供固氮微生物固定 10～40 mg 氮素的需要。

(5)提高土壤微生物和土壤酶的活性。施用秸秆后微生物的数量明显增加,距离施秸秆处近的土壤尤为明显,这对加速有机态养分的释放,活化土壤中的养分有良好的作用。

此外,秸秆还田还能减少某些作物的病害,例如,施 3.75 $t \cdot hm^{-2}$ 麦秸、稻草或砻糠灰后,防止甘薯黑斑病的效果相应为77.9%、74.0%或75.8%。对棉花的枯萎病和禾本科作物的根腐病也有一定的效果。

2.秸秆直接还田技术

(1)数量。还田数量因地区、栽培技术等而异。大型农场通常是全部秸秆还田。随联合收割机(康拜因)收获后,立即用重耙或圆盘耙纵横地耙两遍切碎秸秆,然后翻埋。江苏省淮北稻麦轮作地区,为维持土壤有机质的平衡每年用量以 3.75 $t \cdot hm^{-2}$ 为宜。从经济效益出发,盐碱地区提出 3～6 $t \cdot hm^{-2}$ 较为理想。双季稻地区,一般将前季稻草全部还田作为后季稻的基肥。北方地区用玉米或小麦秸秆 4.5 $t \cdot hm^{-2}$ 即可。有的通过留 15～30 cm 的高茬结合耕作还田。用 3～4.5 $t \cdot hm^{-2}$ 秸秆直接盖在冬季作物上,也可取得良好的效果。

(2)时间和方法。秸秆直接还田的时间与种植制度、土壤墒情和茬口等关系密切。力争边收、边碎、边耕翻,尤其是玉米秸秆,以利于保持土壤水分,加速分解。通常,旱地在播种前 15～45 d 将秸秆耕埋入土;水田则可在插秧前 7～10 d 施入。若用玉米秸秆或小麦秸秆做棉田基肥,宜在晚秋进行;夏闲地可尽早施用,以使秸秆充分腐解,及时为作物提供养分。还田秸秆宜切 5～10 cm 长,以利于吸水分解,保证均匀分布与翻埋质量。耕埋深度以 15～20 cm 为佳,土壤含水量较少,还田秸秆数量多,以及土壤质地较粗者可深些,反之可浅些。

(3)注意事项。秸秆直接还田能否获得预期当季养分供应与长期的改土效果等,需保证在微生物的参与下秸秆的正常矿质化和腐殖化,为此应做到以下几点:①土壤湿度掌握在田间持水量的 60%～80%为宜,否则在翻埋后及时灌水;②必须配合施用适量氮肥。据报道,一般可按秸秆量(风干重)的 1.5%～2.0%添加氮素,调节 C/N,但不能选用硝态氮肥,以免发生还原脱氮作用引起氮素损失。水田中施用秸秆,C/N 可略高些,配施的氮量可低于旱地。在缺磷的土壤上要配合施用适量磷肥。酸性土上配合施用适量石灰,以利于微生物的活动;③预防有机酸的危害。秸秆在腐解过程中产生的有机酸,累积到一定浓度时会危害作物的生长。旱地通气较好,有机酸不易积累;嫌气条件下,尤其在透水性差的水田施用高量秸秆时易发生,其危害程度与有机酸及其种类有关。抑制水稻根系吸收养分的顺序为:丁酸>丙酸>乙酸和甲酸>草酸。稻草在水田中分解主要产生乙酸,其次为丁酸,其他有机酸较少。施用稻草后 10～14 d 为乙酸产生的高峰期,易分解的秸秆

7 d 内即达高峰。生产上常采用控制秸秆用量，力求撒施均匀，及时调节水分状况，提高翻埋技术，酌情使用碱性肥料及适当提早施用等措施，预防有机酸的危害。

由上可知，科学地进行秸秆还田能提高作物的产量。但必须指出，病虫害严重田块的秸秆不能直接还田，以防病菌和虫卵的蔓延，这类秸秆只适于制作高温堆肥。

（二）农业有机废弃物简易积制方法

1. 沤制　农业废弃物经适当配比，在嫌气条件下进行矿质化和腐殖化的腐熟制肥方式称为沤制。由于沤制场所、时期及方法的差异，各地沤制肥料的名称不一，江苏称草塘泥，浙江称草蒿泥，湖南称凼肥，江西和安徽称窖肥，湖北和广西称挡肥，河南称汤肥，北方地区称坑肥等。其共同点是都以厩肥、秸秆、绿肥、生活垃圾等为原料。制作方法相似，均是将材料投入深度不同的坑中，并适当翻动，在物料面上保持浅水层，嫌气条件下分解而成。肥料的成分和性质相近，含有机质和各种养分，为迟、速兼备的有机肥料。腐熟过程中塘温变幅为 12～20℃，pH 6～7；腐殖化系数较高，氮素损失较少，均以做基肥为主。现以草塘泥和凼肥为例作一简要介绍：

(1)草塘泥。草塘泥采用河、塘、沟、湖、渠、滨等的泥肥，加 10%～15%紫云英或水生绿肥或青草，15%～20%的厩肥，2%～3%的稻草等沤制而成。其中绿肥分解较快，可提供较多的氮素。稻草分解缓慢，腐殖化系数高，维持有机质的平衡有一定的作用，也便于操作。厩肥对提供氮素和有机质均有重要意义。泥肥在保蓄养分上起重要作用。草塘泥的养分含量主要受配料的影响，不同地区，即使同一地区不同塘的泥肥质量也相差较大。江苏省太湖地区的草塘泥，含有有机质 1.07%～8.9%，平均 3.28%；含 N 为 0.11%～0.57%，平均 0.30%；含 P_2O_5 为 0.14%～0.82%，平均 0.27%；含 K_2O 为 1.71%～2.67%，平均 2.21%；此外，还含 Ca、Mg 等多种养分。

通常冬季在河边先将稻草切段拌入罱起的河泥中，翌年早春起，酌情分次将稻草、河泥与厩肥、青草、水草以及绿肥鲜草等分层加入挖好的带埂塘中沤制，每塘容肥约 5 000 kg。沤制草塘泥的成败关键在于沤制时物料面上要始终保持有浅水层，故塘不能漏水，下雨时肥液不外溢为好。分层加料要力求均匀，必要时可采用翻塘以促进腐熟。

(2)凼肥。凼肥是华中地区，尤其是湖南农村中普遍使用的积肥方式。常用材料为厩肥，人、畜粪尿，稻草，草皮，山青野草，绿肥或生活垃圾等。凼肥因积制地点可分为大田凼和家凼。前者因沤制季节，又可分为常年凼、冬凼、春凼和夏凼。

在沤制过程中，配料要齐全，力求混合均匀，适当翻动 2 或 3 次，为了加快腐熟，沤制时可加些已腐熟的凼肥作“凼引子”，物料上面保持浅水层。这种积肥方法可就地沤制，就地施用。

凼肥的养分含量主要受配料的影响，变幅较大(表 9-25)。

表 9-25 不同沤制材料的凼肥养分变动范围 %

原料	有机质		N		P_2O_5		K_2O	
	平均	变幅	平均	变幅	平均	变幅	平均	变幅
绿肥为主	18	7.8～18.5	0.29	0.12～0.40	0.15	0.14～0.16	—	—
草皮为主	6.5	3.2～12.6	0.18	0.01～0.32	0.012	0.002～0.028	0.053	0.016～0.087

2.堆积

(1)堆肥材料。在农村常用的堆肥材料为秸秆，落叶，山青野草，水草，绿肥，水生绿肥，垃圾，人、畜粪尿或氮素化肥及草皮泥等。各种材料均含有一定数量的养分。根据这些材料的性质和作用可分为三类：第一类是禾谷类的秸秆、根茬、杂草和落叶等，它们是堆肥的主体。其特点是含氮较少，C/N 宽，木质素含量较高，不易分解(表 9-26)。第二类是促进分解的材料，包括调节 C/N 和酸度的材料。前者指含氮较多的物质，如人、畜粪尿、新鲜豆科绿肥和化学氮肥；后者指石灰。在农村进行简易高温堆肥时，还加入适量的骡、马粪或其培养液，以接种高温纤维分解菌。第三类是吸附能力强的材料，如泥土和泥炭等。堆制前酌情进行预处理。如粗大的玉米秆等应切碎 10～15 cm；垃圾要进行分选，去除不可堆肥物；老熟的野草切短后用石灰水浸泡或堆积；含水过多的杂草需晾晒除去部分水分。

表 9-26 几种堆肥材料的碳氮比和木质素含量

名称	C∶N	木质素含量/%
干稻草	(61.8～67.1)∶1	12.5
紫云英	(10～17.3)∶1	8.58
小麦秆	98∶1	21.6
玉米秆	63∶1	9.46
老熟禾本科茎叶	(80～100)∶1	—
青刈豆科绿肥	(15～20)∶1	—
野生草类	(25～45)∶1	—
稻根	39.3∶1	17.4
麦根	49.3∶1	20.7
蚕豆秆(根茎叶)	12.6∶1	8.65

续表 9-26

名称	C∶N	木质素含量/%
田菁(根茎叶)	24.5∶1	11.8
柽麻(根茎叶)	28.5∶1	15.3
水葫芦(根茎叶)	16.3∶1	10.2
大豆秆	37∶1	—
豌豆秆	29∶1	—
苜蓿秆	18∶1	—
大麦秆	75∶1	—
泥炭	(1～21.9)∶1	—

(2)堆制技术。通常有地面式、半坑式和地下式 3 种堆积形式。地面式适宜在温暖多雨和地下水位高的地区采用。肥堆尽量设在近材料和水源、地势较高、运输方便的场所，一般堆宽和堆高各 2.0 m，长度视材料而定。堆前夯实地面，铺 9～10 cm 厚的干细土或泥炭，以吸收肥液。开始先铺第一类材料，厚约 20 cm，然后加适量水和第二类材料，如此反复，堆积至所需高度，上用泥肥封顶。加堆积物的原则为：第一类材料的厚度，由下而上逐层变薄；第二类材料的用量，由下而上逐层增多，以利于腐熟均匀。材料的配方因地而异，一般高温堆肥的配方为：植物性秸秆 100 份，人、畜粪尿 10～20 份，石灰或草木灰 2～5 份，水 100～200 份，骡、马粪适量。

坑式又称地下式，适宜在较冷及较旱的地区，我国的河北、山西及四川等省均有采用。通常在田头或宅旁挖一深坑，堆积方式与地面式相似，优点是保水、保肥、保温，夏季 1～2 个月，冬季 3～4 个月即可成熟。

半坑式适宜干旱和寒冷地区。堆积方法与地面式相似，全坑深约 1.7 m，其中地平线下 1.0 m，地平线上 0.7 m(图 9-3a)，坑底挖南北、东西向“十”字通气沟，深、宽各约 20 cm，沿坑壁至地面(图 9-3b)。沟面铺秸秆，以防沟堵塞。

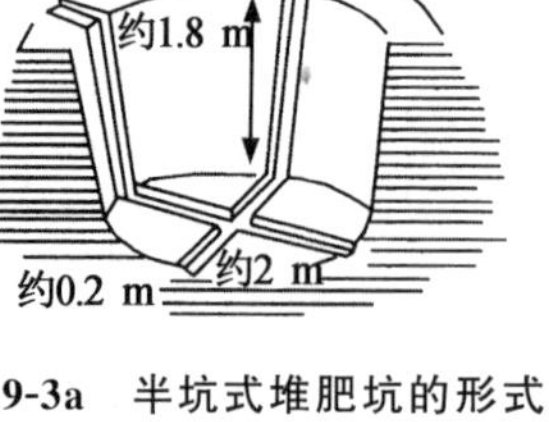

图 9-3a　半坑式堆肥坑的形式

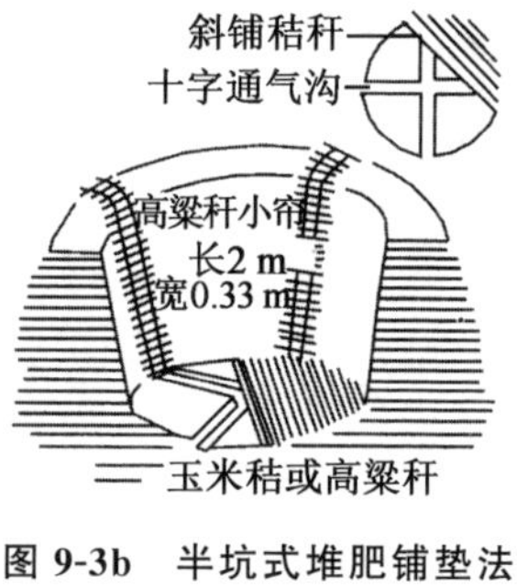

图 9-3b　半坑式堆肥铺垫法

3.沼气发酵 沼气发酵是科学综合多重利用有机废弃物的形式，因为在利用贮藏于其中的生物能以后，发酵残渣中的粗蛋白、粗脂肪、灰分及氨基酸和维生素可作饲料或生产食用菌的原料，最后作为肥料施用。沼气发酵后的残渣和肥液就是沼气肥，也可直接施用。

(1)沼气发酵的原理。沼气发酵是有机物在严格嫌气条件下，由多种厌氧性异养型微生物参与，产生沼气的过程。一般认为，沼气发酵存在有机物分解反应和沼气生成反应。参与前一反应的微生物主要是厌氧性发酵细菌，包括纤维素分解菌、半纤维素分解菌、淀粉分解菌、蛋白质氨化菌、脂类水解菌和其他厌氧细菌及产乙酸细菌等。在这些微生物的作用下，复杂的有机物被转化为简单的有机酸、醇、酮、H_2 和 CO_2 等，为产甲烷细菌提供了生长基质和产生 CH_4 的底物。参与后一反应的微生物是严格专一性厌氧细菌，即产甲烷细菌，将第一阶段产生的不同分解程度的产物(如乙酸、甲酸等低级醇酸类以及 CO_2 和 H_2 等)转变为沼气，例如：

$$CH_3COOH \longrightarrow CH_4 + CO_2$$

$$4CH_3OH \longrightarrow 3CH_4 + CO_2 + 2H_2O$$

$$2CH_3CH_2OH + CO_2 \longrightarrow 2CH_3COOH + CH_4$$

$$2C_3H_7CH_2OH + CO_2 \longrightarrow 2C_3H_7COOH + CH_4$$

$$CO_2 + 4H_2 \longrightarrow CH_4 + 2H_2O$$

$$CH_3COCH_3 + H_2O \longrightarrow 2CH_4 + CO_2$$

(2)沼气发酵的条件。

嫌气：产甲烷细菌属绝对厌氧细菌，在空气中几分钟就会死亡，实践中通过水层和严密的沼气池来隔绝空气，为其创造生存条件。

营养：厌氧性发酵细菌能从发酵材料中取得营养，但产甲烷细菌只能从简单的脂肪酸和醇中取得碳源和能源，从铵态氮中取得氮源。氮的最低需要量约为有机碳的 2.5%，磷酸盐的需要量约为氮的 20%。发酵液中氨的浓度宜在 0.01%～0.10%之间，故要注意控制材料中的 C/N，一般以(25～30)∶1 最佳。

温度：沼气发酵有高温型(47～55℃)、中温型(30～38℃)和常温型(10～30℃，也称自然温度发酵)3 种。发酵液日产气量相应为 5～6 m^3、2～3 m^3 及 0.1～0.5 m^3。当池温低于 15℃产气就差，3℃以下基本不产气。故需从建池、配料、管理等方面入手，尽量提高池温，以利于产气。

水分：足够的水分是创造严格嫌气条件的重要手段，但过多过少均不相宜。发酵材料和水的比例，夏季以(8～10)∶(92～90)，冬季以 15∶85 为宜。

酸碱度：厌氧性发酵细菌能在 pH 5～9 之间生长，但产甲烷细菌以 pH 6.7～

7.6最佳，低于6.5或高于8.5几乎停止繁殖。故必要时可加入原料干重的0.1%～0.2%的草木灰或石灰加以中和。另外，在投料时加入适量污泥或老发酵池内的残渣，能起到维持适宜的pH和接种产甲烷细菌的效果。

接种产甲烷细菌：在新发酵池使用初期尤其注意接种产甲烷细菌，除加入老的发酵液或残渣外，可加5%～10%的屠宰场或酒精厂的阴沟泥，老池在换料时应保留1/3的底脚污泥。

(3)沼气发酵肥的成分和性质。在沼气发酵过程中，材料中的有机碳仅消耗40%，发酵后的残渣和液体为沼气发酵肥，分别占总量的13.2%与86.8%，养分含量主要取决于原料种类、比例和加水量，其变化幅度较大。沼液中全碳变幅在0.42%～4.84%，平均2.03%；全氮在0.09%～0.99%，平均0.39%；全磷在0.10%～0.99%，平均0.37%；全钾0.38%～3.90%，平均2.06%。沼渣中全碳变幅在20.82%～49.86%，平均36.35%；全氮在0.34%～2.97%，平均1.25%；全磷在0.07%～6.02%，平均1.90%；全钾0.53%～2.15%，平均1.33%。

沼渣部分还含腐植酸9.80%～20.9%，平均10.9%，C/N窄，易分解。沼渣和沼液可以混合施用，也可分开施用，做基肥、追肥均可，但沼液宜做追肥，沼渣宜做基肥。对改良与培肥土壤，提高作物产量均有良好的作用。

二、规模化高温好氧堆肥技术

随着规模化养殖场和城市污水处理厂的大量兴建，由此产生的有机废弃物数量日益庞大，而且高度集中，农村常见的简易堆积方式已不能采用，因为它们堆肥时间长，处理容量小，而且不适合机械化操作。而规模化高温好氧堆肥技术以其腐熟时间短、处理容量大、机械化或自动化程度高，而得到高度重视和推广应用。

(一)堆肥类型

堆肥分类方法很多。按堆制过程中是否需氧而分为好氧堆肥和厌氧堆肥；按原料发酵所处状态可分为发酵仓式堆肥和无发酵仓式堆肥；无发酵仓式好氧堆肥系统又分为露天条垛式翻堆供氧堆肥法和固定堆强制通风堆肥法两种。

好氧堆肥化是在通风条件下，有游离氧存在时进行的分解发酵过程。好氧堆肥温度高，一般在55℃以上，可维持5～11 d，极限可达80℃以上，也称高温堆肥法。由于好氧堆肥法具有堆肥周期短、无害化程度高、卫生条件好、易于机械化操作等优点，在有关污泥、城市垃圾、畜禽粪便和农业秸秆等堆肥中被广泛采用。下面介绍目前国内外两类主要的好氧堆肥系统。

1.无发酵仓式堆肥系统　物料通常堆制成条垛式，依据堆料供氧方式，无发酵仓式堆肥系统又可分为搅拌(翻堆)式堆肥床和固定堆式堆肥床两种堆肥方式。

搅拌式堆肥的主要特点是采用定期翻堆，使物料均匀，并提供充足氧气，有时还考虑强制通气（常采用抽气方式进行）。翻堆作业通常采用翻堆机械进行。

固定堆式堆肥基本不进行翻堆，其供氧方式主要有两种：一是采用自然通气方式进行堆肥，在堆肥场地开有通气沟，并在垂直方向设有通气管（也可用各种秸秆捆绑成束作为通气之用），生物发酵所需要的氧气完全靠自然通风；二是采用强制通风供氧方式进行堆肥，也称固定堆强制通风堆肥法，肥堆的供氧利用鼓风机或空气压缩机强行鼓风进行，也可采用抽风方式进行。吹风或抽风可用定时器或在肥堆内安置的温度或氧气浓度自动反馈装置来间断性供氧，在一些大型堆肥厂可采用计算机控制堆肥。自然通风堆肥腐熟时间通常较长，而固定堆强制通风堆肥法则比较快，在 3～5 周内能使肥堆完全腐熟。

无发酵仓式堆肥系统的特点是基建投资少；工艺简单；操作简便易行；处理容量大。缺点是由于是敞开式堆肥，在冬季低温条件下，肥堆不易升温和保温；通常占地较大；堆肥时间比发酵仓式堆肥要长。

2. 发酵仓式堆肥系统　堆肥在发酵装置内进行。发酵仓系统可分为立式发酵塔和卧式、槽式发酵装置等两类。

立式堆肥发酵塔通常由 5～8 层组成，堆肥物料由塔顶进入塔内，在塔内堆肥物通过不同形式的机械运动，由塔顶一层层地向塔底移动。一般经过 5～8 d 的好氧发酵，堆肥物即由塔顶移动至塔底而完成一次发酵。立式堆肥发酵塔通常为密闭结构，塔内温度分布从上层到下层逐渐升高，塔式装置的供氧通常以风机强制通风。

卧式堆肥发酵滚筒（达诺式 Danot），该发酵滚筒在水平方向上呈倾斜放置，直径为 2.5～4.5 m，长 20～40 m，强制供气。在该装置中废弃物靠与筒体内表面的摩擦沿旋转方向提升（转速为 $0.1 \sim 3\ r \cdot min^{-1}$），同时借助自身重量落下。通过如此反复升落，废物被均匀地翻倒与供入的空气接触，并通过微生物的作用进行发酵。经 1～5 d 发酵后排出，条垛放置熟化。

筒仓式堆肥发酵仓为单层圆筒状，发酵仓深度一般为 4～5 m，大多采用钢筋混凝土构成。发酵仓内供氧均采用高压离心风机强制供气，以维持仓内堆肥好氧发酵。空气从仓底进入发酵仓，堆肥原料由仓顶加入，经过 6～12 d 的好氧发酵，初步腐熟的堆肥从仓底通过出料机出料。

此外还有箱式堆肥发酵池，吊车翻倒式发酵池，卧式桨叶发酵池，卧式刮板发酵池等。

发酵仓式堆肥系统不受气候影响，能有效控制二次污染，发酵时间快，占地面积少。缺点是基建投资大，运行成本较高。

（二）堆肥的基本原理及微生物学过程

1.基本原理　好氧堆肥是在有氧条件下，好氧微生物通过自身的分解代谢和合成代谢过程，将一部分有机物分解氧化成简单的无机物，从中获得微生物新陈代谢所需要的能量，同时将一部分有机物转化合成新的细胞物质的过程（图 9-4）。

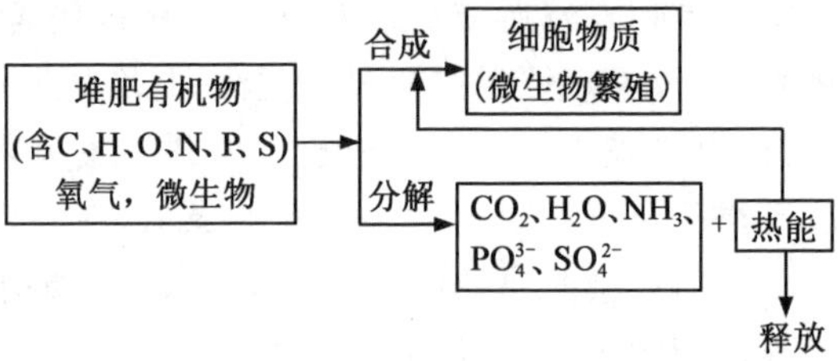

图 9-4　有机物好氧堆肥过程

堆肥的结果是废弃物中有机物向稳定化程度较高的腐殖质方向转化，腐殖质的形成十分复杂，其生物学过程示意如下（图 9-5）。

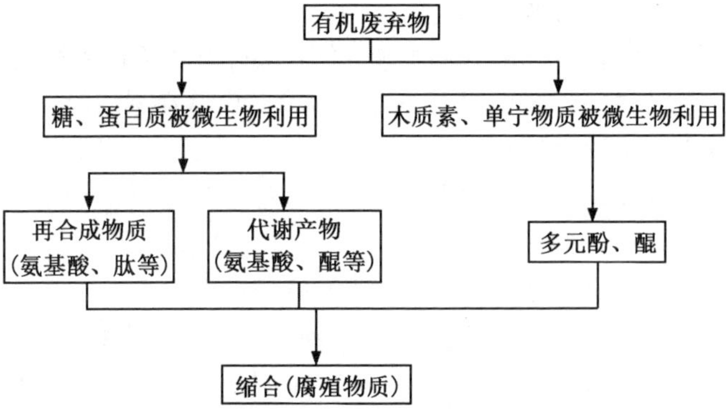

图 9-5　腐殖物质形成的生物学过程示意图

需要指出的是，腐殖质形成非常缓慢，在有限的堆肥时间内不可能形成大量腐殖质，但采用各种光谱分析发现，堆肥有机物结构芳构化程度明显有所提高。

2.微生物学过程　好氧堆肥的微生物学过程可大致分为如下 3 个阶段，每个阶段都有其独特的微生物类群。

（1）产热阶段。堆肥初期（通常在 1～2 d），肥堆中嗜温性微生物利用可溶性和易降解性有机物作为营养和能量来源，迅速增殖，并释放出热能，使肥堆温度不断上升。此阶段温度在室温至 50℃范围内，微生物以中温、需氧型为主，包括细菌、放线菌和真菌，通常是以一些无芽孢细菌和霉菌等为主。其中细菌主要利用水溶性单糖等，放线菌和真菌对于分解纤维素和半纤维素物质具有特殊的功能。

(2)高温阶段。当肥堆温度上升到50℃以上时，即进入高温阶段。通常从堆积发酵开始，只需3 d时间肥堆温度便能迅速地升高到55℃，1周内堆温可达到最高值(最高温可达80℃)。此时，嗜温性微生物受到抑制，嗜热性微生物逐渐取而代之。除前一阶段残留的和新形成的可溶性有机物继续分解转化外，半纤维素、纤维素、蛋白质等复杂有机物也开始强烈分解。在50℃左右进行活动的主要是嗜热性真菌和放线菌；温度上升到60℃时，真菌几乎完全停止活动，仅有嗜热性放线菌和细菌活动；温度上升到70℃以上时，大多数嗜热性微生物已不适宜，微生物大量死亡或进入休眠状态。此时，产生的热量减少，堆温自动下降。当堆温降至70℃以下时，处于休眠状态的嗜热性微生物又重新活动，继续分解难分解的有机物，热量又增加，堆温就处于一个自然调节的、延续较久的高温期。高温对于堆肥的快速腐熟起到重要作用，在此阶段堆肥内开始了腐殖质的形成过程，并开始出现能溶解于弱碱的黑色物质。C/N明显下降，肥堆高度随之降低。通过高温能有效杀灭有机废弃物中病原物。按我国高温堆肥卫生标准(GB 7959—87)，要求堆肥最高温度达50～55℃或55℃以上，持续5～7 d。表9-27列举了常见病原物致死的温度和时间。

表9-27　常见病原物致死的温度

病原物	温度/℃	时间/min
沙门氏伤寒菌	55～60	30
沙门氏菌	55	60
志贺氏杆菌	55	60
内阿米巴溶组织的孢子	45	很短
绦虫	55	很短
螺旋状的毛线虫幼虫	55	很快
微球菌属化脓菌	50	10
链球菌属化脓菌	54	10
结核分枝杆菌	66	15～20
蛔虫卵	50	60
埃希氏杆菌属大肠杆菌	55	60

(3)腐熟阶段。在高温阶段末期，只剩下部分较难分解的有机物和新形成的腐殖质，此时微生物活性下降，发热量减少，温度下降。此时嗜温性微生物再占优势，对残留较难分解的有机物作进一步分解，腐殖质不断增多且趋于稳定化，此时堆肥

进入腐熟阶段。降温后，需氧量大量减少，肥堆空隙增大，氧扩散能力增强，此时只需自然通风。在强制通风堆肥中常见的后熟处理，即是将通气堆翻堆一次后，停止通气，让其腐熟。

（三）工艺流程

（1）搅拌（翻堆）条垛式发酵工艺。物料以垛状堆置，可以排列成多条平行的条垛，条垛的断面形状通常为三角形或梯形，一般条垛的宽度为 4～6 m，高 1.5～2.0 m，长度则视堆肥规模和场地条件而定。

对于湿度较高的有机物，如城市污泥、畜禽粪便等在堆置前必须与干燥的蓬松剂或调理剂混合，使其混合后堆料的含水率为 55％～65％。蓬松剂可采用各种农业秸秆、稻壳、木屑、树皮、甘蔗渣和干燥的回流堆肥产物等。其发酵工艺流程见图 9-6。

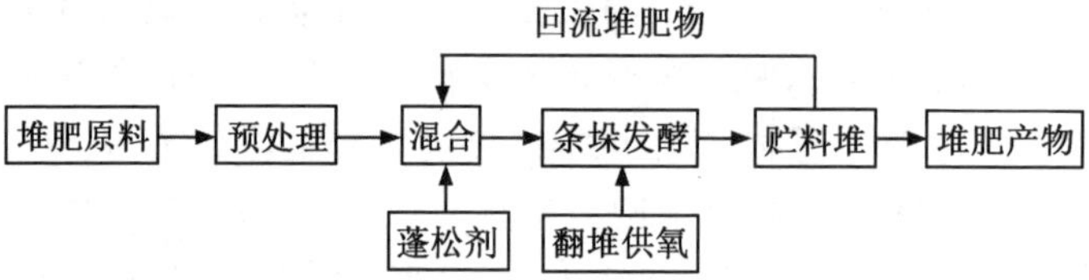

图 9-6　搅拌翻堆条垛式发酵堆肥流程图

通常在堆置后每 4～7 d 可翻堆一次，3 周后可停止翻堆，让其后熟。

对于垃圾堆肥，堆肥前必须进行前处理，主要是对垃圾分选，去除粗大的无机物，回收各种金属、玻璃、塑料等，提高物料中可堆肥物质的比例。在前处理中有时需要对垃圾进行破碎处理，调整垃圾的粒度，适宜的粒度范围是 12～60 mm。破碎与筛分可使原料的表面积增大，便于微生物繁殖，提高发酵速度。垃圾堆肥通常不需要加调理剂和蓬松剂。只要水分含量适宜，有机物含量达 20％以上，通常便可以单独堆肥。

（2）强制通风式固定垛发酵工艺。该工艺与前者不同之处就在于物料在堆肥过程中不需要翻堆，氧气的供应是通过机械鼓风或抽风方式来提供，该工艺在污泥堆肥中应用非常普遍，其流程如图 9-7 所示。

具体做法为：①将脱水污泥与蓬松剂混合，体积比可为 1∶1、1∶2 或 1∶3；②在堆肥场地上铺设小木块或蓬松剂约 20 cm；⑧在上述基础上，将污泥与蓬松剂的混合物堆成高 1.5～2 m 的垛；④将垛的表面覆盖一层过筛后的堆肥产物（厚约 20 cm）；⑤将鼓风机或抽风机与通风管道连接，肥堆堆置 2 d 后开始通风，通风频率可以采用肥堆温度或氧气反馈装置自动调节，例如，在温度低于 45℃时，风机开

始工作,提供氧气,促进微生物的活动;当温度处于 45～70℃时,风机停止工作;当

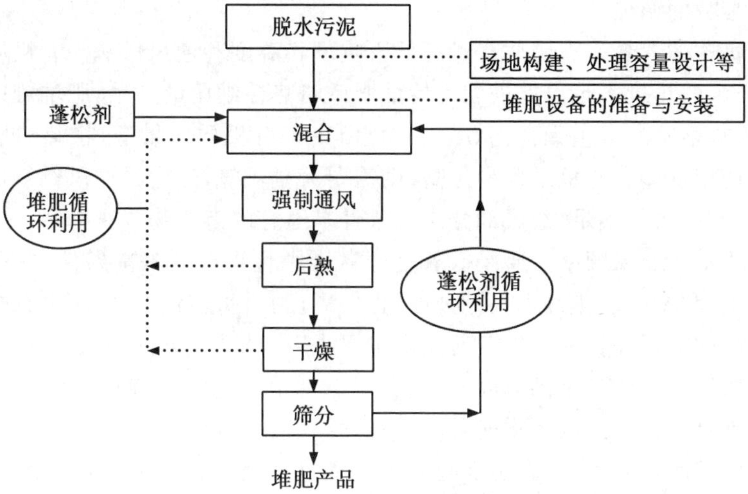

图 9-7 固定堆强制通风堆肥流程图

温度高于 70℃时,风机再度工作,以降低肥堆的温度。也可以通过定时器控制风机的工作,如可每隔 3 h 通风 15～30 min;⑥若采用抽风方式,风机出来的气体通常先通过腐熟后的堆肥过滤脱臭,再排入大气;⑦通常堆肥 3 周后,肥堆翻堆一次,并停止通风,让其后熟,若需要得到高度腐熟的堆肥,后熟时间最好为 30 d 以上;⑧堆腐后的物料通常需要干燥,可以采用自然露天晾干的方法,也可以重新将鼓风机开启,保持大风量来驱逐水分;⑨若堆肥中的蓬松剂(如小木块)需要循环利用,还必须对堆肥进行筛分;⑩在堆肥过程中注意监测肥堆的水分状况,如果太干,要在肥堆上浇水,或结合翻堆时加水。

(3)发酵仓式城市垃圾堆肥法。现代化的城市垃圾堆肥法通常由预处理(包括分选、破碎、含水率和 C/N 的调整等)、一次发酵(也称主发酵,指从发酵初期开始,经中温、高温然后到达温度开始下降的整个过程,一般为 10～12 d)、二次发酵(也称后发酵,指堆肥经过高温阶段,温度开始下降直至温度稳定 35～40℃,达到腐熟的阶段,一般需 3～4 周)、后处理(包括去除杂质和进行必要的破碎处理)、脱臭及贮存等工序组成。主发酵一般在发酵仓内(如多层立式发酵塔、筒仓式发酵仓或卧式发酵滚筒等)进行,时间通常控制在 4～12 d 不等。通过一次发酵后的出料进入后发酵室,后发酵可以在专设的仓内进行,但通常把物料堆积到 1～2 m 高度,进行敞开式后发酵,此时要有防止雨水的设施。为提高后发酵效率,有时仍需要进行翻堆或通风。后发酵时间的长短,决定于堆肥的使用情况。后发酵时间通常控制

在 20～30 d 之间。

(四)参数的调控

1.有机质的含量　有机质含量高低影响堆料温度和通风供氧。有机质含量过低，分解产生的热量不足以促进和维持堆肥中嗜热性细菌的增殖，肥堆难以达到高温阶段，影响堆肥的卫生无害化效果。而且，由于有机质含量低，将影响堆肥产品的肥效和使用价值。有机质含量过高，则需要大量供氧，这会给通风供氧造成实际困难，有可能因供氧不足，造成部分嫌气条件。适宜的有机物含量为 20%～80%。

2.通风量与通风频率　通风供氧是好氧堆肥化生产的基本条件之一，前期应以好气为主，利于矿质化过程；后期应停止供氧，利用腐殖化过程，减少有机质和已形成腐殖质的消耗和氮素损失。通风量主要决定于堆肥原料有机物含量、挥发度、可降解系数等。通风除了供氧以外，还可以起调节堆温和干燥堆料的作用。过小的通风量不足以提供给微生物充足的氧气，影响堆肥温度的升高，过大的通风量则有可能使肥堆的热量散失，影响堆肥无害化程度。通常强制通风可取的经验数据为每分钟 $0.05 \sim 0.21\ m^3 \cdot m^{-3}$ 堆料。

3.水分　水分是否合适直接影响堆肥发酵速度和腐熟程度。对污泥堆肥而言，堆料合适的水分含量为 55%～65%。在实际操作中，简便的测定方法为：以手紧握物料能成团，有水迹出现，但水不滴出为宜。垃圾堆肥最合适的水分为 55%。

4.C/N　在堆肥化中，有机 C 主要作为微生物的能源物质，大部分有机 C 在微生物代谢过程中氧化分解变成 CO_2 而挥发，部分 C 则构成微生物自身的细胞物质。氮主要消耗在原生质合成之中，就微生物对营养的需要而言，最合适的 C/N 在 4～30 之间。当有机物 C/N 在 10 左右时，有机物被微生物分解速度最大。随着 C/N 增加，堆肥时间相对延长。据文献报道，当原料的 C/N 为 20、30～50 及 78 时，其对应所需的堆肥时间分别为 9～12 d、10～19 d 及 21 d，但当 C/N 大于 80∶1 时，堆肥就难以进行。

各堆肥原料的 C/N 通常为：锯末屑 300～1 000、秸秆 70～100、垃圾 50～80、人粪 6～10、牛粪 8～26、猪粪 7～15、鸡粪 5～10、下水污泥 8～15 为宜。

堆腐后 C/N 将明显下降，通常在(10～20)∶1，这种 C/N 的腐熟堆肥，农业利用肥效较好。若成品堆肥的 C/N 过高，农业利用时就可能造成微生物和植物争夺氮素养分，使农作物可利用氮减少，影响农作物的生长发育。

5.pH 值　微生物可在较大的 pH 范围内繁殖，合适的 pH 为 6～8。固体废弃物堆肥时通常不需要调整 pH。但 pH 过高或过低的堆料则需要先在露天堆积一定时间或掺入其他堆肥或物料以降低或增加 pH。

(五)堆肥腐熟度的评判与质量控制

堆肥的腐熟度是指堆肥的稳定化程度,它是评价堆肥质量的最重要参数之一。由于堆肥原料和所采用的工艺不同,堆肥过程中一些物理、化学和生物参数的变化趋势虽有某些相同之处,但变化的绝对或相对数值常各有区别。因此,堆肥腐熟度的评价很难用单个指标来衡量,往往需要各种指标进行综合评价与判断。这些指标包括外观变化、温度等工艺参数的变化、化学参数、生物学参数以及光谱学变化特征等,常用的主要为前 4 类。

1.外观变化　直观定性判断标准是堆肥不再进行激烈的分解,成品温度较低;外观呈茶褐色或黑色;结构疏松;没有恶臭。

2.工艺参数作为判断标准

(1)堆温的变化。对于无发酵仓式堆肥,堆温的变化有良好的指示功能。通常肥堆经过了高温阶段后,温度将逐渐下降。当堆肥达到腐熟时,堆温将低于 40℃。但对于发酵仓式堆肥,堆温的指示功能不如无发酵仓式堆肥。因为密封舱保温性好,堆层容积大,在堆肥实际上已稳定化时的温度仍可能较高。

(2)耗氧速率。耗氧速率是指单位时间内氧在气体中体积百分浓度减少值,可用 $\Delta O_2\%/min$ 表示。在堆肥过程中氧的消耗或 CO_2 的产生速率标志了有机物分解的程度和堆肥反应的进行程度。由于耗氧速率数据测定受原料成分的影响较小,只要在堆层中氧供应充分,耗氧速率的数据就比较稳定可靠。从堆积至腐熟过程中,耗氧速率曲线表明其变化由低至高再下降,然后趋于稳定,当堆肥稳定时,相对耗氧速率基本稳定在 $0.02\Delta O_2\%/min$ 左右。

3.化学指标

(1)有机质和挥发性固体含量的变化。随着堆肥的进行,堆肥有机质和挥发性固体含量呈持续下降的趋势,最后达到基本稳定。达到腐熟时,可下降 15%～30%。然而这种变化趋势受原料来源的影响很大。仅用其来衡量堆肥是否腐熟,还不充分。

(2)氮、C/N 及无机氮形态的变化。在堆肥过程中部分有机碳将被氧化成 CO_2 挥发损失,肥堆质量减少。由于氮的损失(主要是在有机氮的氨化阶段,少量的氨氮会挥发损失)远低于有机碳的损失,因此,堆肥腐熟后,堆肥中全氮含量有上升的趋势,而 C/N 持续下降,直至稳定。一些研究指出,当堆料的 C/N 从(25～35)∶1 下降至 20∶1 以下时,肥堆将达到稳定。

堆肥过程中无机氮形态将会发生明显的变化。氨态氮在很短的时间内迅速增高,随后大幅度下降,而硝酸盐则从开始起持续升高。

同样,上述指标由于受原料来源和工艺条件的影响较大,不能作为评价堆肥腐熟度的唯一指标。

(3)水溶性有机碳及水溶性有机碳与有机氮之比。在堆肥过程中，堆肥水浸提液中水溶性有机碳的变化比堆料固体有机碳的变化要明显得多。研究发现，当堆肥腐熟时，水溶性有机碳可下降50%以上。浸提液中有机氮也有类似的规律，但降幅远没有水溶性有机碳大。近年来发现，水溶性有机碳与水溶性有机氮的比值是堆肥腐熟的良好化学指标，该值为5～6时表明堆肥已经腐熟，而且该值与堆肥原料无关。

4.生物学指标　通常采用堆肥水浸提液对种子萌发的影响或堆肥对幼苗生长的影响来作为生物指标衡量堆肥的稳定程度。当堆肥没有达到稳定时，堆肥的水浸提液具有一定的植物毒性，会妨碍种子的萌发和根的伸长。种子萌发实验的时间一般为24 h，它是评价堆肥稳定化程度最直接的指标之一。实验用的种子包括水芹、胡萝卜、芥菜、白菜、小麦、番茄等，目前国际上应用最多的是水芹(cress)种子，它对环境的敏感性高、发芽快。种子萌发实验的结果一般用种子发芽指数来表示(%)：

种子发芽指数=(堆肥浸提液处理种子的发芽率×处理种子的根长)÷[(去离子水处理种子的发芽率×去离子水种子的根长)]×100%

具体做法为：堆肥鲜样按水：物料=1：2浸提，160 $r \cdot min^{-1}$ 振荡1 h后过滤，吸取5 mL滤液于铺有滤纸的培养皿中，滤纸上放置10颗水芹种子，25℃下暗中培养24 h后，测定种子的根长，同时用去离子水做空白对照，按上述公式计算种子发芽指数。

当水芹种子发芽指数达到50%以上时，被认为是已消除植物毒性，堆肥基本到达稳定化。

第四节　有机无机复混肥的生产技术

有机无机复混肥(以下简称“有机复肥”)是以人们在生产和生活过程中产生的有机废弃物为原料，经过一定处理后，按一定的标准配比加入无机化肥，充分混均并经过造粒等流程生产出来的既含有机质又含有化肥的产品。

一、有机复肥的优点

(一)养分供应平衡，肥料利用率高

有机复肥既有化肥成分又有有机物，两者的适当配合，使之具有比无机复肥和有机肥更全面、更优越的性能。有机复肥既能实现一般无机复肥的氮、磷、钾等养分平衡，还能实现独特的有机-无机平衡。有机复肥中来源于无机化肥的速效性养分，在有机肥调节下，养分供应快而不过猛，而来源于有机肥的缓效性养分又能保证有机无机复混肥养分持久供应，使其具有缓急相济、长短结合、均衡稳定的供肥特点，既避免了化肥养分供应大起大落的缺点，又避免了单施有机肥造成前期养分供应往往不足，或者需要大量施用有机肥费工费时的弊端。而且，有机复混肥保肥性能强，肥料损失少。另外，由于有机质的存在使复肥中磷不像无机磷肥那样易于被土壤固定，因此，肥料利用率高。与无机复混(合)肥相比，它在较低氮、磷、钾含量条件下，可获得较高的作物产量。

(二)可改土培肥

一般无机复混(合)肥用地而难养地，一般有机肥养地作用大而当季供肥不足。有机复混肥则兼有用地养地功能。因为有机复混肥中通常含有占总质量20%～50%的有机肥，含相当数量的有机质，可以改善土壤理化性质和生物学性质。

(三)活化土壤养分

通过有机复肥的化学和生物化学作用，可活化土壤中氮、磷、钾及硅、锰、锌、硼等养分。一方面，有机复肥可增强土壤中微生物，包括磷细菌、钾细菌和硅细菌的活性，既促进有机质的分解，释放氮、磷及微量元素养分，又可使矿物态磷、钾、硅等有效化；另一方面，有机复肥还可在一定程度上调节土壤pH，使微域土壤pH处于有利于大多数养分活化的范围，例如，有机质分解产生的有机酸对磷有明显的活化作用。

(四)具有生理调节作用

由于有机复肥中有机成分含有相当数量的生理活性物质，如氨基酸、腐殖酸和酶类物质。因此，它除具有一般的营养作用外，尚具有独特的生理调节作用，例如，促进根的呼吸作用、对养分的吸收和促进叶面的光合作用等。

由于有机无机成分的科学配合，有机复肥综合了化肥和有机肥的优点，并超过了它们，正如农民所说"不是化肥，胜似化肥，不是花生麸，胜似花生麸"。有机复肥是多种科学技术成果的有效载体，技术含量高，因而有明显的优越性。

二、有机复肥生产中原料的配比

(一)有机-无机的比例

有机复肥与无机复肥的根本区别在于前者有一定量的有机成分，在有机物料与化肥配比时必须以能充分发挥有机无机复混肥的优点为前提。在生产实际中主要从有机N-无机N比例和C/N两方面来考虑有机-无机的配合。

1.有机N-无机N　据报道,我国农地施肥中有机N-无机N适宜比例大致为1∶1、7∶3或6∶4,但具体使用何种比例应因作物、土壤、施肥及地域的差异而定,对肥沃土壤,无机N比例可高些,对瘦瘠土壤,则有机N比例宜高些。值得指出的是,对于采用C/N宽(指高于40)的有机物料做有机复肥原料时则不宜机械地套用有机N-无机N比例。因为若达到相同的有机N-无机N比例,这种宽C/N的有机物料可能在整个复肥质量中占到相当大的比例,这在实际生产中既难以实行,又可能由于C/N的问题而影响复肥的供N状况。

2.C/N　从肥料角度看,C/N是调控供N强度及持久性的重要因素,是有机复肥制造和有机无机配合的依据之一。然而不同有机物料,不仅C/N差异大,而且有机C的生物有效性也有很大差别。在有机复肥生产中,有必要根据有机C的组分来确定原料的种类及其比例。一般来说,若以纤维素一类为主要有机原料,有机复肥的C/N以1.0～1.6为宜,若有效C比例较高,则C/N宜调低些;反之,则高些。对于以改土补充有机质为目的的配方,则C/N可在1.6以上。有机-无机比例的确定需要考虑土壤和作物因素,对于瘦土沙质土以及生长期长的作物,需注意供肥持久稳定,C/N宜高些;反之,则宜低些。

目前我国有机复肥生产中,有机物料所占比例大致在20%～50%之间,但多数在30%左右。至于在上述原则的基础上,到底选用何种有机物料,还要考虑各地原料的价格和丰缺情况,做适当调整。

(二)氮、磷、钾三要素的配比

复混肥的养分设计,主要考虑作物、土壤和肥料3方面的因素,这与无机复肥养分设计基本相似。因此,有机复肥的配方可以参考已有的无机复肥养分配比,但不能照搬,因为有机复肥中氮、磷、钾配比有其特殊性。主要表现在有机复肥的供氮过程波动少,较稳定,不会大起大落。供肥强度与持久性较为协调,与作物生长各时期的需肥较适应。而有机复肥中的磷肥有效性较高,不易被固定。因此,有机复肥中的氮肥比例可适当高些而不致强度过高,磷肥的比例可适当低些而不致供磷不足,例如,对某一土壤无机复肥三要素为12-7-10是较好的叶菜类专用肥,相应的有机复肥则可为12-5-10,同样收到理想的效果。

表9-28　通用型和专用型肥料配方的养分设计举例　%

肥料类型及养分比例	原料										
	尿素	硝铵	磷铵	普钙	硫酸钾	氯化钾	浓缩液*	滤泥(亚法)	蔗渣	云石粉	粉煤灰
通用型(稻、菜、桑)(11-3-7)	23.5			21		11	20	6	10.5		10.5

续表 9-28　%

肥料类型及养分比例	原料										
	尿素	硝铵	磷铵	普钙	硫酸钾	氯化钾	浓缩液*	滤泥（亚法）	蔗渣	云石粉	粉煤灰
烟(9.0-5.4-16)	9.6	10	8	15	25	5.8		10	7.4	5	5
茶(14-2.9-3.0)	30.4			21		5		20	10		9.6
甘蔗(11-3-9)	24			21		15		15	15		10
香蕉(9-2.4-15)	18		4	4		25	10	10	19	5	5
花生(9-3.5-8)	19.5			25		13	10	10	10	8	5.5
叶菜(11-3-7)	16.5	10		21		11		20	10	7	7
番茄(10-3-9)	21.7			21		15		20	8	10	2.3

* 指酒精废液浓缩物。

引自：廖宗文，1966。

三、有机复肥的生产工艺

（一）工艺流程与主要设备

生产有机复肥的工艺流程与设备，如图 9-8 所示。根据物料和设备的具体情况，也可以对图 9-8 所示的流程稍作变动：先计量，按比例混合后放入粉碎机粉碎，这样，物料在粉碎中可进一步混匀，但这样混合粉碎的物料应立即用于造粒，否则易吸湿结块。

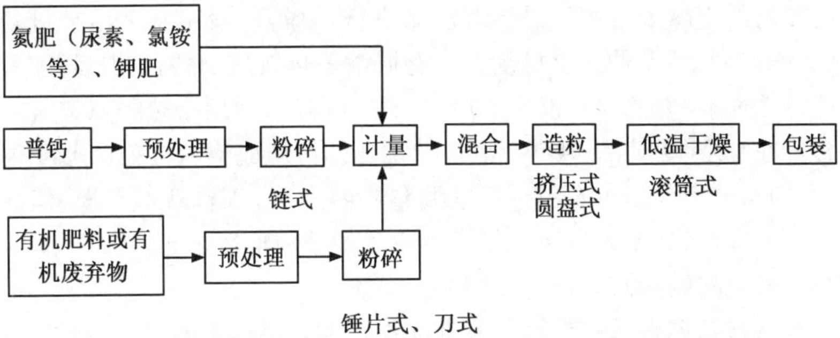

图 9-8　有机复肥生产工艺流程图

1. 原料的预处理　普钙由于含有 4%～5%的游离酸，如不进行预处理会影响后续造粒过程。常采用氨化处理以消除过多的残酸，这还有利于物料松散，便于粉碎。可采用一定比例的碳铵（或粉煤灰、碳法滤泥）与普钙预混合数天。但碳铵的比例不能太高，否则会影响磷的有效性。生产实践表明，普钙与碳铵的比例为

10∶1(质量比)为宜。对于有机废弃物原料,可先经过堆肥法处理,或直接干燥处理以降低物料的水分含量,以利于后续的粉碎过程。

2.原料的粉碎　对粗粒、结块物料需先粉碎,否则各种肥料配合不匀,而且将很难造粒。依物料的不同,采用不同的粉碎机械。对植物纤维类物料,宜用锤片式、刀式粉碎机;对矿石和滤泥类块状物,则宜用链式粉碎机。尿素钾肥等化肥混匀后不必粉碎,造粒效果也很好。

3.计量和混合　按配方的要求,称取一定量的各种原料,主要是有机肥和氮磷钾3种无机肥料,输送于混合机内。混合机可用滚筒式或立式圆盘。混合必须充分,即混即用,不宜混合后放置太久,以免受潮。

4.造粒　造粒机械以挤压式和圆盘式两种最为常见。无机复肥通常采用圆盘造粒,能耗较低,粒状较圆,外观较适合市场需求。但对有机复肥来说,则宜采用挤压造粒,这是由于有机物料中多含有纤维状物,如蔗渣、麻渣等。这类物料经粉碎后,仍有相当部分呈长条状,挤压机应具强大挤压力才可使之与其他粉料结合成紧实的粒状。若在圆盘上造粒,则要求对这类纤维物料进行很严格的粉碎,实际上很难做到这一点。故一般提倡使用挤压机造粒。但对花生麸、豆麸、滤泥、污泥等物料,粉碎后可采用圆盘造粒,生产花卉类售价较高的肥料。

有机复肥的全部原料混匀后含水率宜控制在15%～18%之间.以利于出粒,又可减少干燥的负荷。对于适宜含水率可凭经验作大致判断:手握物料再松开,物料团即裂开,此状态下物料水分适中。

5.造粒后的干燥　造粒后需要对产品进行干燥,一般不宜采用无机复肥所用的高温(200～300℃)条件。有机复肥含有尿素等热敏感物料,高温条件下易损失,故强调低温干燥,一般热风温度在90℃上下。可考虑利用余热干燥。若有机复肥的水分含量在12%以下,一般不会散粒及霉变。挤压成型的粒肥含水量在15%左右,要除去的水分不大。也有不少厂家调整物料水分,压粒后不干燥,但这样出粒速度慢。一般来说,如不采用热风干燥也应尽量采用冷风干燥。

(二)主要影响因素及调控

1.尿素与普钙混合后易出水　若全部物料混合后不立即制粒,则易变湿结块,可能在储料罐中变硬,很难清除。在机器未调试好时,不宜先配料,或配料时把尿素留至最后才加入。

2.搅拌料要均匀　否则产品的养分含量和pH会有波动,对作物生长不利。在生产中发生磷肥粉碎不全,小粒状磷肥进入造料机可能产生以磷肥为主的颗粒肥,施用后易引起酸害。在投料量、原料质量正常的情况下,产品质量不稳定往往与拌料不匀有关。

3. 不随便变动废料的种类和数量 有些人对配方中的化肥各成分的投料量能严格地执行，但对废料原料则以为是一般“填充料”，不以为然。对其种类、数量随意变更，也曾引起质量问题。有些原料可以相互取代，如蔗渣和泥炭，但与糠醛渣则不可以。粉煤灰和碳法滤泥同属微碱性，但是否可以相互取代，在多大程度上可以取代，需要视原配方目的及施用对象而定。废料原料的加入，不仅是取其化学成分，还取其调理作用。

四、有机复肥的质量标准

我国有机复肥的生产历史不长，目前还未有国家标准。但国家质量监督检疫总局于 2001 年 11 月已组织有关部门起草了有机-无机复混肥料标准(表 9-29)，近期有望颁布。

表 9-29 有机-无机复混肥料指标(送审稿)

项 目		指 标
总养分($N+P_2O_5+K_2O$)含量/%*	≥	15.0
水分(H_2O)/%	≤	10.0
有机质/%	≥	20
粒度(1.00～4.75 mm 或 3.35～5.60 mm)/%	≥	70
酸碱度(pH)		5.5～8.0
蛔虫死亡率/%	≥	95
大肠菌值	≤	10^{-1}
氯离子含量(Cl^-)/%**	≤	3.0

* 标明的单一养分含量不得低于 2.0%，且单一养分测定值与标明值负偏差的绝对值不得大于 1.0%。

** 如产品氯离子含量大于 3.0%，并在包装容器上标明“含氯”，该项目可不做要求。

按本标准(送审稿)的附则规定，在必要时要测定有机复混中有害重金属含量，主要包括汞、镉、铬、砷、铅。根据最近国家质量监督检疫总局组织有关部门起草的《肥料中有害元素限量及试验方法》(国家标准送审稿)，肥料中汞、镉、铬、砷、铅不得超过 5、5、500、50、100 $mg \cdot kg^{-1}$。随着这些标准的颁布，对规范我国有机复肥生产和质量的控制将起到重要作用。

对照我国《无机复混肥质量标准》(GB 15063—2001)，有机复混肥的质量控制有明显不同之处：

(一)氮磷钾含量问题

三元无机复肥总养分($N+P_2O_5+K_2O$)含量要求≥25%,而审定中的有机复肥国家标准为≥15%,后者氮磷钾虽较低,但其有机质高(20%以上),四要素($N+P_2O_5+K_2O+OM$)总量在35%以上。据廖宗文(1996)的研究,在等质量的基础上,这种有机复肥与总养分为25%的无机复肥肥效相当或更好。另外,有机复肥中对单一养分的要求(≥2%)也低于无机复肥(≥4%),特别是在通常的有机复肥配方中 P_2O_5 含量要低于无机化肥,这是考虑到磷的有效性会因有机质的作用而提高。

(二)有机质含量

有机质含量是有机复肥特有的指标。值得一提的是,目前有机质的测定方法仍然以重铬酸钾-浓硫酸氧化有机碳为基础,这有可能难于区分具有相同有机质含量,但活性与肥效可能有较大差别的有机复肥。以何种指标来衡量有机复肥中有机组分的质量,方法尚有待完善。尽管如此,以重铬酸钾-浓硫酸氧化法获得的有机质含量不低于限定标准,这在目前仍不失为一个鉴别真伪有机复肥的方法。

(三)水分

有机复肥中对水分最低要求比无机复肥标准中的5%高出2倍。这与有机复肥中有机原料的特性有关。因力有机原料吸水性强,尤其是纤维类原料。有机复肥在10%的水分条件下,肥料的硬度足以保证在运输过程中破散率低于一定百分率,而且在贮藏过程中不会霉变或导致肥分损失。进一步降低有机复肥的水分会导致能耗过大,并且有可能导致氮素的损失。

(四)其他

有机复肥对pH、病原物等均有限定,这是无机复肥所没有的,这均和有机物性质有关。

五、有机复肥的施用

有机复肥与无机复肥一样,在施肥时必须同时考虑土壤、作物和气候等因素。值得指出的是,虽然有机复肥含有相当量有机质,具有一定的改土培肥作用和养分控释作用,但其作用终究有限,与大量施用有机肥做基肥不同,由于施用有机复肥时单位面积农地实际投入的有机质相当少。因此,对某些土壤还要注意有机肥的投入和后期的补肥问题,例如,对于偏沙的土壤,由于有机质矿化相对较快,而且土壤保肥性差,因此,也要适当注意中后期土壤脱肥的问题。

有机复肥一般可做基肥,也可做追肥和种肥。但做种肥,特别是在条施、点施和穴施时要避免与种子的直接接触,避免有机物的降解作用以及化肥对种子发芽产生不良影响。

思考题

1. 有机废弃物堆肥化有何重要意义？
2. 农地土壤中施用有机肥有何重要作用？
3. 阐述堆肥的原理和基本的微生物学过程。
4. 如何评判堆肥腐熟程度？
5. 阐述有机复肥生产的基本流程和应注意的关键问题。

第十章　肥料的科学施用与管理

第一节　肥料的科学施用

一、科学用肥

科学用肥指人们按客观规律，以科学方法，合理施用肥料，使肥料资源得到充分合理的利用，为高产、优质、高效农业生产和土壤生产力永续使用，以及宏观调控农业生态系统的养分平衡和尽可能改善环境质量等服务。

现阶段在我国科学用肥的组织保证与技术依托就是尽快地建立与完善行之有效的农业化学服务体系和机构，充分运用全国与各省范围已得到或将得到的有关研究和调查成果，使肥料施用能真正做到因土、因作物、因环境、因需求科学地定量化，并不断地发展与完善。

二、农业化学服务

农业化学服务，简称农化服务，就其词意与我国习惯理解，是指运用土壤学、农业化学、农作学等学科的基本原理和知识指导农用的化学、化工、生物学等制品的使用。当今农业在国际上，农化服务的意义与范畴已有显著的扩大，从广义上已发展成为农业的社会化服务，农化服务的完善程度与服务水平可作为衡量一个国家或地区农业发展的水平。世界上经济与农业发达国家都建立了不同形式的农化服务组织或机构专门为农户提供各种生产服务、技术服务、物资的供应或销售服务等，如日本由全日本农民协会负责，又如美国，据报道，其农化服务相当完善，是由专业实验室（科研单位、大学或私人的）与农业营销服务中心（farm markets）相互配 合共同承担。农业营销服务中心又称“零售商”，他们必须是大学毕业并获得全美农 作物学会颁发的资格证书，每年还需培训和考核。该中心有自己的肥料二次加工 厂，专业实验室提供土壤、作物等的分析化验报告，其中有大量科研内涵能预

测作 物产量和质量，并制定合理配方；中心则帮助农户采集分析样品；再按报告和配方 的要求进行肥料二次加工，以散装掺混肥料为主；还备有施肥机具，按合理施用方法为农户服务，中心就近服务，服务半径为 16～40 km，中心还兼营种子、农药、除草剂及其他化学产品等。

自 1980 年河北省冀州市化肥厂创建了第一个以科学施肥为重要内容的农化服务中心，继之 1983 年山东楼德化肥厂从生产专用复混肥料入手开展农化服务。至今十几年全国各地先后结合各自实际条件开展农化服务工作，都取得了较好的经济和社会效应。在组织机构方面出现了多种多样的形式，有工、农联合，有农工商联合，甚至有把生产、加工、流通等环节有效地组织起来（如湖北省）开展农化服务，同时共同受益，共同发展，在联合的层次上由低向高发展，有厂级的，有县级的，有地、省级的，如按云南省化工研究院报道，该省有两种形式：一种以该院试验推广站为龙头联合生产企业、农科、农资、烟草和科研、教学单位等组成一个松散型的横向联合体；另一种是省属大型化肥企业内部建立农化服务部。安徽省合肥四方化工集团有限公司认为：开展农化服务是化肥生产企业求生存与发展和科学施肥的双重需要。在我国由于改革开放，以及现在加入了 WTO，中国的化肥企业面临市场竞争的局面。要生存必需开拓国内，乃至国外市场。生产企业必须进行将肥料加工生产、销售和指导使用等组成为一体的机构改革，这是当今我国的现实，清楚可见。我们应按我国国情，各发展阶段的实际情况来组织和开展农化服务工作。很可能是开展农化服务的主体是肥料生产企业。农化服务又是一项综合的系统工程，需要生产、流通和使用等部门，即农、工、商、研等的密切结合，同时我们也应借鉴发达国家的经验与先进技术。

三、科学用肥的基本环节

（一）有机肥料与化学肥料配合施用

这是我国肥料技术政策的核心，大力开发和充分利用有机肥源，既促进自然界物质的良性循环又有培肥改土的效应。加紧研制有机-无机复混肥料的生产和施用也是当务之急。

（二）做好配方施肥，力争做到专用化

因土因作物开展配方施肥，为作物提供所需的均衡养分，同时向农户送上科学技术。在我国人均农地不多的情况下很可能先实行按区域配方（中国化肥区划）等成果是很重要的参考资料，推行配方施肥有利于快速克服由于科技文化水平不齐而造成的盲目施肥与施肥误区，是均衡增产、增收、改善土壤肥力及降低环境面源污染的重要措施。

（三）优化推荐施肥量，提高肥料利用率与增产效益

它的主要内容是确定最佳施肥量，调整好氮、磷、钾之间及它们与微量元素之间的比例以及科学施肥技术。确定经济合理施肥量依据的基本理论是："养分归还学说""最小养分定律和养分不可替代性""报酬递减律"和"因子综合作用律"这4条基本定律，他们各自强调施肥的特性，同时彼此的内涵又是相互交错、彼此补充，形成一个总体。因此，只有全面、恰当、正确地认识与掌握基本理论才能真正做到合理定量、科学施肥。

确定经济合理的肥料施用量，近年来，各地研究推广了多种方法。按照确定方法的根据可归为3类：

(1)测土施肥法——以土壤肥力化学为基础。

(2)作物营养诊断施肥法——以作物营养化学为基础。

(3)肥料效应函数施肥法——以田间试验和生物统计学原理为基础。

不同方法各有特点，应用时往往可以并存，互相渗透与补充，以求得不断发展与完善。总的指导思想是适合养分平衡的要求，使推荐施肥定量化，即使高产优质又讲究经济效益。具体的试验布置与计算等技术都有专门书籍论述。在此仅就常用的方法作简要说明。

1.以测土施肥为理论的土壤养分丰缺指标法　是通过多点田间试验，将土壤有效养分的化学测定值(相对值)按田间试验所获得的作物相对产量(即无肥区产量占全肥区最高产量的百分数)划分为3～5个等级作为土壤养分丰缺指标，然后按等级布置田间试验，求得在某一类型土壤上作物产量与施肥量关系的曲线，作为建议施肥量的依据。

2.养分平衡法，又称目标产量法　运用计划产量指标、农作物需肥量、土壤供肥量、肥料有效养分含量与肥料利用率5个参数构成建议施肥量的计算公式，即可估算出推荐施肥量。

例如：

$$推荐施肥量=\frac{一季作物的养分吸收总量-土壤供应养分}{肥料中养分含量\times肥料当季利用率}$$

或写成：

$$推荐施肥量=\frac{(计划产量-无肥区产量)\times形成100\ \mathrm{kg}产量所需养分}{肥料中有效养分含量\times肥料利用率}$$

有的人建议把有机肥增产量纳入基础肥力中计算，即所有处理都以有机肥做底肥，以便解决有机肥用量计算困难的问题。此估算施肥量的方法为某一地区做

肥料规划或判断土壤养分收支平衡账时是很有应用价值的。

3.设计多点肥料试验　不同肥力等级的地块上按一定的试验设计布置多点分散的肥料试验，先求得作物对肥料反应的效应函数，而后由此分别计算出最高产量施肥量或经济最佳施肥量。这一方法获得的推荐施肥量是建立在科学测试和严密的统计基础上的结果。而且还能应用计算机技术。应该说，这是近年来科学施肥的重要改革和先进技术。

4.营养诊断法　营养诊断法也是国内外比较广泛采用的方法 它包括作物外形诊断、土壤-植物的化学诊断以及施肥诊断等。在查明作物生长的障碍因素后，对症施肥有重要作用。但是营养诊断是一项比较复杂的综合技术，影响农业生产产量品质的因素众多，且不断变化与相互作用。为此，既要发挥营养诊断对判断施肥的作用，又要看到应将它与肥料效应函数法、现代测试技术及电子计算机应用等相结合，以提高推荐施肥的准确性。还应指出，推荐的合理施用量必须与有效的施用技术协调结合才能发挥出肥料的最大效益。

(四)大力推广已见成效的施肥方法，改进施肥技术

除前面各章已详述的内容外，还需要注意两点：

(1)大力推进施肥机械化进程。因地制宜地积极研制小型施肥机械。

(2)试验与研制有利于提高养分利用率的肥料新剂型或添加剂等。

(五)普及和加快开展农化服务的步伐，拓宽和深化农化服务的内涵与水平

第二节　肥料的科学管理

肥料的管理工作寓于肥料的运输、贮存、混配与施撒的整个过程之中。管理不当会导致肥料非生产性的消耗与损失。据报道，化肥在贮、运、用中可能的损失平均为10%～15%。同时，还会引起肥料中养分有效性的降低，人、畜的伤害，以及生态环境遭受污染。肥料的混合与撒施过程有可能造成肥料分布不均匀，而导致作物生长不一，甚至受害，造成减产，尤其高浓度肥料或大剂量的施用时，对产量的影响更为明显。

一、化肥运输-贮存系统中的管理

(一)管理对化肥质量的影响

贮运是化肥生产到施用过程中必不可少的重要环节，包括装卸、运输和贮存等。这些环节上管理不善、不科学就会影响到化肥的质量，乃至用户施用肥料的效果。在贮运过程中发生的化肥质量的变化，除了化肥有效性降低外，整体物理性质

恶化最为常见,如粉化、结块、潮解、离析等。此处重点讨论贮运过程的管理问题,可能涉及到生产要求,对肥料二次加工时也有参考。

1.肥料粉化　粉化是指颗粒肥料产生粉尘。主要原因是生产中所用的调理剂或包裹剂的黏附力差,使颗粒的机压强变小,耐磨性变差。粉化不但导致环境污染和损失,对搬、运、贮、用过程都会增加麻烦,尤其对机械化施肥更显不利。粉化也是导致化肥结块的重要因素之一。

2.肥料结块　结块是常见的现象,其产生的机制是化肥颗粒晶体结合键增长所致。含氮量高的化肥结块倾向都大。化肥含游离水量小、粒度大、硬度强则结块倾向就小。降低化肥结块的措施有:①在产生过程中用调理剂,也称防结块剂,它是一种能黏附在颗粒表面的涂覆介质。粉状者为无活性物,如硅藻土、黏土、滑石等;用量为化肥质量的1%～4%。液态者为喷涂在颗粒表面的油品、石蜡、树脂等,用量为0.2%～0.5%。②贮运过程中控制温度、湿度、掌握贮存压力等都有利于缓解结块现象发生。

3.肥料潮解　潮解是指化肥暴露在大气中吸收了水分。吸湿潮解影响化肥的流动性,产生物理性变质。不同化肥的潮解倾向不同,即吸水速率与水分渗透到肥堆内的速率都不一样。后者与化肥的贮水能力有关。贮水能力小的化肥,当其吸收的水分超过本身的贮水能力时就会靠毛细管作用把水分转移到相邻的颗粒,使肥堆表面吸收的水分渗透到肥堆内部,使肥堆深处结块。

4.肥料离析　离析是指肥料颗粒大小悬殊,经贮、运、转堆过程的振动、堆积或重力等因素的影响,产生物理性的离析。在当今掺合、混合化肥迅速发展和散装贮运日益增多的形势下,化肥贮运中的离析现象应引起重视,因为它会导致化肥整体的不均匀性,影响到化肥的质量和施用的效果。

(二)管理原则与要求

原则上为了缓解或防止化肥变质与损失,应根据各种肥料的性质,做好防热、防潮、防水、防毒、防腐蚀、防渗漏等工作。从地区与季节来看,潮湿地区或雨季尤应注意防潮、防腐蚀;干旱、高温的地区或季节则应考虑防晒、防火、防爆、防腐、防损;防毒则任何地区与季节都应十分重视。

(三)管理技术措施

1.化肥的保管　肥料的物理状态不同,有液体、固体,后者还可能呈粉状或粒状。对液态肥料要采用防腐蚀、防渗漏的容器装盛与类似的槽车、船运输或管道运送,如氨水,一般对铜与铝的腐蚀性很强,钢铁次之,对陶瓷、松木、塑料、石质与水泥均不会腐蚀。对有挥发性的肥料要注意密封,防晒、防热;对液氨则要有特制耐高压的容器、槽车与管道贮运,并且应用专门机械深施入土。固体肥料,一般都要有包装，对运输工具没有特殊要求，但要有遮盖，防晒、防雨淋，同时要防止野蛮装卸，避免包装损坏，不能与食物或易燃物品同存、同运。若遇粉状或具腐蚀性的散装化肥，参与装卸的工作人员必须有防护劳保用具。若是含硝酸盐类助燃易爆的化肥，切忌靠近火源并应防热、防晒。

2. 化肥仓库的修建与管理 化肥仓库应修建在交通方便，地势高燥、通风，地基牢固、离火源远的地方，墙要厚、顶要牢、不漏雨，地面有防止返潮的设施。仓库应有一定数量的窗户，以便通风散热。仓库的大小按所需贮放化肥数量而定，库内设有活动隔板可将不同的肥料种类与品种分开存放。存放不同肥料所需体积，可按表 10-1 中数值估计。

表 10-1 各种肥料的体积与重量

肥料	体积/(t·m^3)	质量/(kg·m^{-3})	肥料	体积/(t·m^3)	质量/(kg·m^{-3})
硝酸铵	1.2～1.23	810～830	汤马斯磷肥	0.45～0.50	2 010～2 050
硫酸铵	1.12～1.25	800～890	热制磷肥	0.6	2 000
硝酸钠	0.8～1.0	1 100～1 250	磷灰石粉	0.59～0.62	1 620～1 810
硫硝酸铵	1.1～1.15	870～910	氨化钾	1.05～1.09	920～950
氯化铵	1.73	580	硫酸钾	0.8	1 300
尿素	1.41～1.58	630～710	硝酸钾	1.03～1.09	920～970
氰氨化钙	1.64～1.67	600～610	石灰(熟)	1.64	610
普钙(磷灰土)	1.02～1.087	920～980	石灰石粉	0.94	1 040
普钙(磷灰石)	0.92～0.98	1 020～1 080	草木灰	1.59～2.17	460～630
重过磷酸钙	1.0	1 000	低位泥炭	4	250
沉淀磷酸钙	1.15～1.16	860～870	高位泥炭	8	125

3. 在仓库内化肥的存放与管理 原则上化肥都应该存放在仓库。但在仓库容纳量有限的情况下，要区别情况加以对待。

首先，应将吸湿性强或易吸湿变质的肥料放入库内存放。不同化肥在 30℃时的吸湿性(表 10-2)。

表 10-2 不同化肥在 30℃时的吸湿性 %

化肥品种	开始吸湿的相对湿度	化肥品种	开始吸湿的相对湿度
硝酸钙	47	硫酸铵	79
硝酸铵	59	氯化钾	84
硝酸钠、尿素	>70	硫酸钾	96
氯化钠	77		

其次，入库存放的肥料品种是普通过磷酸钙、磷酸铵、沉淀磷酸钙、石灰氮、各种微量元素肥料，钢渣磷肥。磷矿粉、骨粉、石灰石粉、石膏可在地势高平处，露天堆放，但堆底、堆上部都应有塑料布铺、盖以防风吹、雨淋。

袋装化肥在仓库内应堆码起来，堆码高度视化肥性质与包装材料的耐韧程度而定。一般认为 20 袋为适中高度。以 25 kg 袋装计，最底层一袋所承受的压力为 0.027 MPa。不易吸湿结块或膨胀的化肥，双层结实包装的可以堆高些，为 30～40 袋，堆垛不宜靠墙。垛间应留有 30～50 cm 的走道，便于检查。散装化肥堆存高度，按不同化肥容许的贮存压力相应地可堆至 4～6 m(堆顶高度)。有腐蚀性的散装化肥要注意防止腐蚀库壁和隔板。化肥入库后，库内温度应低于 30℃，相对湿度以 40%～70%为宜。应经常进行检查，具体要求见表 10-3。

表 10-3　各种化肥允许的水分含量及贮存的温度和湿度

品名	允许含水量/%	库内温度/℃	库内湿度/%
碳酸氢铵	5	15 以下	70 以下
硫酸铵	0.1～2	15～30	30 以下
硝酸铵	1～2.5	0～30	60～70
尿素	1	20 以下	80 以下
氯化铵	1	0～30	73 以下
硫硝酸铵	2	25 以下	63 以下
硝酸铵钙	1	25 以下	45 以下
石灰氮		0～30	75 以下
过磷酸钙	12～14	0～35	70～80
氯化钾	2～6	25 以下	80 以下
硝酸钾	2	30 以下	30 以下
硫酸钾	1	15～30	80～85
硝酸钙	2	25 以下	43 以下

化肥仓库应备有干沙或灭火器等消防设备。库内不能存有可燃、易燃物品以及食品、饲料、种子等。

已结块的化肥，施用前应碾磨粉碎即可。普钙在使用前 1～2 个月内粉碎即可。钾肥应在 5～10 d 前，尿素与硝酸铵应于 1～2 d 前粉碎，时间过长可能又会重新结块。

二、肥料的混配技术与注意事项

按某地区的土壤与作物对养分的供需状况，配制成非固定型分析式的掺混复合肥料是近几年国内外为了方便农业生产者,进行养分平衡施肥广泛采取的一项措施。固体或液体肥料都可以进行混配。我国各地目前主要是用固体肥料进行混配,其中有用多种单质肥料进行混配,也有用单质与化成复合肥进行混配的。

(一)混配复合肥料一般有 4 个步骤

1. 选定复合肥料中所需养分比例以及提供养分的基础肥料品种,复混肥料中养分的比例应因土因作物而定。现就选定基础肥料品种的原则,作简要介绍。

(1)应选择吸湿性小的基础肥料品种作为复混肥料的原料。吸湿性强的肥料混合后产生的混合物吸湿性更强,易引起复肥潮解,发生化学反应,而导致变质与结块,如硝酸盐类肥料不宜选用。颗粒状肥料的吸湿性往往比粉状或结晶的低得多,因此一般多选用粒状肥料为掺混肥料。

肥料吸湿性是以某种肥料在一定温度下开始吸湿的临界相对湿度来表示,相对湿度高于开始吸湿点,肥料就开始吸收空气中水分。在车间温度下,不显著增加混合肥料的吸湿性,能使肥料混匀,品质不变坏,就能获得物理性质较好的产品。一般所能获得混合肥料的开始吸湿点介于被混的基础肥料之间则属于可相混配(图 10-1)。

硝酸钙	46.7														
硝酸铵	23.5	59.4													
硝酸钠	37.7	46.3	72.4												
尿素		18.1	45.6	72.5											
氯化铵		51.4	51.4	57.9	77.2										
磷酸铵		62.3		56.4	71.3	79.2									
磷酸二铵		59.0		62.0		72.0	82.8								
氯化钾	22.0	67.9	66.9	60.3	73.5	71.3	70.0	84.0							
硝酸钾	31.4	59.9	64.5	65.2	67.9	69.2		78.6	90.5						
磷酸一铵	52.8	58.0	63.8	65.2		75.8	78.0	72.8	59.8	91.6					
磷酸一钙	46.2	52.8	68.1	65.1	73.8	87.7	78.0		87.6	38.8	93.7				
硫酸钾	76.1	69.2	73.3	71.5	71.3	81.4	77.0		87.8	79.0		96.3			
29-29-0 尿素-磷酸铵								45.0					57.0		
20-20-0 硝酸磷肥								50.0						57.0	
15-60-0 多磷酸铵															63.0

图 10-1 30℃时肥料及混合物的临界相对湿度

(2)在混合过程中易发生养分损失或降低养分有效性的肥料不宜相混，如铵态氮肥或水溶性磷肥不宜与碱性肥料混合，又如硝态氮肥则不宜与过磷酸钙混合。其反应如下：

例：$(NH_4)_2SO_4 + CaO \longrightarrow 2NH_3\uparrow + CaSO_4 + H_2O$

$Ca(H_2PO_4)_2 + CaO \longrightarrow 2CaHPO_4 + H_2O$

$2CaHPO_4 + CaO \longrightarrow Ca_3(PO_4)_2 + H_2O$

$2NaNO_3 + Ca(H_2PO_4)_2 \cdot H_2O \longrightarrow CaNa_2(HPO_4)_2 + N_2O_5\uparrow + 2H_2O$

(3)有的肥料要求混后立即使用。如尿素与过磷酸钙在两者的化学反应产生的磷酸尿素有利于抑制尿素分解成氨，引起挥发损失，但反应过程中有水产生会增加复混肥的水分，因此要求随混随用。常用的肥料混合要求如图 10-2 所示。

$$Ca(H_2PO_4)_2 \cdot H_2O + CO(NH_2)_2 \longrightarrow H_3PO_4 \cdot CO(NH_2)_2 + CaHPO_4 + H_2O$$

2.选择和决定混配肥料的养分总浓度　应按所选定的养分比例与基础肥料品种，从经济效益出发，在国家规定的标准范围内，选择和决定混配肥料的总浓度。

3.肥料配量的计算　配量是按所选定的基础肥料中纯养分含量以分析式要求计算。肥料分析式是指 1 t 肥料中 N、P_2O_5、K_2O 各自浓度的百分比。

例：现需配制 1 t 总养分含量为 30%，8-10-12 的混成复合肥料，选用尿素（含 N 为 45%），过磷酸钙（含 P_2O_5 为 18%），氯化钾（含 K_2O 为 60%）进行混配。

氮素化肥配量＝1 000×0.08×100/45＝177.8(kg)

磷素化肥配量＝1 000×0.10×100/18＝555.6(kg)

钾素化肥配量＝1 000×0.12×100/60＝200(kg)

三者相加为 933 kg，为此需加 67 kg 填充物即可获得 1 t 总养分含量为 30%，8-10-12 养分量的复混肥料。填充物一般用磷矿粉、泥炭等肥料。若用于酸性土壤，也可用于石灰石粉做填料。

4.肥料的配制　按计算量分别称取各种基础肥料，进行简单的机械混合，必须充分混拌均匀。这种掺混方法很简单，但必须要求各种肥料颗粒的大小基本一致，否则在运输、装卸、施用过程中，很可能出现大小颗粒的分离现象，造成复混肥料中各种营养成分分布不均匀。颗粒的形状与比例也力求大体一致为好。

(二)注意事项

(1)应该强调指出，复混肥料主要应做基肥施用。在选择剂型上，应以肥料中磷、钾含量是否适宜当地土壤条件和作物要求为依据，并确定复混肥料的施用量。所需氮素还要在作物生育期间，采用追施单质肥料方式加以补充和调节。最终使

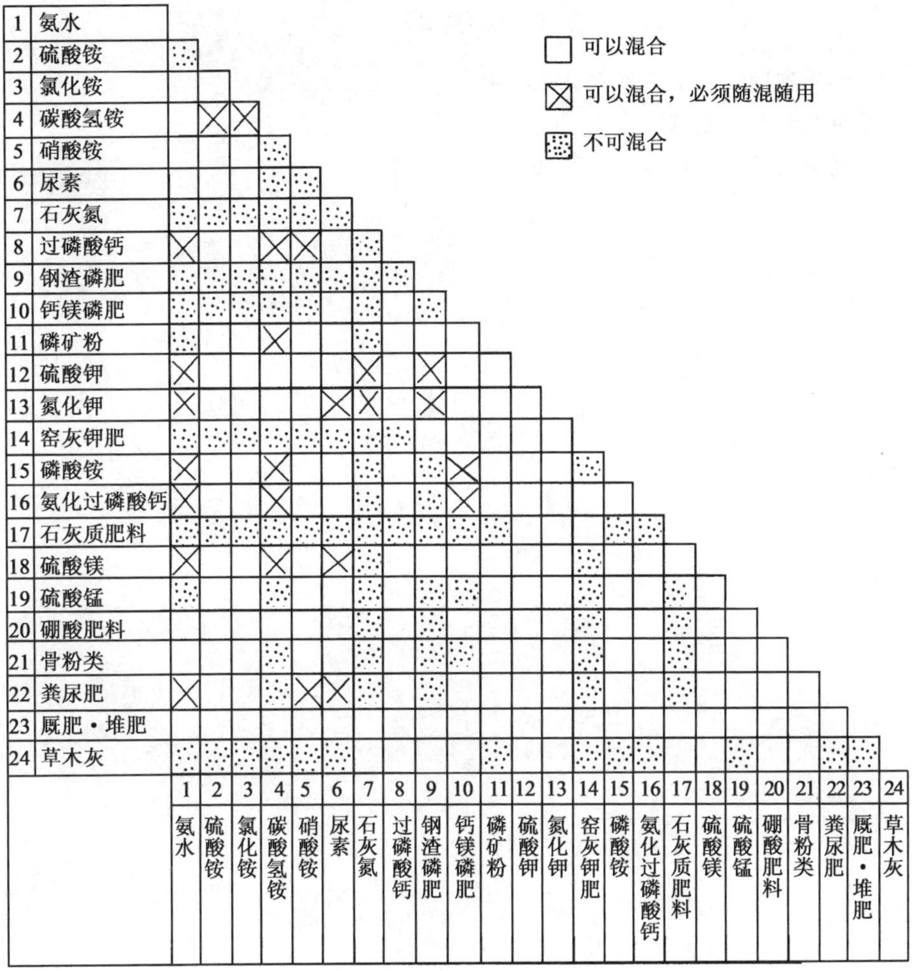

图 10-2　配料组分相合性判别图

施肥的养分比例达到最佳配比。

(2)为了方便农户合理施用复混肥料，在肥料袋或肥料标签上，要分别标明肥料总养分含量和各养分浓度。最好能注明适宜的土壤类型和作物种类。

(3)为了使高浓度复混肥料的颗粒硬化较快，强力较大，在混配过程中，可加入少量高分子有机化合物为主体的复合添加剂。

思 考 题

1.科学施用肥料的目的和要求是什么？

2.应如何管理肥料？

3.混配肥料时如何保证产品质量？

参考文献

1 熊毅,李庆逵主编.中国土壤.第2版.北京:科学出版社,1987

2 北京农业大学主编.农业化学总论.第2版.北京:农业出版社,1990

3 浙江农业大学主编.植物营养与肥料.北京农业出版社,1990

4 浙江农业大学主编.农业化学.上海:上海科技出版社,1980

5 中国农业科学院土壤肥料研究所.中国化肥区划.北京:农业出版社,1986

6 化工部科技情报研究室.中国化肥手册.北京:化工科技出版社,1992

7 化工部化肥司组织编写.农化服务手册.北京:化学工业出版社,1993

8 林葆等编著.中国化肥使用研究.北京:北京科技出版社,1989

9 林葆等编著.全国化肥试验网“六五”试验研究论文汇编.北京:北京科技出版社,1989

10 史瑞和等编著.植物营养原理.南京:江苏科技出版社,1989

11〔日〕高井康雄等编.植物营养与技术.北京:农业出版社,1986

12〔德〕H·马篱纳著.曹一平等译.高等植物的矿质营养.北京:北京农业大学出版社,1991

13 何念祖等编.植物营养原理.上海:上海科技出版社,1987

14〔德〕K·蒙格尔等编.张宜春等译.北京:农业出版社,1982

15 刘芷宇等编.主要作物失调症状图谱.北京:农业出版社,1982

16 鲁如坤等编.农业化学手册.北京:北京科学出版社,1982

17 袁可能编.植物营养元素的土壤化学.北京:科学出版社,1983

18 陈伦寿等编.农田施肥原理与实践.北京:农业出版社,1984

19 周鸣铮等著.土壤肥力测定与测土施肥.北京:农业出版社,1988

20〔日〕冈岛秀夫著.林心清等译.土壤肥沃度论.北京:农业出版社,1983

21 熊毅等编.土壤胶体(第一、三册).北京:科学出版社,1983—1990

22〔美〕F·J·史蒂文森.闵久康等译.农业土壤中的氮.北京:科学出版社,1989

23 文启孝等编.我国土壤氮素研究工作的现状与展望.北京:科学出版社,1986

24 夏昌锐编.氯化铵.北京:北京化学工业出版社,1988

25 李庆逵等编.中国磷矿的农业利用.南京:江苏科技出版社,1992

26 何念祖等编.植物生长的有益元素.上海:上海科技出版社,1993

27 郭伯生等编.农业中的稀土.北京:农业出版社,1987
28 张若桦编著.稀土元素化学.天津:天津科技出版社,1987
29 刘铮等编.微量元素的农业化学.北京:农业出版社,1991
30 农牧渔业部农业局编.微量元素肥料研究与应用.武汉:湖北科技出版社,1986
31 李志达等编.微量元素肥料.南京:江苏科技出版社,1991
32 焦彬等编.中国绿肥.北京:北京农业出版社,1991
33 陈礼智等编.绿肥的持续农业中的地位和使用.沈阳:辽宁大学出版社,1992
34 刘更另等编.中国有机肥料.北京:北京农业出版社,1991
35 中国土壤学会.中国土壤科学的现状与展望.南京:江苏科技出版社,1991
36 何增耀等编.农业环境科学概论.上海:上海科技出版社,1991
37 国家环保局.水污染防治及城市污水资源与技术(国家"七五"科技攻关环保项目论文集).北京:科学出版社,1993
39 化工部.小氮肥.北京:化工出版社,1991
40 〔美〕J·J·莫尔维德等编.中国农科院土壤研究所译,农业中微量营养元素.第1版.北京:农业出版社,1984
41 Adrano D. C. Trace Elements in the Terrestrial. Environment. 1986
42 Alina Kabata-Pendias. Trace Elements in Soil and Plants. 1984
43 Cook G. W. Fertilizing for Maximum Yield (3Ed). 1982
44 〔美〕Mortredt. J. J. Micronutrients in Agriculture(2 Ed)
45 Roy H. F. Fertilizer and Soil Amendments,1981
46 Stevenson F. T. Cycle of Soil. Carbon, Nitrogen, Phosphorus, Sulphur, Micronutrints. 1986
47 鲁如坤主编.土壤植物营养学原理与施肥.北京:化学工业出版社,1998
48 浙江农业大学主编.植物营养与肥料.北京:农业出版社,1991
49 宋兆良,文启孝主编.中国土壤氮素.南京:江苏科学出版社,1992
50 沈其荣主编.土壤学通论.北京:高等教育出版社,2001
51 中国农科院土壤肥料研究所主编.中国肥料.上海:科学技术出版社,1994
52 刘铮等编.微量元素的农业化学.北京:农业出版社,1991
53 王荫槐主编.土壤肥料学.北京:中国农业出版社,1992
54 中国农业百科全书《农化卷》.北京:农业出版社,1996
55 中国科学院土壤研究所主编.中国土壤.北京:科学出版社,1978
56 农业部科技司主编.中国南方农业中的钾.北京:农业出版社,1991
57 焦彬主编.中国绿肥.北京:农业出版社,1986

58 廖宗文著. 工业废弃物农用资源化:舆论、技术、与实践. 北京:中国环境科学出版社,1996
59 聂永书主编. 三废处理工程技术手册(固体废物卷). 北京:化学工业出版社,2000
60 卞有生主编,生态农业中废弃物的处理与再生利用. 北京:化学工业出版社,2000
61 国家环境保护总局污染控制司. 城市固体废物管理与处理处置技术. 北京:中国石化出版社,2000
62 Hlaug R. T. The practical handbook of compost engineering. Florida: Lewis Publishcrs. 1993
63 Spcllman F. R. Wastewater biosolids to compost Lancaster, USA: Technomic Publishing Company. 1997
64 陈礼智等编. 绿肥在持续农业中的地位与使用. 沈阳:辽宁大学出版社,1992
65 刘更另等编. 中国有机肥料. 北京:农业出版社,1991
66 郭伯生等编. 农业中的稀土. 北京:农业出版社,1987
67 何念祖等编. 植物生长的有益元素. 上海:上海科技出版社,1987
68 中国农科院土壤肥料研究所. 中国化肥区化肥区划. 北京:农业出版社,1988
69 袁可能编. 植物营养元素的土壤化学. 北京:农业出版社,1988
70 陈伦寿等编. 农田施肥原理与实践. 北京:农业出版社,1988
71 史瑞和等编著. 植物营养原理. 南京:江苏科技出版社,1983